PRÉ-SAL: A SAGA

A história de uma das maiores descobertas mundiais de petróleo

Marco Antônio Pinheiro Machado

PRÉ-SAL: A SAGA

A história de uma das maiores descobertas mundiais de petróleo

2ª EDIÇÃO

L&PM
EDITORES

Texto de acordo com a nova ortografia

Capa: Ivan Pinheiro Machado. *Foto*: iStock
Foto do autor: arquivo pessoal
Preparação: Jó Saldanha
Revisão: Marianne Scholze

Primeira edição: inverno de 2018
2ª edição: outono de 2019

CIP-Brasil. Catalogação na publicação
Sindicato Nacional dos Editores de Livros, RJ

P719p

Pinheiro Machado, Marco Antônio, 1956-
    Pré-sal: a saga – A história de uma das maiores descobertas mundiais de petróleo / Marco Antônio Pinheiro Machado. – 2. ed. – Porto Alegre [RS]: L&PM, 2019.
    336 p. ;   21 cm.

    ISBN 978-85-254-3777-8

    1. Petróleo - Brasil. I. Título.

18-51020   CDD: 665.5
                                    CDU: 665.6

Meri Gleice Rodrigues de Souza - Bibliotecária CRB-7/6439

© Marco Antônio Pinheiro Machado, 2018

Todos os direitos desta edição reservados a L&PM Editores
Rua Comendador Coruja, 314, loja 9 – Floresta – 90.220-180
Porto Alegre – RS – Brasil / Fone: 51.3225.5777

Pedidos & Depto. comercial: vendas@lpm.com.br
Fale conosco: info@lpm.com.br
www.lpm.com.br

Impresso no Brasil
Outono de 2019

Para Cônia

Ah quanto a dir qual'era è cosa dura
[Ah, como é dura a tarefa de narrar]
Dante, *Divina comédia, Canto I*

Sumário

Lista de siglas 11

Prefácio 15

Introdução 23

1 – Minha formação 31
2 – O Cluster e a montagem da equipe 73
3 – Os primeiros estudos 89
4 – E fez-se o pré-sal 103
5 – O Enigmático 109
6 – Parati 123
7 – Tupi 137
8 – O efeito dominó 159
9 – A diáspora 177
10 – Viajar é preciso 185
11 – O Marco Regulatório 201
12 – O século do Brasil 213
13 – Pega, mata e come 223
14 – O legado do pré-sal 233

Epílogo 251

Agradecimentos 257

Bibliografia recomendada 259

Apêndices
   1. Geologia básica para entender o pré-sal..............................261
   2. Como achar petróleo (o processo exploratório).................279

Cronologia..311

Créditos das imagens 321

Sobre o autor..323

Índice remissivo..325

Lista de siglas

AAPG American Association of Petroleum Geologists.

AEPET Associação dos Engenheiros da Petrobras.

ANP Agência Nacional do Petróleo, Gás Natural e Biocombustíveis (criada pela lei que regulamenta a exploração e produção de petróleo).

BDG Boletim Diário de Geologia (ficha padronizada de dados técnicos reportados diariamente das sondas de perfuração para os escritórios da Petrobras).

BOVESPA Bolsa de Valores, Mercadorias e Futuros de São Paulo.

CAGE Campanha de Formação de Geólogos, instituída por decreto presidencial em 19 de janeiro de 1957.

CENPES Centro de Pesquisa Leopoldo Américo Miguez de Mello (unidade da Petrobras localizada na Ilha do Fundão, no Rio de Janeiro).

CEO *Chief Executive Officer* é o cargo que está no topo da hierarquia de uma empresa. Pode ser traduzido como presidente executivo.

CLT Consolidação das Leis do Trabalho (legislação brasileira que regulamenta as relações trabalhistas em território nacional).

CNPE Conselho Nacional de Política Energética.

COMEXP Comitê de Exploração. Fórum interno no âmbito de exploração da Petrobras com a finalidade de chancelar projetos que envolvam investimentos de grande envergadura, como a perfuração de poços exploratórios.

COMPERJ Complexo Petroquímico do Rio de Janeiro, sediado na cidade de Itaboraí.

COPPE Instituto Alberto Luiz Coimbra de Pós-Graduação e Pesquisa de Engenharia, da Universidade Federal do Rio de Janeiro, o maior centro de ensino e pesquisa em engenharia da América Latina.

CPRM Serviço Geológico do Brasil. Empresa pública anteriormente denominada Companhia de Pesquisas de Recursos Minerais.

CREA Conselho Regional de Engenharia e Agronomia. Órgão de fiscalização, verificação e habilitação dos profissionais de engenharia, agronomia e geologia em território nacional.

DSDP *Deep Sea Drilling Project*. Organização internacional que conduz pesquisas básicas acerca da história das bacias oceânicas.

EDISE Edifício-Sede da Petrobras no Centro do Rio de Janeiro.

FHC Fernando Henrique Cardoso, o 34º presidente da República (1995-2003).

FUP Federação Única dos Petroleiros.

FPSO Unidade Flutuante de Armazenamento e Transferência, em inglês *Floating Production Storage and Offloading*. Navios utilizados para captar a produção de petróleo de poços produtores marinhos.

IBAMA Instituto Brasileiro do Meio Ambiente e dos Recursos Naturais Renováveis.

IBP Instituto Brasileiro do Petróleo.

IP Índice de Produtividade.

IPT Instituto de Pesquisas Tecnológicas vinculado à Secretaria de Desenvolvimento Econômico, Ciência e Tecnologia e Inovação do Estado de São Paulo.

JOA *Joint Operating Agreement*.

MME Ministério de Minas e Energia.

MWD/LWD *Measurements While Drilling* e *Logging While Drilling*.

NASA Agência espacial norte-americana.

OCM *Operating Committee Meeting*.

OPEP Organização dos Países Exportadores de Petróleo. Foi criada em 1960, na Conferência de Bagdá, visando coordenar de maneira centralizada a política petrolífera dos países-membros.

OTC *Offshore Technology Conference*, maior evento do mundo de exposição e premiação na área de exploração submarina de petróleo, sediado em Houston, Texas.

PAC Programa de Aceleração do Crescimento.

PAI Petrobras America Inc (subsidiária norte-americana da Petrobras).

RFT *Repeat Formation Test*.

SELIC Taxa de juros referencial do Sistema Especial de Liquidação e de Custódia para títulos federais, estabelecida pelo Banco Central do Brasil.

SINTEX Seminário Técnico de Interpretação Exploratória. Congresso interno bienal de geologia de petróleo na Petrobras.

TAC Termo de Ajuste de Conduta.

TCM *Technical Committee Meeting*. Reunião do comitê técnico dos consórcios formados para explorar petróleo nas concessões arrematadas em leilões coordenados pela ANP.

TCR *Technical Comittee Representative*. Representante técnico de operador de consórcios formados para exploração de petróleo nas concessões arrematadas em leilões coordenados pela ANP.

UN-Rio Unidade de Negócios do Rio de Janeiro da Petrobras. Atualmente denomina-se UO-Rio.

ZEE Zona Econômica Exclusiva, como definida na Convenção das Nações Unidas sobre o Direito do Mar.

Prefácio

Estávamos na época dos apagões, em pleno inverno carioca de 2001, anoitecia muito cedo no Rio de Janeiro e tínhamos que usar essas luminárias de cabeceira porque às 18 horas as luzes do edifício-sede da Petrobras no centro da cidade, o Edise, eram desligadas para contribuir com a diminuição do consumo de energia. Entrávamos um pouco noite adentro, mais ou menos até às 21 horas, para aprontar a tempo as apresentações das nossas atividades aos nossos parceiros internacionais, multinacionais petroleiras sedentas por novos territórios para explorar petróleo.

Quatro geofísicos e um geólogo debruçados sobre imagens do subsolo e mapas, impressos em enormes pergaminhos de papel heliográfico, examinando dados de poços perfurados ao longo da faixa litorânea submarina dos estados de São Paulo e Rio de Janeiro, de olhos vidrados nas telas das estações de trabalho, poderosos computadores carregados de dados de sísmica de reflexão (o principal método utilizado para achar petróleo, uma espécie de radiografia do interior da Terra). Muita discussão sobre como abordar os assuntos com os gringos sem passar pelo perigo de, inadvertidamente, transferir o know-how que a Petrobras acumulara em décadas sobre aquela região, a Bacia de Santos. A empresa estava vivendo um momento novíssimo, após a regulamentação da quebra do monopólio da exploração e produção de petróleo em 1997, pois não estávamos preparados para atuar em sociedade com parceiros internacionais.

As *joint ventures* que se formavam nesse novo ambiente eram consórcios que se organizaram para exercer o direito de extrair e comercializar óleo e gás natural em áreas concedidas pelo Estado através de leilões. Nossa equipe fora designada para analisar a mais vasta área arrematada no segundo leilão (ou *bid*) de concessões depois da quebra do monopólio, esquadrinhá-la por meio das mais modernas tecnologias e recomendar seu abandono ou a aplicação de recursos da ordem de bilhões de dólares. Com tanto dinheiro assim envolvido, a Petrobras foi obrigada a procurar sócios a fim de dividir o risco e se arvorou como operadora, aquela que toma as rédeas, a executora dos projetos, no caso, os poços. Com sócios, o trabalho e a responsabilidade são dobrados.

Passaram-se dezessete anos. Após a primeira grande descoberta de petróleo, o Campo de Tupi, na Bacia de Santos, em 2006, vieram dezenas de outras, e o termo *pré-sal* ficou consolidado no imaginário coletivo nacional como um patrimônio em recurso energético que colocou o Brasil num novo patamar e reafirmou a competência da Petrobras, que chegara a essas conquistas devido a suas experiência e expertise exclusivas.

Nosso trabalho continuou com igual empenho desde aquele inverno de 2001, mas começamos a perceber que o processo exploratório dessa vez tinha um caráter diferente das nossas experiências anteriores, nas prolíficas bacias do Recôncavo, na parte terrestre da Bahia, e de Campos, no litoral do Rio de Janeiro e do Espírito Santo. Todo poço pioneiro que era perfurado nessa nova "província petrolífera", o pré-sal, revelava um potencial de reserva e produtividade além das expectativas. Normalmente as jazidas descobertas em águas profundas, com o avanço das perfurações, mostram-se mais acanhadas, uma característica inerente ao processo exploratório que vai se refinando com o progresso do conhecimento, quando vai se separando melhor o joio do trigo. No pré-sal acontecia o contrário. Parecia que a natureza respondia proporcionalmente ao nosso esforço nas estações computadorizadas de mapeamento, na análise dos dados obtidos, na busca de um esquema de formação, o chamado "modelo geológico". É claro que vibrávamos com cada resultado bem-sucedido, mas não percebíamos a grandeza ou a glória que protagonizávamos. Ainda hoje acho que não me distanciei o suficiente para analisar a dimensão da coisa. É preciso resgatar o encadeamento de fatos que nos levou a esse tremendo sucesso, diga-se de passagem, em boa hora, posto que coincide com o declínio acelerado de produção da Bacia de Campos. Esta nova "fornecedora", a Bacia de Santos, passa a ser a salvadora da pátria da vez.

O pré-sal deu uma guinada na história do Brasil e, de alguma forma, do mundo. Consultei a minha consciência e me permiti documentar a gênese dessa descoberta e suas consequências, porque algumas histórias que vou contar talvez valham a pena ser conhecidas. Com o passar do tempo, nossa memória vai embaralhando e deletando fatos e nomes; é preciso resgatar essas façanhas. Forças de todos os lados me compelem a exteriorizá-las.

Aos poucos me apresento. Ingressei na Petrobras em janeiro de 1979, com 22 anos. Vivi uma grande aventura no final da minha carreira como geólogo, quando, muito mais por sorte, fatalidade, destino e talvez menos por mérito e merecimento, coube a mim e a um punhado de colegas a chance de estar na vanguarda do descobrimento das fabulosas acumulações petrolíferas do pré-sal. Tudo que aqui vai escrito trata-se de uma versão, mas é absolutamente verídico, excetuando-se a interpretação de fatos e teorias geológicas. Essas são de caráter muito particular, de minha exclusiva lavra e responsabilidade, e são muitas.

Centenas de pessoas dentro da Petrobras foram envolvidas diretamente com essas famosas descobertas, e cada um obviamente as vê conforme o seu viés, mas tenho certeza de que, além de mim, em se tratando do cerne da questão, francamente, somente mais uma meia dúzia teria condições de contá-las, do ponto de vista técnico, na sua plenitude, na sua grandeza, enfim, de desenhar um panorama da dimensão dessa aventura do início ao fim, se é que existe um fim. A esse núcleo de pessoas resolvi corajosamente nominar. Digo corajosamente porque não ignoro ter cometido injustiças omitindo vários colegas à nossa volta que deram contribuições fabulosas.

Alguns deles estão identificados, outros caíram naqueles critérios que a memória usa para o esquecimento, sobre os quais não temos nenhum controle. Este pequeno livro está muito longe de pretender formar uma versão completa e definitiva e, como vai tocar em temas polêmicos, acredito que incentive o aparecimento de outros. Na verdade, é uma reunião de fragmentos de fatos arbitrariamente escolhidos que achei que seriam os mais adequados para mostrar ao leigo o que é o pré-sal.

O termo *pré-sal* é um termo novo, nunca antes mencionado na literatura ou na imprensa, na comunidade geológica ou em qualquer contexto da indústria do petróleo, enfim, talvez, em qualquer lugar. Foi cunhado naquele ano de 2001 por esse pequeno grupo de geocientistas brasileiros. Involuntariamente criamos uma peça de marketing genial para um produto, no caso o petróleo, ainda não descoberto. Essa pequena palavra ainda induz na cabeça das pessoas muita fantasia, muita esperança que vai se materializando rapidamente. Hoje é um termo mundialmente conhecido e talvez não tivesse surgido fosse outra a equipe com o privilégio de trabalhar na grande área de concessão abocanhada pela Petrobras e seus parceiros no segundo leilão da Agência Nacional de Petróleo, Gás Natural e Biocombustíveis (ANP), realizado em 2000.

A chegada ao sucesso das primeiras grandes descobertas, através dos poços Parati e Tupi, na Bacia de Santos, foi resultado de uma longa jornada de cinco anos, pontilhada de grandes avanços e inopinados revezes. Nossos erros e enganos técnicos sanados a tempo transformaram-se em sólidas bases e nos açoitaram com lições de humildade, perseverança e coragem frente aos desafios e à arrogância inicial das parcerias estrangeiras. Não fosse a cultura exploratória adquirida em decênios de monopólio, a firmeza técnica do grupo designado e o espírito visionário das gerências da área de exploração da época, essa imensa nova reserva poderia ter sido partilhada com maior parcela entre as chamadas *majors*, as grandes multinacionais de petróleo, aproveitando brechas na legislação então vigente.

Agora é definitivo, o termo *pré-sal* já é um verbete consagrado em qualquer compêndio ou dicionário atualizado mundo afora. Vai ficar para sempre, mesmo depois de esgotadas as suas reservas de petróleo.

Quando eu era menino, na década de 1960, diziam que o petróleo acabaria em quarenta anos. Descobertas como essas, realizadas fora do eixo do Golfo Pérsico (onde se alinha o maior manancial do mundo desta commodity), provocam o adiamento desse esgotamento *sine die*. A ocorrência do pré-sal, mais do que aumentar em 10% as reservas mundiais, lança luz sobre a ideia da origem inorgânica do petróleo, o que acarretaria uma reserva infinita na escala de tempo da humanidade. Esse é outro assunto apaixonante, tratado ao final do livro como um legado científico dessas grandes descobertas. Trata-se de uma tese para sacudir os mercados envolvidos com essa "matéria-prima", um termo antigo que se usava para essa commodity.

Para me fazer entender junto ao público leigo, escolhi o lema de Umberto Eco ao recomendar a linguagem a ser utilizada para se escrever uma tese acadêmica: "Escreva para a humanidade!". Não se trata exatamente de uma tese acadêmica, embora venha recheada de conceitos técnicos, novos para a população em geral. Sendo assim, em favor do bom entendimento, abusei das comparações e analogias para não chegar ao ponto de afugentar o leitor com uma narração demasiado técnica e enfadonha.

Procurei dar uma sequência cronológica à sucessão dos acontecimentos, mas retrocedi algumas vezes para tentar contextualizar ou esclarecer. Senti-me várias vezes compelido a entremear a minha história particular e, de fato, começo a narrativa contando-a, mas foi com o intuito de mostrar a Petrobras para a nossa sociedade, a quem, afinal, ela pertence. O público vai ter a oportunidade de conhecer um pouco das suas entranhas. A Petrobras ainda é para mim uma esfinge, uma quimera no bom sentido, um Estado dentro do Estado; por vezes estes se ameaçavam para não serem engolidos um pelo outro, em razão do peso dessa empresa na economia e na política do país. A Petrobras sempre foi o espelho do governo, particularmente da ditadura pós-1964, carregando suas mazelas e contradições. Como não poderia deixar de ser, não obstante contratar seus funcionários por concurso público, o material humano é a extensão da sociedade brasileira, com sua índole típica, suas virtudes e seus defeitos, mas repleto de criatividade.

O pré-sal não foi uma descoberta genial, solitária, de um pequeno grupo de pessoas dentro da Petrobras. Foi, sim, o resultado de um enorme conhecimento acumulado desde a fundação da empresa, do trabalho árduo de brilhantes gerações de geólogos e engenheiros, da excelência das escolas de geologia criadas na esteira desenvolvimentista de Getúlio Vargas e Juscelino Kubitschek. Certamente não teríamos chegado ao pré-sal sem ter desbravado com tanta competência, audácia e criatividade a prolífica Bacia de Campos, que, não nos esqueçamos, foi a que nos proporcionou a autossuficiência de petróleo antes de se colocar em produção o pré-sal, como veremos a seguir.

Contar a história da descoberta do pré-sal sem explicar princípios básicos de geologia do petróleo e da própria geologia não funciona. Ao final do livro, anexei dois apêndices que servem como uma espécie de guia de exploração de petróleo, centrado na experiência das descobertas do pré-sal e também de outras bacias brasileiras. Por se tratar de uma espécie de pré-requisito técnico, a leitura desses anexos pode ser feita até mesmo antes do primeiro capítulo, e assim recomendo especialmente para aqueles que se iniciam nesta arte ou mostram vocação para a geologia. O texto principal, todavia, é compreensível por si só, ou autossustentável – pelo menos fiz um esforço para tal. É recheado de explicações técnicas, às vezes repetitivas, em prol da clareza, de sorte que, se o leitor não tiver paciência, não precisa ler os anexos. Outro recurso para um melhor entendimento do texto são as ilustrações que julguei indispensáveis. Quem estiver com dificuldade no entendimento em algum momento talvez possa ser salvo por uma delas.

A experiência do pré-sal não mudou meu caráter, como pessoa. Acredito que tenha contribuído muito para um amadurecimento profissional e na vida em geral, embora eu ainda não consiga percebê-la. O que percebi, isto sim, foi uma revolução nas minhas ideias sobre a evolução do planeta e a origem do petróleo. A experiência do pré-sal foi, sobretudo, uma experiência internacional, uma pequena odisseia, um palco para o embate das paixões humanas, embora este livro não se concentre nisso. Por fim, tomo emprestadas as palavras de Graciliano Ramos quando introduz aos seus leitores o monumental *Memórias do cárcere*:

> Posso andar para a direita ou para a esquerda como um vagabundo, deter-me em longas paradas, saltar passagens desprovidas de interesse, passear, correr, voltar a lugares conhecidos. Omitirei acontecimentos essenciais ou mencioná-los-ei de relance, como se os enxergasse pelos vidros pequenos de um binóculo; ampliarei insignificâncias, repeti-las-ei até cansar, se isto me parecer conveniente.

Introdução

As grandes companhias de petróleo, as chamadas *majors* ou Sete Irmãs (um dia foram sete, mas as fusões inerentes ao sistema capitalista confundem esse número), têm como missão final abastecer os mercados com derivados dessa commodity. Elas tiveram uma origem comum lá pelo último quarto do século XIX, quando a exploração de petróleo entra na escala industrial para substituir o óleo de baleia e suprir com outros derivados, além do querosene, uma demanda de mercado em acelerado crescimento.

A exploração de petróleo, como toda atividade econômica do mundo moderno, obedece a padrões e rituais cujas bases foram estabelecidas há mais de cem anos por John Davison Rockefeller, empresário norte-americano que está para a indústria do petróleo assim como Henry Ford está para a indústria automobilística – dois segmentos que vêm se retroalimentando por esses cem anos afora. Assim como Ford idealizou a chamada "linha de montagem", Rockefeller idealizou o sistema "do poço ao posto", ao formatar o controle do negócio desde a extração, passando pelo armazenamento, transporte e refino até a distribuição. Duas condutas que elevaram a produtividade da economia mundial a níveis recordes, mas que, no caso do petróleo, produziu o maior cartel privado da era capitalista. Um monopólio tão grande e perverso, como todo monopólio privado, que deu um trabalhão aos poderes legislativo e judiciário estadunidense, obrigando a pulverização do seu império, a Standard Oil, a mãe das Sete Irmãs, transformando-a em 34 novas companhias, em 1911. Nos salões e corredores frequentados pelos executivos da indústria petrolífera, ouve-se que o velho Rockefeller propalava: "A companhia mais lucrativa do mundo é uma empresa de petróleo, e a segunda mais lucrativa, uma empresa de petróleo mal administrada". Tal afirmativa é um evidente exagero. Rockefeller deve tê-la invocado alguma vez para conseguir um gordo financiamento. De qualquer maneira, tem um fundo de verdade, uma vez que grandes descobertas podem acontecer não exatamente ao acaso, mas inesperadamente. Sendo pioneiros nas atividades petrolíferas em larga escala iniciadas em fins do século XIX, os Estados Unidos em poucas décadas alcançaram protagonismo econômico e político mundial. Aquinhoados por um grande território repleto de recursos minerais, especialmente petróleo em terras emersas (não cobertas pela água) e a pequenas profundidades (isto é, de fácil e barata extração), o capitalismo americano floresceu puxado por esta tremenda locomotiva.

Mais ou menos cem anos depois, o Brasil entra nessa corrida criando a Petrobras, em 1953, sem ter sequer uma escola de geologia com nível universitário. No vácuo do desenvolvimentismo do governo Juscelino Kubitschek, dando continuidade às iniciativas de Getúlio Vargas, em 1957 foram criados quatro cursos de geologia em universidades federais: Porto Alegre, São Paulo, Recife e Ouro Preto. Os cursos foram financiados pela Petrobras, criando-se a Campanha de Formação de Geólogos (Cage), com o objetivo de assegurar a existência de pessoal especializado em geologia, em qualidade e quantidade suficientes às necessidades dos empreendimentos públicos e privados no país. Esses cursos de geologia financiados pelo Cage eram a menina dos olhos dos jovens vocacionados, pois ofereciam bolsas durante todo o período. Eméritos professores estrangeiros, a maioria norte-americanos, foram contratados, e farta bibliografia (através do programa Aliança Para o Progresso, criado pelo presidente norte-americano John Kennedy no auge da Guerra Fria, a fim de frear o avanço do socialismo na América Latina) recheou as bibliotecas das novas escolas de geologia.

Em 1954, o geólogo norte-americano Walter Link (1902-1982) foi contratado pelo primeiro presidente da Petrobras, o general Juracy Magalhães, para realizar um balanço do potencial petrolífero das bacias brasileiras. Mister Link trouxe consigo vários especialistas, mas trabalhou também com equipes brasileiras. Produziu ao final de sua estada, em 1960, um relatório muito pessimista, com ênfase nos aspectos negativos das diversas bacias, e recomendando a intensificação dos estudos na prolífica bacia do Recôncavo e genericamente, *en passant*, uma investida na parte marinha de Sergipe. Na verdade, seu relatório não parece facioso, apesar de pecar por condenar ou omitir várias áreas terrestres que se mostraram muito produtivas nas décadas seguintes, como é o caso da Bacia Potiguar no Rio Grande do Norte, da Bacia do Espírito Santo e um revival do próprio Recôncavo. Relatos posteriores, como o livro do geólogo Pedro de Moura (vide bibliografia recomendada), confirmam este pessimismo e revelam a obsessão e subsequente decepção de Link em relação à Bacia do Amazonas. O relatório de Link foi largamente criticado numa época de política polarizada e efervescente no Brasil. O velho exploracionista americano lava as suas mãos ao anexar em um dos seus relatórios (trata-se de uma série de três memorandos) uma tabela com a opinião de cada técnico, inclusive brasileiros, sobre as bacias analisadas.

Diferente foi o relatório dos russos E. A. Bakirov e E. I. Tagiev, depois de uma visita que durou apenas quatro meses, em 1963, a convite do então presidente da Petrobras, o general Albino Silva, que bateu literal e explicitamente de frente com o de Mister Link, diagnosticando que o Brasil não tinha petróleo porque não tinha investido o suficiente ainda. Fizeram críticas duríssimas ao método de exploração, principalmente quanto a procedimentos praticados no desenvolvimento dos campos no Recôncavo, e deram excelentes sugestões para a reestruturação dos métodos exploratórios. Durante a Guerra Fria, esse tipo de contraponto era comum e se refletiu na história da exploração mundial do petróleo. Governos contratavam os gringos para avaliar áreas, estas eram subavaliadas, os russos eram chamados e, bingo!, achava-se muito óleo. As sugestões dos russos, voluntariamente ou não, foram implementadas aos poucos nos anos seguintes e tratavam-se na verdade de práticas de exploração padronizadas universalmente. Três exemplos: realizar estudos geológicos regionais antes de sair garimpando campos de petróleo; deixar a cargo das equipes de exploração, e não a engenheiros de produção, a delimitação de cada campo recém-descoberto; idealizar um centro de pesquisa e espalhar laboratórios de análises de rochas pelos distritos (filiais da Petrobras nos estados em que explora).

A Petrobras, no início dos anos 1960, na época do famoso Relatório Link, realizou uma reestruturação histórica na área administrativa, departamentalizando as atividades com especial atenção para a área de exploração e produção, mas mantendo o grosso de investimentos na área de comercialização e abastecimento (importação e refino). Nas primeiras duas décadas após a criação da Petrobras, o esforço da exploração e da produção foi centrado na Bacia do Recôncavo Baiano, nos arredores da cidade de Salvador e da Baía de Todos-os-Santos, e secundariamente na Bacia de Sergipe-Alagoas, motivado pela descoberta do campo gigante de Carmópolis, na cidade de mesmo nome, em Sergipe (que, aliás, até hoje produz também em camadas equivalentes às do pré-sal da Bacia de Santos).

Ainda na "fase Link", houve a formação dos novíssimos geólogos brasileiros, tendo como principal atrativo de carreira profissional a promissora estatal brasileira. Legiões deles foram contratadas e imediatamente submetidas a um curso de especialização de alto nível em Salvador, ministrado por expoentes das universidades americanas conveniadas com a Petrobras. Anteriormente, engenheiros, naturalistas e, dizem, até dentistas (isto é, bastava praticamente ter nível superior), eram enviados às universidades nos Estados Unidos para serem formados nas artes de prospecção de petróleo.

No final dos anos 1960, a Petrobras deu uma guinada exploratória para o mar, na Plataforma Continental Brasileira (o leito e o subsolo das áreas submarinas que se estendem para além do seu mar territorial, incluídas na posteriormente denominada Zona Econômica Exclusiva, ou ZEE), reconhecida internacionalmente pela Convenção das Nações Unidas sobre o Direito do Mar como território brasileiro para fins de extração de recursos vivos e não vivos, até 200 milhas (370 quilômetros) da costa. A Plataforma Continental Brasileira também vai ser aqui chamada pelo seu nome técnico-geológico: Margem Continental Atlântica Passiva Leste ou simplesmente Margem Continental Passiva. Esta região é uma larga faixa, desde águas rasas até ultraprofundas, que acompanha paralelamente o litoral brasileiro.*

A autossuficiência em petróleo foi sempre o grande sonho perseguido pela sociedade brasileira desde as jornadas da campanha O Petróleo é Nosso, criada no seio da sociedade brasileira no final dos anos 1940, e crucial após a grande crise de 1973, quando, em represália ao apoio prestado pelos Estados Unidos a Israel durante a Guerra do Yom Kippur, os países árabes, associados na Organização dos Países Exportadores de Petróleo (Opep), aumentaram em 400% o preço do barril (de três para doze dólares). Nesse ano de 1973, o Brasil quase foi à bancarrota, porque produzia míseros 100 mil barris por dia e já consumia um milhão. O "milagre brasileiro" se dissolveu diante de uma dívida externa altíssima para a época, hoje módicos 24 bilhões de dólares.

---

* A rigor, a Plataforma Continental é um ente geológico, ou uma feição fisiográfica, formado por tudo, água incluída, mas com uma extensão definida em área, a oeste, pela linha de costa (as praias ou o litoral) e, a leste, pelo início do talude continental, onde a declividade do assoalho oceânico fica mais íngreme. Esse limite é dúbio e digno de debates. O termo *plataforma* designa esse platô, que se destaca num perfil do oceano entre o Brasil e a África. O termo *continental* designa que se trata de uma continuidade do continente, mas debaixo do mar. Em resumo, do litoral do Brasil até a Cordilheira Meso-Oceânica tem-se: Plataforma Continental Brasileira/talude/planície abissal/Cordilheira Meso-Oceânica (figuras 3 e 27). Daí até a África a mesma coisa invertida.

Paralelamente à crise, a Petrobras continuou seu desenvolvimento, e as gerações de engenheiros e geólogos exploracionistas formadas no Brasil forjaram uma empresa com status internacional. Nas décadas de 1970 e 1980, vieram as grandes descobertas da Bacia de Campos, sob o mar que banha o estado do Rio de Janeiro, catapultando a produção diária dos estacionários 100 mil para 500 mil barris de óleo por dia em 1984. Poderíamos ter alcançado logo a marca da autossuficiência, não fossem as crises e recessões econômicas que deprimiam o investimento na companhia. A Bacia de Campos se mostrou tanto mais prolífica quanto mais se perfurava em lâmina d'água mais profunda. A lâmina d'água nada mais é do que a profundidade do mar no local onde se posiciona o equipamento de perfuração.

Várias outras bacias brasileiras, concomitantemente à onda de Campos, contribuíram muito para ultrapassar a marca de um milhão de barris em 1995, mas foi só com o desenvolvimento dos campos gigantes de Marlim e Albacora, na Bacia de Campos, quando a produção dobrou para 2 milhões de barris em 2005/2006, que o Brasil finalmente alcançou a autossuficiência em petróleo, não devido à quebra do monopólio da Petrobras, mas apesar dela, porque esse marco foi simplesmente o fruto do amadurecimento dos projetos de produção dos campos supracitados, descobertos na virada dos anos 1980 para os anos 1990.

É preciso ressaltar que uma grande descoberta realizada em um bom poço pioneiro no mar é rara. A confirmação dessa descoberta mediante a perfuração de dois ou três poços de extensão (ou de delimitação) pode levar até dois anos, e o desenvolvimento do campo com a perfuração de mais uma dúzia de poços, entre produtores e injetores, incluindo a infraestrutura de escoamento, pode levar mais cinco ou seis anos, de sorte que uns oito anos é considerado um tempo médio normal para se colocar um campo marítimo na plenitude da sua produção. Em tempo: um "poço pioneiro" é apenas o primeiro furo, geralmente retilíneo, realizado com muita tecnologia e cuidado em uma área que pode vir a se tornar um "campo", se outros poços confirmarem a presença de petróleo em uma extensão razoável que justifique interesse econômico. Uma bacia sedimentar, como as já citadas Bacias de Santos e de Campos, é a grande massa de rochas sedimentares que contém os diversos campos de petróleo. É possível encontrar vários campos de petróleo diferentes em um mesmo poço, se eles estiverem obviamente em profundidades diferentes. Quando um poço, seja pioneiro ou de delimitação, não revela petróleo, diz-se que o poço é "seco". Normalmente o campo de petróleo leva o nome do poço pioneiro que o descobriu.

A grande crise do Oriente Médio na década de 1970 felizmente coincidiu com as principais descobertas na Bacia de Campos, e o início do declínio da produção desta coincidiu com o alvorecer do pré-sal.

1
Minha formação

Quando jovem estudante de geologia, eu abominava a possibilidade de trabalhar na Petrobras. Não era um motivo ideológico. Cresci sob os ecos da campanha O Petróleo é Nosso e amava a empresa como todo bom brasileiro.

Quando me formei em geologia na Universidade Federal do Rio Grande do Sul, em dezembro de 1978, já tinha minha vaga garantida na Petrobras. Minha turma tinha comparecido em peso ao concurso para geólogo da empresa nas dependências da Refinaria Alberto Pasqualini, uns dois meses antes da formatura. Fiz a prova bem descansado, porque não tinha como preferência esse emprego. A tendência ou ênfase formativa da Escola de Geologia em Porto Alegre, na época, era voltada para rocha dura, e o petróleo é um recurso mineral encontrado em rocha mole (ou rocha sedimentar). Trabalhar com rocha dura – as chamadas rochas ígneas e metamórficas – era mais desafiador, mais aventuroso, mais gratificante pelos mistérios intrínsecos às suas gêneses, pelas ocorrências em locais inacessíveis, enfim, o charme era se embrenhar nas matas, escalar montanhas e navegar nos rios portando um martelo Estwing. A Petrobras era mais ou menos estigmatizada como carreira, não oferecia desafios profissionais nem satisfação para o autêntico geólogo multidisciplinar ou polivalente que eu me considerava. O geólogo de petróleo levava a pecha de sujeito bitolado, confinado aos escritórios examinando dados banais e rochas sedimentares, sem nenhum élan. Mas era um bom emprego, no que tocava a salário e outras garantias. E as descobertas de petróleo no mar, na Plataforma Continental Brasileira, bem como o relato de antigos colegas, agora geólogos "petroleiros", que passavam pela faculdade durante suas férias, contradiziam meu preconceito: havia muito élan em se desvendar poços de petróleo.

A Petrobras costumava mandar pequenas equipes diversificadas de profissionais de geociências para ministrar palestras nas faculdades brasileiras a fim de despertar o interesse dos formandos e atraí-los para o concurso. Nossa turma recebeu, dentre os palestrantes, um veterano geólogo especializado em geoquímica lotado no Centro de Pesquisas da Petrobras, o renomado Cenpes. Pois esse velho senhor, Justo Camejo Ferreira, quando deixei a Petrobras, em junho de 2016, ainda integrava o quadro de pesquisadores da instituição. A possibilidade de trabalhar num centro de pesquisas na Cidade Maravilhosa, ou de morar em qualquer outra capital litorânea e até de conhecer a Amazônia, e principalmente alcançar a independência financeira, motivaram minha decisão de disputar uma vaga e tentar garantir logo o primeiro emprego.

Recebi a notícia da minha classificação em uma tarde de dezembro, quando cruzei com colegas na Rua da Praia, em Porto Alegre, com muita surpresa e uma ponta de satisfação. Sair de uma formatura direto para um bom emprego era coisa rara naqueles dias em que a economia do país definhava, pagando o preço do "milagre econômico" da década que findava. O mercado de trabalho para geólogos recém-formados fechara-se abruptamente. O começo do fim do milagre coincidiu com a primeira grande crise mundial no mercado de petróleo, deflagrada depois da Guerra do Yom Kippur no final de 1973. O Brasil patinava numa produção pífia, em torno de 100 mil barris por dia, e consumia 1 milhão. Com o preço do barril de petróleo quadruplicado, a dívida externa explodiu, e a chamada conta-petróleo era o assunto da vez no noticiário. O diretor de Comercialização da Empresa, Carlos Santana, hábil negociador, pechinchava navios carregados do ouro negro com os árabes e tinha tanta visibilidade nos telejornais quanto o recém-empossado presidente-general João Baptista Figueiredo, que substituía outro general,

Ernesto Geisel, um ex-presidente da Petrobras. Os navios-petroleiros descarregavam petróleo nos terminais da Petrobras e retornavam repletos de frango e automóveis VW Passat para o Oriente Médio. Achar petróleo em solo pátrio era crucial para estancar o acelerado aumento da nossa dívida externa, que em 1979 atingia a fantástica cifra de 50 bilhões de dólares. Este cenário era ideal para a nossa profissão dentro da empresa, afinal, era dos geólogos a responsabilidade de achar óleo novo, de explorar novas fronteiras, em última análise, de contribuir para lá na frente aliviar a conta-petróleo e diminuir a dívida externa. Petróleo era o assunto do momento.

Depois de prestar uma bateria de exames médicos, recebi no final de dezembro daquele ano de 1978 um telegrama e um comunicado para me apresentar em Natal, no Rio Grande do Norte, em um mês. A natureza contemplou o Brasil com muito mais petróleo debaixo d'água do que em terra, esta a razão para a maioria das bases e dos escritórios da Petrobras estarem predominantemente situados em capitais litorâneas. Interrompi as delícias das minhas últimas férias estudantis e marquei minha viagem para o dia 29 de janeiro de 1979. Peguei um avião pinga-pinga da Transbrasil em Porto Alegre às sete da manhã e cheguei ao escritório da Petrobras, em Natal, no final da tarde. No pouco tempo em que permaneci no escritório da empresa na Avenida Rio Branco, conhecendo alguns futuros colegas e sentindo o espírito da pequena e acolhedora capital, percebi que pelo menos eu vinha morar e trabalhar num lugar bacana. Assinei o contrato no outro dia e, depois de abrir uma conta no Banco do Brasil, embolsando um salário de gratificação a título de ajuda de custo para instalação, embarquei com uma pequena turma à noite num avião de carreira para Fortaleza. Hospedamo-nos em um hotel à meia-noite, despertamos às quatro da madrugada e, ao amanhecer, tomamos um helicóptero no aeroporto de Fortaleza com destino a uma sonda de perfuração no mar. Era uma plataforma autoelevatória (montada sobre um tripé gigantesco assentado no fundo marinho), a uma profundidade de 50 metros de lâmina d'água.

A melhor maneira para se descrever uma sonda ou plataforma de petróleo é através da tríade: metal, barulho e trepidação. A sonda é o equipamento de perfuração propriamente dito, composto basicamente pela famosa torre e uma coluna de perfuração, ao passo que a plataforma é todo o conjunto, incluindo a sonda e as dependências hoteleiras. A estrutura de uma plataforma é 100% metálica, ouve-se aquele som de martelo sobre bigorna e serra elétrica por toda a parte, todo o tempo. O ruído dos motores a diesel de milhares de HP é percebido em qualquer canto, e a trepidação que a broca de perfuração transmite para a superestrutura é tão forte e incômoda que atrapalha a fala das pessoas, como se estivessem conversando num jipe da Segunda Guerra que passasse por uma estrada esburacada. As outras modalidades de sonda, as semissubmersíveis e os navios-sondas, são flutuantes, substituem a trepidação pelo movimento oscilatório das ondas.

Uma temporada de quinze dias em qualquer tipo de plataforma provoca um efeito estranho na gente logo que se desembarca em terra. A readaptação na terra firme dura de dois a três dias. O chão teima em se inclinar e volta e meia perde-se o equilíbrio, ou a nossa fala custa a manter um ritmo normal, contínuo. O ambiente de trabalho em sondas de petróleo, principalmente no mar, é apertado e extremamente perigoso. Não usar botas com bicos de aço e capacete é um convite à morte, ou mutilação. É metal pesado e arrastado, e eventualmente grandes porcas e parafusos voam aleatoriamente em operações de montagem e desmontagem de equipamentos; o chão é escorregadio por causa do uso intenso de graxa e óleo, mas depois de pequenos sustos o vivente vai ficando esperto. Na verdade, o perigo já começava no embarque de helicóptero, o principal meio de transporte para se atingir a sonda. Vários acidentes fatais ocorreram na década de 1980, em número proporcional ao ritmo acelerado de exploração na Bacia de Campos, cujo aeroporto, em Macaé, chegou a ser o terceiro em número de decolagens no Brasil. Velhos e surrados helicópteros Bell e Sikorsky, usados na Guerra do Vietnã, ofereciam aparentemente maior economia e rapidez na comparação com o transporte por barcos ou rebocadores para uma população de cerca de 2 mil trabalhadores que se revezavam a cada quinze dias nas dezenas de plataformas na costa do Rio de Janeiro.

Voltando às minhas primeiras impressões no Ceará, reparei logo que a plataforma de petróleo era um inferno, devido à periculosidade para trabalhar, mas um paraíso gastronômico, em especial para o operário de sonda de baixo salário, porque a comida é, em geral, boa e sempre farta. Dificilmente se encontra algum trabalhador braçal magrinho, esquálido, depois de duas ou três temporadas de embarque. As principais refeições têm horários estipulados, mas há oferta de comida *full time*. Uma máquina de sorvete tipo McDonald's ou Bob's me fez desembarcar dos mares cearenses em um desgastado uniforme ao final da minha primeira quinzena – o diâmetro interno da minha briosa calça Lee estava muito menor do que a circunferência das minhas coxas.

O primeiro embarque para uma sonda a gente não esquece, e tive a sorte de conviver com técnicos de primeira linha, a começar pelo geólogo apenas um ano mais experiente que me acompanhou. Quando chegamos à sonda, numa manhã quente e ensolarada nos verdes mares cearenses, após abrir a pasta de poço (coleção de documentos técnicos que dá as diretrizes da atividade do geólogo), meu mentor foi curto e grosso: "Você não sabe nada, tudo o que você aprendeu na faculdade não serve aqui, você não tem ideia no que vai trabalhar". Uma afirmação um tanto exagerada, mas aos poucos fui percebendo sua verdade.

Acompanhar a perfuração de um poço pioneiro e avaliar seu potencial era um trabalho totalmente novo para mim. Não era algo que se aprendesse nos bancos das faculdades de geologia. É uma atividade de tremenda responsabilidade, exige muita perspicácia e velocidade nas tomadas de decisões, porque tem um fator chave, ameaçador, constante, que paira sobre as nossas cabeças: o preço do tempo de sonda. Na época, 1979, o aluguel diário de uma sonda marítima de perfuração girava em torno de 50 mil dólares. Atualmente gira em torno de 350 mil dólares. Uma decisão errada, uma mancada, por menor que seja, pode acarretar a temível perda de tempo, e ai de nós se fosse atribuída ao pessoal da geologia! Naquela época, nos tempos em que o assédio moral campeava no ambiente de trabalho, a bronca do chefe, ou a popular mijada, era certa, via rádio ou no escritório depois do desembarque. Um tremendo constrangimento. A reincidência de um erro levava o geólogo à "queima" e retaliações, como transferências involuntárias e até demissão.

A Petrobras tinha bases operacionais ao longo do litoral brasileiro muito bem montadas, com escritórios e um sistema logístico complexo e coordenado envolvendo almoxarifados, oficinas, portos e aeroportos em várias capitais, a saber: Vitória, Salvador, Aracaju, Maceió, Natal e Belém. Eram os chamados "distritos" (Fig. 3). Logo depois vieram as bases e os escritórios de Macaé e São Mateus, substituindo Vitória, e Manaus, desmembrando a sede de Belém. Os distritos funcionavam sob três superintendências: Perfuração, Produção e Exploração. A Superintendência de Exploração era a que comportava os setores operacionais de geologia, diretamente ligados aos poços pioneiros e de delimitação (ou extensão); a Superintendência de Produção, ligada aos poços de "desenvolvimento" (poços em campos já delimitados, apenas para colocar o petróleo em produção), e a Superintendência de Perfuração, responsável pela execução dos poços, quaisquer que fossem (pioneiro, delimitação ou desenvolvimento).

Cada superintendência tinha seu espelho centralizador na sede do Rio de Janeiro, a Corte. Basicamente, os distritos operacionais eram simples cumpridores dos programas e das ordens elaboradas no Rio de Janeiro. Eventualmente, o pessoal mais experiente do distrito ou "da Região", como também se dizia, opinava ou fazia recomendações. Mas o geólogo de poço – o meu caso – simplesmente fazia sua tarefa e cumpria as ordens. Acontece que a geologia não é uma ciência exata, e exploração de petróleo não deixa de ser uma espécie de loteria. Nesse contexto, situações inusitadas são a regra, daí a importância do sujeito lá na ponta do processo, na boca do poço, como se diz. Por exemplo, às vezes, nas madrugadas, quando a comunicação era apenas via rádio e precária, o geólogo do poço era obrigado a tomar decisões de grande responsabilidade sem chance de consulta prévia ao escritório em terra. Eventualmente um companheiro mais experiente trabalhando em outra plataforma podia ser consultado, para alívio e segurança do novato.

Comparando-se com os tempos atuais, aquela era uma época de barbárie nas plataformas. Se a primeira impressão marcante foi o ambiente de periculosidade, a segunda foi a estratificação social e a hierarquia estabelecida pela "divisão do trabalho". Esta primeira plataforma em que embarquei se chamava *Key Biscayne*, fabricada nos Estados Unidos, com bandeira panamenha ou de outro paraíso fiscal caribenho, tripulada e operada por americanos. Mas a maioria da mão de obra era local, de brasileiros, os chamados plataformistas e os "rasta baldes", como os gringos chamavam o pessoal que pegava pesado e que podia chegar a cinquenta pessoas. A equipe de gringos era pequena, uma dúzia de técnicos especializados em manejar os complexos e diversificados equipamentos de sonda. Eram sondadores (o sujeito que dirige a broca), supervisores, guindasteiros, mecânicos, eletricistas etc. Os operários brasileiros eram tratados aos gritos e empurrões. Só faltava serem chicoteados. Os americanos usavam expressões de baixo calão para insultar os trabalhadores, aquelas clássicas que sempre aparecem nos filmes e algumas brasileiras pronunciadas à moda inglesa. Ai do peão que se insurgisse. Uma terrível humilhação por parte dos gringos contra trabalhadores brasileiros e em nosso próprio solo, quer dizer, nas nossas águas. Mas os gringos não se metiam conosco, os geólogos, nem com o engenheiro fiscal da Petrobras, o verdadeiro inspetor das operações e representante oficial do cliente. Mas, como o serviço de perfuração era terceirizado, a Petrobras não interferia nessa barbaridade. Fora isso, o peão tinha que se contentar com a boa comida e a pescaria, quando a situação da sonda permitia.

Perfurar um poço de petróleo pioneiro era problemático, quase tudo saía errado. Era raro um poço cumprir o orçado, sempre ficava mais caro. Não raro, perdia-se tempo em qualquer tipo de operação porque o ambiente em subsuperfície exige muita perícia e resistência por parte dos materiais: altas pressões e temperaturas, presença de substâncias ácidas que literalmente cortam o aço etc. Naquela época, chegar à profundidade final prevista era como viajar de São Paulo a Rio de Janeiro num carro velho, não confiável.

Dois problemas deixam o engenheiro fiscal da Petrobras de cabelo em pé: 1) quando o poço entra em *kick*, uma ameaça de *blowout*, quando acontece produção não controlada de hidrocarbonetos das rochas já perfuradas, o que pode provocar incêndio, com consequente explosão e afundamento da plataforma, ou 2) quando a coluna de perfuração (a composição de tubos metálicos que conduz a broca) se rompe e deixa no fundo do poço um "peixe" formado pela broca e mais alguns componentes. Neste último caso, diz-se que o poço entra em operação de pescaria. Era nessa hora que o geólogo, de folga temporária enquanto o sondador e os engenheiros tentavam desobstruir o poço, podia, literalmente, pescar.

A plataforma naquela época era uma fonte de lixo orgânico de toda a espécie produzido pela população de trabalhadores e muito apreciado pela fauna marinha. Muitos peixes, e dos grandes, rondavam seus pilares. No Ceará, em grande profundidade, a espécie que abundava era o bijupirá, um peixão bem elegante, tal qual um dourado, que podia atingir quase dois metros de comprimento. Hoje em dia é proibidíssima a pesca em plataformas.

Não havia mulheres trabalhando em sondas da Petrobras. Aliás, elas eram raras tanto nos cursos de formação em geologia como de engenharia. A invasão feminina começou na década de 1990 e foi o fator preponderante para a melhora nas condições de ambiente de trabalho nas sondas. Minha turma de Natal era composta por oito rapazes, e em média menos de 10% dos que ingressavam como geólogos na Petrobras eram do sexo feminino. Esse *gap* de gênero se reflete hoje em dia no escasso número de mulheres em altos cargos e tarefas estratégicas na empresa. Mas vem melhorando.

Durante o primeiro ano na empresa, os profissionais de nível superior eram classificados como estagiários, mesmo sendo todos contratados conforme a Consolidação das Leis do Trabalho (CLT) e obrigados a contribuir para o Conselho Regional de Engenharia e Agronomia (Crea). Fomos geólogos estagiários de janeiro a dezembro de 1979. O curso de formação de geólogo de poço era feito independentemente por cada distrito durante esse primeiro ano. Havia outras turmas distribuídas pelas capitais onde a Petrobras mantinha uma sede. Nosso treinamento se constituiu em quatro partes, de dois a três meses cada uma, intercalando-se a teoria com a prática. Excetuando-se um embarque inicial para quebrar o gelo, a primeira parte, teórica, era ministrada por integrantes da equipe da região, além de convidados do Rio de Janeiro. Aprendemos sobre a estrutura da empresa, os princípios básicos e as funções das áreas de perfuração e produção, com as quais futuramente seríamos obrigados a interagir, além, é claro, de uma ênfase nas nossas atividades; a segunda parte era eminentemente prática, isto é, integralmente realizada com atividades no poço, mas ainda éramos subalternos de um geólogo titular, ou seja, realizávamos todos os serviços sob a orientação e a supervisão de um colega mais velho, mais experiente; na terceira parte voltávamos para o escritório com o aprofundamento na teoria dos métodos para avaliação do potencial do poço; na quarta e última parte, novamente prática, já tínhamos o poço sob nossa inteira responsabilidade.

Ao final do curso e do ano éramos avaliados e direcionados: permanecíamos no mesmo distrito ou éramos transferidos para outro ou mesmo para a Corte, a sede da "realeza", no Rio de Janeiro. O destino aquinhoou a mim e a outro colega com uma transferência extraordinária e precoce para Vitória, base do Distrito do Sudeste, a fim de cumprirmos a quarta parte, com grande chance de lá permanecermos definitivamente. A Bacia de Campos, jurisdição desse distrito, estava em franca ascensão no seu ciclo de descobertas, com dezenas de plataformas perfurando poços exploratórios e de desenvolvimento. Um poço exploratório pode ser um poço pioneiro, ou um poço de extensão, para se conhecer a forma e o tamanho da nova jazida descoberta, ao passo que um poço de desenvolvimento é um poço que se perfura em um campo já suficientemente conhecido com a finalidade de simplesmente produzir petróleo. Uma nova descoberta pode ensejar vários poços de extensão, a depender do tamanho e complexidade da acumulação.

Mas, afinal, qual é a atividade que efetivamente aprendemos nesse primeiro ano, qual o trabalho que tínhamos sob nossa responsabilidade nesse início de carreira? Pois, ao contrário do que eu imaginava, aos poucos foi se descortinando para mim um mundo fascinante. As bacias sedimentares, o habitat das famigeradas rochas moles ou rochas sedimentares, eram de fato interessantes. Toda a Plataforma Continental Brasileira, isto é, o subsolo marinho que se estende por centenas de quilômetros mar afora, forma uma franja paralela à costa com espessura vertical de rocha que varia de 1 a 10 quilômetros, sendo as maiores espessuras debaixo das maiores lâminas d'água, normalmente. São as bacias sedimentares. A parte emersa continental do Brasil é constituída basicamente por rochas graníticas, metamórficas ou mesmo sedimentares extremamente velhas e duras. Essa franja ou Plataforma Continental Brasileira é um pouco diferente. Quase sempre submersa, foi preenchida por detritos ou sedimentos que se acumularam uns sobre os outros. Com o tempo (milhões de anos), o peso dessa carga de material foi afundando e abrindo espaço para o aumento da espessura vertical da franja, um desenvolvimento normal de uma grande bacia sedimentar. Esse material era de duas naturezas: proveniente da erosão das terras mais altas adjacentes ao continente e carregado até o local de deposição por rios e deltas, ou proveniente da precipitação química *in situ* de carbonatos ou consistia na simples deposição de carapaças ou esqueletos de organismos, formando os calcários. Para simplificar, as bacias sedimentares são preenchidas por dois tipos de material: (1) detritos que vêm de fora dela, de qualquer tipo, e (2) material que se forma dentro dela, normalmente calcários (ou carbonatos) e sais, como o sal de cozinha (NaCl), por exemplo.

Assim, com a ação combinada de influxo sedimentar e subsidência (ou afundamento) do assoalho da bacia, acumulou-se um volume enorme de material ou sedimentos, sempre em meio aquoso, com raras temporadas de ressecamento devido ao efeito climático. O assoalho da bacia, o dito embasamento, é formado por rochas muito duras e semelhantes àquelas do continente emerso. Nossa tarefa nesse meu embarque-debutante consistia em acompanhar um poço que tinha como finalidade atravessar uns 4 mil metros de sedimentos soterrados, bem antes de atingir o assoalho da bacia. Estávamos em busca de um possível reservatório portador de gás. Um reservatório nada mais é do que a "casa" onde reside o petróleo, seja ele gás ou sua forma líquida, óleo. O petróleo é um composto de hidrocarbonetos classificado quimicamente como orgânico, mas não necessariamente de origem orgânica, como veremos ao longo desta narrativa. Existem inúmeros tipos de reservatórios. A rigor, qualquer tipo de rocha, dura ou mole (sedimentar ou não), pode ser denominada "reservatório", desde que se encontrem na sua estrutura interna espaços vazios (poros) que deem lugar à entrada de fluido, seja ele água ou o cobiçado ouro negro (ou gás). Dada a sua composição principal, à base de carbono (C) e hidrogênio (H) que se associam em cadeias C-H, na sua forma de ocorrência natural, o petróleo ou os chamados hidrocarbonetos são mais leves, ou menos densos, do que a água. A geologia obedece às leis da física e da química, mas com pseudoexceções. A partir de agora vamos falar em regras, e quando houver exceções importantes assim será assinalado.

A própria existência de petróleo é uma importante exceção no ambiente interno de uma bacia sedimentar justamente porque este, depois de gerado e expulso de seu meio original, tende a atingir a superfície, a menos que três condições excepcionais coexistam nessa viagem para "respirar", isto é, alcançar um meio rico em oxigênio (que, no caso, seriam a água e o ar) e finalmente se desintegrar pela evaporação. Assim, o destino final e irremediável de qualquer molécula de petróleo que complete esse ciclo é o sumiço por meio de oxidação, biodegradação ou evaporação simultânea, um processo instantâneo no tempo geológico. Quando se fala em tempo geológico significa *muito tempo*, milhões de anos.

As tais condições que estancariam e preservariam o petróleo seriam: 1) a passagem por uma rocha-reservatório nesse caminho; 2) a existência de uma rocha de natureza selante, isto é, de caráter oposto ao caráter da primeira, que aprisione e não permita a continuação dessa viagem à superfície e, finalmente, 3) que essa configuração entre reservatório e selante tenha uma geometria tal que comporte um volume significativo de petróleo no patamar da comercialidade, isto é, que fique aprisionado um grande volume, da ordem de milhões de barris (Fig. 7). Os geólogos ou exploracionistas ainda consideram mais um fator que contribui para essa excepcionalidade: o chamado *timing*, ou seja, na ocasião em que grandes volumes de petróleo estão aptos a migrar, já deve estar pronta e perfeitamente montada a armadilha ou *trap*, que nada mais é do que essa configuração entre reservatório e selante, que perfaz um volume poroso, a "casa" do petróleo. Essa coincidência de fatores condiciona a existência de petróleo (óleo ou gás) acumulado em volumes enormes (de interesse comercial) em subsuperfície, lá embaixo, soterrado no subsolo, dentro dos poros da rocha-reservatório.

Um aspecto importante do ambiente interno de uma bacia sedimentar é que, devido ao soterramento permanentemente em meio aquoso marinho (guardadas as exceções temporárias), existe um equilíbrio estático dos fluidos. Para entender esse princípio, imaginemos que todo o espaço poroso de qualquer rocha é ocupado por água, primordialmente, e que a água do mar atual está em continuidade em meio a todo esse espaço poroso. Extrapolando ainda mais, vamos imaginar que todo o conteúdo da bacia possui uma trama interna de poros que estão em permanente comunicação. É claro que essa distribuição de poros é heterogênea, mas o importante é que uma molécula de água no fundo do mar está empilhada com todas as moléculas de água, inclusive com aquelas dentro da coluna de rocha, até a última no fundo da bacia.

Todo mundo que sabe nadar já mergulhou numa piscina um pouco mais funda, num rio, num lago ou mesmo no mar e sentiu que quanto mais fundo se penetra, maior a pressão nos nossos ouvidos. Quanto maior uma profundidade ou coluna de água, maior a pressão exercida sobre um corpo ou objeto nela imerso. A água do mar, contudo, é salgada, contendo cerca de 35 miligramas de sal por litro. A maioria do sal é mesmo cloreto de sódio (NaCl), o popular sal de cozinha. Este sal encontra-se em solução, isto é, totalmente dissolvido na água e, por isso, dissociado na forma iônica: Na + e Cl-. Tal dissolução confere uma densidade maior para a água salgada em comparação com a água pura, doce, potável. Uma maior densidade confere duas propriedades importantes. A primeira é que por ser mais densa, ou melhor, mais pesada, a água salgada exerce um peso ou uma pressão maior do que a água doce, e a segunda é que qualquer corpo ou objeto que nela for imerso sofrerá um empuxo maior do que se ela fosse doce. Na prática significa que, se liberarmos no fundo de uma piscina de água doce uma gota de petróleo, esta gota vai ascender até a superfície com uma velocidade x. A gota de petróleo sobe porque é menos densa que a água, sendo empurrada de um meio de maior pressão para um meio de menor pressão. Ao passo que, se liberarmos essa mesma gota à mesma profundidade em uma piscina de água salgada, como a água do mar, por exemplo, ela vai ascender com uma velocidade maior que x, porque passa de um meio de muito maior pressão para um meio de menor pressão. Essa simples observação explica a hidrodinâmica de uma bacia sedimentar. Como os hidrocarbonetos estão localizados a grandes profundidades e imersos num meio muito mais denso do que eles, a tendência é de um esforço natural, ou uma energia potencial natural, para sua subida automática até a superfície. Portanto, o petróleo, por ser sempre mais leve ou menos denso do que a água e muito menos denso do que a água salgada, está sempre em desequilíbrio na subsuperfície, tentando fugir para cima, e como a água no interior dos poros das rochas tende a ficar mais salgada com a profundidade, quanto maior a profundidade, maior a energia natural para o escape de hidrocarbonetos, a menos que ela seja contida por um obstáculo: a rocha selante.

Façamos uma pausa, chegou o tempo para se falar em tempo. O tempo é um fator fundamental em geologia. Lancemos mão de velhos chavões para dar uma ideia do tempo em geologia. Se a idade da Terra corresponde à distância de 1 metro, a idade da Bacia de Santos corresponderia a apenas 3 centímetros, e a idade do último primata (*Homo habilis*), ancestral do *Homo sapiens*, a apenas 5 milímetros, ou seja, 4,5 bilhões, 140 milhões e 2,5 milhões de anos respectivamente. Estamos habituados em nossa rotina diária a lidar com o tempo na razão de anos, décadas e séculos, mais raramente milênios. Em geologia lidamos normalmente com uma escala a partir de um milhão de anos.

As bacias sedimentares são assim chamadas porque a superfície do terreno em que se encontram sofreu com o tempo (ao longo de milhões de anos) uma deformação que as fez semelhantes àquelas usadas pelas lavadeiras na beira dos rios. Em vez de água e roupa, elas foram preenchidas por detritos de rocha erodidas ao seu redor, os chamados sedimentos. Essa grande depressão continuou aumentando, arqueada pelo peso do material jogado pelos rios, pelo incremento volumétrico do oceano que posteriormente se estabeleceu sobre ela e pelo esfriamento da litosfera, a camada mais externa da estrutura do nosso planeta, um fenômeno de causas mais internas que não vai ser abordado neste momento. Esse processo ainda não cessou e, portanto, a Bacia de Santos, bem como toda a

Margem Costeira Brasileira, um outro nome que se dá a essa franja, continua evoluindo ou envelhecendo.

Voltando à narrativa do início da carreira de geólogo na Petrobras, aprendemos a acompanhar a perfuração de poços de petróleo. Para se alcançar e colocar em produção petróleo líquido ou gasoso localizado no subsolo, a melhor maneira é através da perfuração de um poço, uma obra que requer um projeto de engenharia. O primeiro poço, perfurado pelo coronel Drake na Pensilvânia há um século e meio, foi feito usando a tecnologia de percussão. Um tubo metálico oco muito pesado, o trépano (uma espécie de parafuso), caía em queda livre, penetrava no terreno rompendo o material rochoso e, triturando-o, aplicava um giro sobre o próprio eixo e voltava à superfície com os tubos preenchidos com detritos, que eram descarregados ali. Esse método já tinha sido utilizado pelos chineses (sempre eles) milênios antes, com o auxílio de bambus. A tecnologia decolou com a invenção do método rotativo e o uso da lama, o chamado fluido de perfuração, além de uma broca na extremidade da coluna de perfuração. Assim, usando-se rotação contínua em vez de impacto, broca para triturar em vez daquele trépano e um fluido com múltiplos propósitos, inclusive para trazer à tona os detritos desagregados, a perfuração ficou mais fácil.

Para o geólogo, acompanhar a perfuração significa examinar, da forma mais detalhada e expedita, todo o conteúdo destruído pela broca, que vai atravessando camadas e mais camadas de rochas até a profundidade final prevista, depois de ultrapassar o objetivo – a rocha-reservatório –, onde se acumulam os esperados hidrocarbonetos. Mesmo depois de ultrapassar as zonas de interesse, esse exame das rochas deve continuar. Os detritos, produtos da trituração da rocha pela broca, são carregados até a superfície e colocados em recipientes especiais que serão remetidos aos laboratórios dos escritórios em terra ou ao próprio Cenpes, mas também submetidos a uma análise prévia (rápida) pelo geólogo de poço. Essa análise é indispensável, caracteriza as porcentagens e tipos de rocha atravessados e avalia os indícios de hidrocarboneto que porventura esteja contido no interior dos poros.

Com o avanço da perfuração, o geólogo vai elaborando um esquema, um croquis padronizado, que ilustra a sucessão das camadas ou estratos da seção perfurada, bem como registra os parâmetros de perfuração, principalmente a taxa de perfuração da broca, ou velocidade de penetração, e a densidade da lama de perfuração. A densidade da lama é um dos parâmetros cruciais para o engenheiro e o geólogo. O engenheiro controla e modifica, se necessário, a densidade da lama, a fim de garantir a segurança do poço e a eficiência das operações, ao passo que o geólogo analisa outra propriedade: a presença de gás na lama de perfuração. A presença de gás é percebida

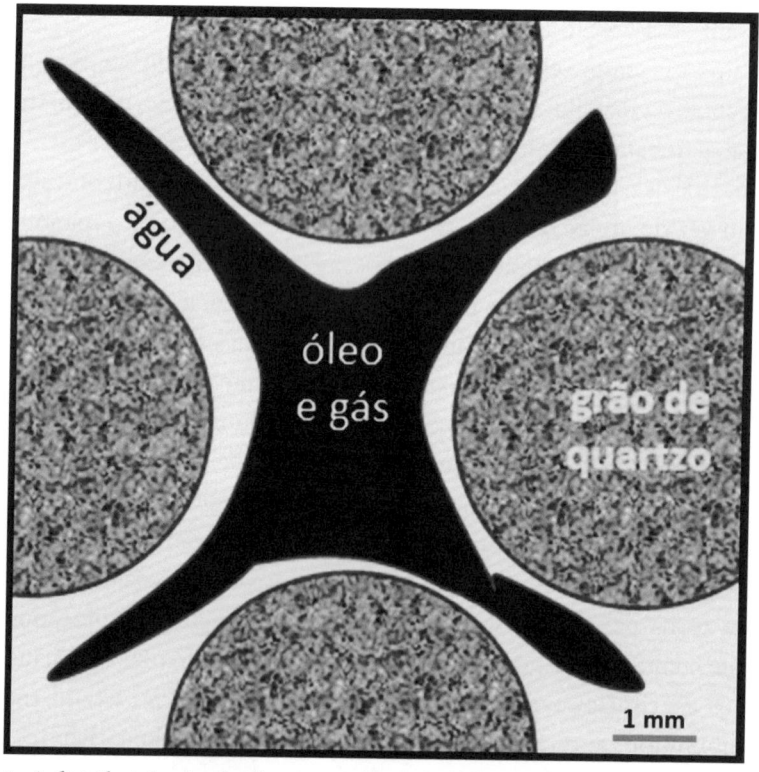

1. A distribuição dos fluidos num reservatório de petróleo.

com o uso de artefato especial, o detector de gás, e cabe ao geólogo interpretar esses sinais e julgar se trata-se de uma real anomalia, que acusa a presença de reservatório portador de hidrocarboneto em subsuperfície.

Qualquer acumulação de petróleo no seu habitat natural contém estas três fases coexistentes: óleo, gás e uma água remanescente. O gás, no entanto, pode constituir a mesma fase do óleo se estiver dissolvido nele.

Apenas quando o petróleo chega à superfície, nas condições atmosféricas, é que ocorre a dissociação total da fase gasosa. Ou melhor, à medida que as condições de pressão e temperatura diminuem no caminho do petróleo até a superfície, aquela mistura homogênea original passa a se dividir em duas fases bem definidas: uma líquida e outra gasosa. A fase gasosa então contamina a lama de perfuração e pode ser detectada. O conteúdo gasoso do petróleo, que, aliás, também é hidrocarboneto e que no final das contas vai esquentar as panelas na sua cozinha, varia muito de região para região, inclusive na mesma bacia. O petróleo da Bacia de Campos, por exemplo, considerado pesado, tem pouco gás dissolvido, enquanto que o petróleo do pré-sal tem dez vezes mais gás e se aproxima da excelente qualidade dos melhores petróleos árabes.

Vimos que uma acumulação de petróleo em subsuperfície encontra-se aprisionada e pressurizada e, portanto, guarda uma energia potencial suficiente para alcançar a superfície naturalmente, sem precisar de bombeamento, como o que se vê naquelas fotos e ilustrações clássicas de terrenos do Texas ou mesmo no Recôncavo Baiano, cravejados de cavalos de pau bombeando óleo. Todo poço que necessita de energia adicional para extração de petróleo, que é o caso dos que se utilizam de cavalos de pau, são poços de pequena profundidade, de baixa produtividade e, portanto, comercialmente viáveis apenas em terra, onde a logística, os equipamentos, tudo é bem mais barato. Pequenas acumulações também acontecem na Plataforma Continental Marítima com a qual estamos tratando, e existe uma maneira expedita, temporária, para se avaliar se uma acumulação, logo que é descoberta, é pequena ou não. Se for pequena, a despressurização do reservatório será rápida, com uma pequena produção de hidrocarboneto; se for grande, não se observará qualquer sinal de despressurização do reservatório. Vamos entender melhor essa avaliação quando for contada a história das descobertas do pré-sal, mais adiante.

A chamada *perfilagem elétrica* é outra atividade importante a cargo do geólogo na sonda. O acompanhamento dos detritos e o monitoramento do conteúdo de gás são atividades contínuas, realizadas do começo ao fim da perfuração. Eventualmente a perfuração do poço é interrompida para que suas paredes sejam revestidas. O revestimento do poço é realizado através da descida de grossos tubos de aço ocos que serão literalmente cimentados junto à parede, cobrindo e isolando toda a superfície circular. O poço fica assim garantido contra colapsos e desabamentos. Mas, antes da descida do revestimento, as companhias de serviços levam ao fundo do poço sofisticados equipamentos que medem e registram algumas características físico-químicas das rochas. Esse registro é feito de forma continua e é normalmente comparado com os exames de eletrocardiograma, raio X e ressonância magnética que fazemos para investigar o interior do nosso corpo. Tais registros, aliados às análises anteriores de acompanhamento de poço, são indispensáveis e obrigatórios para se conhecer os tipos de rochas perfurados e identificar que tipo de fluido está predominando nos poros das rochas: óleo, gás ou água. A perfilagem também é feita no trecho final, que pode ou não ser revestido, a depender da presença ou ausência de hidrocarbonetos significativos. Uma das tarefas do geólogo de poço é supervisionar essas operações e enviar organizadamente os dados para a sede ou escritório. Com o avanço da tecnologia, hoje a perfilagem se faz simultaneamente com a perfuração e pode, eventualmente, dispensar a operação que antecede a descida do revestimento.

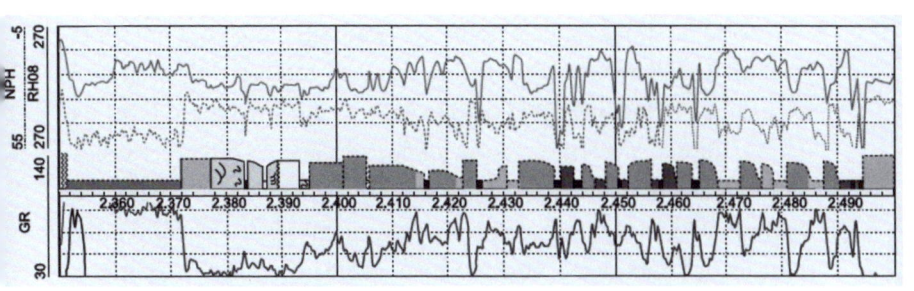

2. O produto de uma perfilagem elétrica: o perfil. Cada curva é o registro de uma propriedade da rocha. De baixo para cima: radiações gama, índice de H_2 (hidrogênio) e densidade.

Na minha primeira visita a uma sonda de perfuração, a plataforma *Key Biscaine*, que perfurava um poço no mar do Ceará, tive oportunidade de vivenciar praticamente todas as atividades de engenharia de perfuração e acompanhamento geológico descritas anteriormente. A rotina de um geólogo de poço se resume a esses embarques quinzenais, intercalados por folgas compensatórias. Na minha época, cada dia de sonda dava direito a um dia de folga. Esse direito evoluiu, com o avanço nos acordos coletivos através dos sindicatos, para um dia e meio de folga por cada dia trabalhado.

A plataforma *Key Biscaine* afundou em setembro de 1983, na costa oeste da Austrália, felizmente quando estava docada, fora de ação, durante um temporal, e hoje em dia é um ponto de mergulho e caça submarina de classe mundial.

No segundo semestre de 1979, fui cumprir a última parte do estágio na Bacia de Campos. Inicialmente me apresentei na base ou escritório de Vitória, que estava em vias de ser transferida para a aprazível e bucólica Macaé, no Rio de Janeiro. Esta fase me proporcionou alguns embarques, sendo o último deles já pelo precário aeroporto de Macaé.

A Petrobras chegou em Macaé literalmente arrasando quarteirões. Transformou a principal praia da cidade, a charmosa Imbetiba, de águas calmas represadas de uma pequena e espetacular baía, em um porto de atracação de pesados rebocadores que forneciam suprimentos às plataformas de petróleo. Em dois anos a poluição sonora, visual e principalmente da composição da água deixou o lazer e o banho impraticáveis na área. A cidade tinha apenas um hotel aceitável, mas ainda assim uma espelunca, o Panorama, na beira da praia de Imbetiba, que sofria uma alucinada rotatividade. Trabalhadores braçais de sonda e até engenheiros e geólogos não raro compartilhavam o mesmo dormitório em beliches e colchões improvisados. Em breve a pequena cidade, antes silencioso destino de veranistas da costa norte fluminense, transformou-se em uma pequena Babel infernal, inchada, sem infraestrutura adequada para comportar uma população que duplicava ano a ano. O preço dos terrenos já tinha disparado um ano antes da minha transferência, em 1978, e um novo bairro residencial, Cavaleiros, foi edificado com casas assobradadas, espaçosas, com muita viga de madeira e tijolos expostos, ao estilo do litoral fluminense, churrasqueiras e piscinas faraônicas fechando um quadro de gosto duvidoso típico dos novos-ricos. Gerentes da Petrobras e de multinacionais prestadoras de serviços foram ocupando casas ao longo das recém-traçadas e poeirentas, porque ainda não pavimentadas, ruas de Cavaleiros. Outros bairros surgiram e foram urbanizados rapidamente quando os royalties do petróleo extraído começaram a abarrotar os cofres municipais.

As melhorias na infraestrutura vieram com grande atraso. Macaé, embora uma cidade ainda pequena, passou a ter todos os problemas de uma megalópole e muito poucas virtudes desta, como a vida noturna efervescente e a inauguração de boas churrascarias e restaurantes de frutos do mar. Havia um evidente contraste de comportamento e costumes entre os forasteiros brasileiros ou estrangeiros e os nativos, mas a tolerância, a cordialidade, o deslumbre frente ao progresso desses últimos deu chance a uma rápida miscigenação com a legião que aportou de fora. Ao final da década de 1980, a maioria das moças de bela aparência do lugar já tinha encontrado o sólido aconchego do lar tradicional tendo como chefe de família um petroleiro emergente. Com o protagonismo da Bacia de Campos na produção de petróleo nacional, Macaé entrou no mapa do Brasil com sofisticados hotéis e chegou a abrigar importantes encontros técnicos e profissionais de âmbito internacional.

A história do que era e o que se tornou Macaé depois da vinda da Petrobras merece um livro à parte. Uma lástima, agora com o acelerado declínio da produção da Bacia de Campos, a cidade estar ameaçada ao abandono que a violenta queda de arrecadação de impostos e a fuga da população pode acarretar. Apesar de não ser a pérola da Costa Azul Fluminense, título arrebatado por Armação dos Búzios, secundada por Rio das Ostras, na Região dos Lagos, Macaé tem vários encantos naturais, como belas praias (as que sobraram), lagoas adequadas para a prática de windsurfe, além de estar localizada a uma distância estratégica da formosa Serra do Mar, com pequenas cidades incrustadas na Mata Atlântica, bem preservada e rica em cascatas. Enfim, Macaé, mesmo depois de sua ascensão e glória, preserva um astral peculiar das cidades com identidade própria. Talvez seja esse o diferencial que ainda motiva uma visita a ela, frente ao glamour internacional de Búzios, por exemplo. Se você está para se aposentar, cansado da vida e procura um local barato e tranquilo para relaxar o velho esqueleto até o fim dos seus dias, dê uma conferida em *Maykay*, como carinhosa ou pejorativamente alguns de nós a ela se referiam.

A atividade de exploração no escritório de Macaé e na Plataforma Continental sob sua jurisdição (a Bacia de Campos e a Bacia de Santos) era frenética no início dos anos 1980. Foi um bom laboratório para mim e meus contemporâneos. Pela primeira vez nos deparamos durante as perfurações com a presença de petróleo em quantidades significativas, dignas de se intitularem verdadeiras descobertas ou confirmações das descobertas por meio de poços de extensão que visam delimitar um campo de petróleo. É dessa época o desenvolvimento (e a descoberta) de campos como Garoupa, Enchova, Badejo, Pampo, Linguado, Namorado, Bonito e Bicudo, dentre outros em águas rasas (até 500 metros de lâmina d'água).

SEDES PRINCIPAIS DISTRITOS DA PETROBRAS
1. Bacia Pelotas
2. Bacia Santos
3. Bacia Campos
4. Bacia ES
5. Bacia SE-AL
6. Bacia Potiguar
7. Amazonas e Solimões
8. Bacia do Paraná

Polígono pré-sal

OS BLOCOS DO CLUSTER

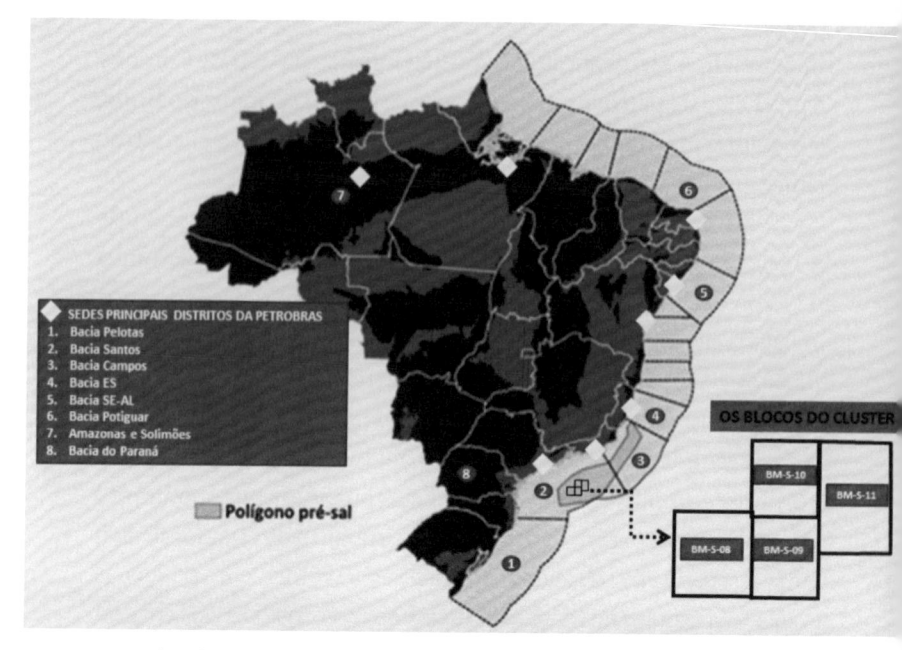

BM-S-10
BM-S-11
BM-S-08
BM-S-09

3. *A Plataforma Continental Brasileira é esta franja paralela ao litoral; ao longo dela localizam-se as principais bacias brasileiras; detalhe da localização dos blocos do Cluster (área onde situam-se as grandes descobertas do pré-sal), dos Distritos da Petrobras e o Polígono de ocorrência da camada pré-sal. As regiões escurecidas no interior do país são as bacias terrestres.*

Havia um outro desafio muito interessante na jurisdição do Distrito de Exploração de Macaé. Era a exploração na bacia terrestre do Espírito Santo. Com uma pequena base no município de São Mateus no norte deste estado, a Petrobras mantinha várias sondas pequenas de terra, muitas delas romenas, um tanto obsoletas, mas que ainda serviam para suprir a demanda exploratória na região. Neste caso, em terra, todo o pessoal da operação era composto por funcionários da Petrobras, sem gringos. Trabalhar em uma sonda de terra era uma tarefa atribuída àqueles um pouco mais experientes, porque implicava em alcançar a sonda em locais relativamente remotos com veículo da empresa, mais especificamente um fusquinha a álcool que vivia engasgando, e tomar decisões importantes sem consultar a equipe do escritório devido à precariedade dos meios de comunicação. A principal via de comunicação, tanto no mar como na terra, eram os rádios SSB com alcance de centenas de quilômetros. A propósito, fiquei impressionado nos primeiros embarques com a desenvoltura e a fluência em vários idiomas dos operadores de rádio da Petrobras no mar.

Qualquer operação de uma sonda em um poço pioneiro, inclusive a corriqueira, simplesmente perfurar, está sujeita a vários riscos ou insucesso. Operações especiais, assim chamadas porque são realizadas esporadicamente ou quando necessárias, normalmente demandam muito tempo e, fracassando, podem colocar em risco a integridade do poço ao ponto de ser abandonado devido a condições adversas que impedem o prosseguimento do trabalho, como a queda sem controle de algum equipamento no fundo ou a "prisão" da composição de equipamentos (de perfilagem, testemunhagem ou teste de formação). Ferramentas que carregam fontes radioativas de alta intensidade, utilizadas para medir as propriedades físicas das rochas durante uma perfilagem, quando perdidas no fundo do poço, devem ser abandonadas, de acordo com severos protocolos elaborados pela Comissão Nacional de Energia Nuclear. Isto vale para operações em terra também.

Trabalhar em terra proporciona ao geólogo de poço a chance de realizar a operação especial mais emocionante desse ofício: ordenar a paralisação da perfuração do poço para efetuar um teste de formação a poço aberto. Diz-se *aberto* porque o poço ainda não está revestido com tubos especiais de aço. O teste de formação a poço aberto acontece quando se atravessa uma zona potencialmente produtora, normalmente já esperada como objetivo original daquele projeto, mas, não raro, em profundidades totalmente inesperadas. E essa é uma iniciativa corajosa que, se malsucedida, acarreta perda do precioso tempo de sonda, além de colocar a própria sonda em risco. A operação de teste de formação a poço aberto atualmente é proibida por motivos de segurança nas sondas marítimas. Nessas, o teste é feito com o poço já revestido. O poço é dito revestido, conforme já vimos, quando suas paredes são literalmente revestidas por largos tubos de aço, obviamente ocos, para que o poço continue a ser perfurado ou esteja em condições de produzir petróleo.

Ao se constatar a presença de uma camada de rocha do tipo reservatório com indícios de hidrocarbonetos (óleo ou gás), a perfuração do poço é paralisada e é descida uma ferramenta especial com a finalidade de colocar esta camada em contato com a pressão atmosférica. O fluido que estiver presente lá embaixo, na subsuperfície, é naturalmente impelido até a superfície. Quanto maior o volume e melhor a qualidade da rocha-reservatório, maior será a vazão ou quantidade de fluido expelido. Não existe maior satisfação profissional para um geólogo do que presenciar a *surgência* e queima de óleo e gás na superfície em chamas que podem atingir 20 metros. Existem outras formas mais expeditas de se constatar diretamente a presença de petróleo nos poros da rocha sem a necessidade de fazê-lo surgir, mas o teste de formação a poço aberto ou revestido é insubstituível.

O primeiro teste de formação é outra coisa que a gente nunca esquece. O meu foi com a perfuração de um banal poço de desenvolvimento dentro do Campo de Rio Itaúnas, na porção terrestre da Bacia do Espírito Santo, no município de São Mateus, uma velha província petrolífera então em estágio de reavaliação. Uma larga faixa de terra que vai de São Mateus, no norte do Espírito Santo, até a foz do Rio Doce, em Regência, também no Espírito Santo, tem muitos campos pequenos de petróleo a profundidades rasas. Era uma zona que ainda tinha muita mata virgem, podia-se flagrar espetaculares troncos de árvores provenientes da Mata Atlântica serem transportados por carretas na estrada. A pesca era farta, imperava o robalo na desembocadura dos rios. Nos últimos anos, a mata foi rapidamente consumida, e os mananciais de robalo foram destruídos pelo desastre ambiental produzido pela Samarco em Mariana (MG) em novembro de 2015.

Voltando ao poço no Campo de Rio Itaúnas, em terra, no Espírito Santo, percebi, por meio da análise das amostras e de detector de gás, uma zona de gás superior, não prevista no projeto de poço, estranhamente desconhecida pelos engenheiros e geólogos do escritório. Lembro que o preposto do engenheiro-fiscal da Petrobras, ou capataz da sonda, o Polaco, de grande experiência e prestes a se aposentar, subestimando minha atitude de mandar parar a sonda para investigar por teste uma zona com flagrantes indícios de óleo e gás, tentou apostar comigo dizendo: "Mal e mal vai aparecer um pequeno sopro de ar", que, naquela profundidade tão rasa (cerca de 570 metros), era impossível ocorrer algum hidrocarboneto, que era uma pena eu ter interrompido uma perfuração que vinha tão bem, blá-blá-blá. Polaco chegou a aumentar a aposta para um engradado de cerveja. Não topei, então dei de ombros e segui nos meus afazeres para providenciar o teste. Polaco tinha alguma razão, pois não é usual uma zona aleatória com gás em uma área já profusamente perfurada, mas a quantidade de areia manchada de óleo viscoso que chegava à superfície carreada pela lama de perfuração me impressionou muito, falou mais alto.

A preparação de um teste de formação envolve a movimentação de pesadas ferramentas que serão montadas na base da sonda, transportadas por caminhão em estradas precárias, às vezes castigadas por chuvas torrenciais. A montagem delas é demorada, e na maioria das vezes se espera o dia amanhecer. Por questões de segurança, porque vai haver produção de fluido altamente inflamável, é obrigatório o início do teste com luz natural. À noite aumenta o risco de acidentes em função das fontes de ignição que podem causar incêndio: geradores a todo o vapor para iluminação intensa podem causar curtos-circuitos, bem como qualquer faísca de equipamento utilizado num ambiente mal-iluminado, por exemplo. Nesse ínterim consultei a equipe de avaliação em Macaé, conseguindo o aval do meu chefe. O teste de formação é um procedimento indispensável para se avaliar um poço. Nada o substitui, nem simulações em laboratório ou em softwares. É a chance de se verificar *in loco* a vazão, a produtividade do poço e, por extensão, do novo campo, se for o caso de vingar a descoberta.

Há dois ruídos intensos, infernais, que me remetem instantaneamente aos tempos de geólogo de poço. Um deles é proveniente do rotor dos helicópteros com a ventania produzida pelas pás. O outro é o som produzido pelas turbinas de um avião a jato. Não é aquele assobio agudo inicial, mas o rugido mais grave que impulsiona a aeronave pra decolar. Este último é muito semelhante ao que se verifica quando a mistura de óleo e gás é queimada ao se testar uma zona produtora. Foi o que experimentei no poço em questão. Polaco parecia uma barata tonta na sonda, no afã de checar e providenciar itens de segurança eventualmente esquecidos. Não tripudiei em cima do resultado, mas lamentei intimamente não ter aceitado a etílica aposta. Aquela cerveja teria descido com um gostinho especial. Até hoje comemoro aquele teste porque foi a minha primeira vitória pessoal na Petrobras. Depois de uma vida a gente rememora que pequenos detalhes da nossa história foram importantes no rumo que tomamos. Aquele foi um grande fato, insignificante para a empresa, mas um verdadeiro divisor de águas na minha vida profissional.

Quando me apresentei no escritório de Macaé, fui imediatamente encaminhado ao setor de Avaliação de Formações, responsável pela programação e pela supervisão dessas operações especiais: perfilagem e teste de formação. Recebi vários ensinamentos e críticas construtivas do chefe do setor, Sylvio de Magalhães Ferreira, um cara dois ou três anos mais velho que eu, mas que tinha uma tremenda autoridade moral em todo o Distrito por causa da grande experiência adquirida na Bacia do Recôncavo e da elevada inteligência e perspicácia. Sylvio era daqueles caxias que não deixavam passar nada e, com o tempo, devido à sua implacável cobrança por bons serviços, passou a ser temido e até estigmatizado pelos colegas mais jovens e inexperientes. Depois do seu sermão técnico, uma crítica a alguns pecadilhos e procedimentos de novato que cometi, recebi um rápido elogio e parti para a minha merecida folga. Muitos anos depois testemunhei um teste de maior envergadura na região subandina da Bolívia. Lá a vazão de gás era tão alta que as linhas de superfície por onde ele passava se congelavam e a montanha onde o poço estava situado trepidava. Era na selva, era preciso dormir com aquele barulhão.

Depois dessa experiência, passei por outras de não menor importância técnica. Em todas essas operações especiais, principalmente no mar, éramos levados a extremos de exaustão física e psíquica. Era normal ficarmos 48 horas sem dormir, na vigília, acompanhando os registros de zonas de interesse; por ocasião das perfilagens elétricas, situações de estresse e conflito eram frequentes. Discussões desgastantes com os representantes das companhias de serviços, com a capatazia da sonda e a pressão do pessoal do escritório em busca de informações e para passar diretrizes eram fatores com os quais tínhamos que conviver em todos os embarques. Mas nada como o tempo para calejar nossas mãos e temperar nosso espírito. Dentro deste ambiente conheci pessoas singulares de todos os matizes. Tenho guardadas na memória muitas histórias ocorridas em cada uma dessas operações.

Numa ocasião, em uma plataforma marítima em lâmina rasa, uma rara situação em que ainda era permitida a realização de testes de formação, travei amizade com um sondador português. Sujeito simpático, bom papo, vinha de experiências na Bacia de Angola, no oeste da África, com geologia e habitat de petróleo muito semelhantes aos nossos. O poço em questão era pioneiro, e mais uma vez interrompi a perfuração para testar uma zona com indícios de óleo e gás. Tudo ia bem quando entrei em conflito com meu amigo português acerca de um procedimento de amostragem de óleo que ele se recusava a fazer alegando razões de segurança. Elevamos o tom da discórdia e cheguei ao ponto de aludir a uma certa covardia da parte dele. Quando mencionei o termo "covarde" ou "covardia", o portuga subiu nos tamancos, se empertigou e, de dedo em riste, sacou esta: "Covarde, eu? Pois saibas que participei de chacinas em África!". Surpreendido, dei um passo atrás e não proferi mais um pio. A partir daí, rememorando conversas anteriores, percebi que o sujeito atuara como mercenário nas guerras coloniais portuguesas. De fato, o sondador tinha razão: não era prudente executar o que eu solicitava.

Na volta de uma de minhas folgas, fui surpreendido por uma nova designação: estava já compondo o seleto grupo de avaliólogos sob a batuta de Sylvio. Minha tarefa era a de embarcar como preposto deste setor com o fim específico de supervisionar e executar as operações mais complicadas de avaliação, principalmente perfilagens cabeludas. O furor e a intensidade com que se perfurava na Bacia de Campos me deu em poucos meses experiência suficiente para galgar um degrau na hierarquia informal do setor: parar de embarcar e permanecer no escritório como braço direito de Sylvio e interlocutor com uma instância ainda maior, a equipe do Rio de Janeiro. Foi nessa função que entrei em contato com outro grande mestre de igual ou maior envergadura em experiência e perspicácia que Sylvio: o geólogo João de Deus dos Santos Nascimento.

A atividade de Avaliação de Formações tem como principal responsabilidade lidar com um poço, depois de concluída sua perfuração, como se fosse um paciente. O termo "formações" aqui significa um conjunto de rochas com uma determinada idade e característica. O poço deve ser examinado com o auxílio de sofisticados equipamentos de última geração – a perfilagem – e recebe um diagnóstico. A diferença é que o poço não pode ser "curado". Conforme o diagnóstico, ele é abandonado como *seco*, quando não apresenta zonas de interesse, ou submetido a avaliações mais detalhadas, como o teste de formação, mas ainda sob responsabilidade do geólogo de avaliação. Finalmente, de acordo com os resultados desse detalhamento, o poço é classificado como comercial ou subcomercial (tem alguma limitação, em geral indicando pequeno volume ou baixa produtividade do reservatório). Assim, a Avaliação de Formações lida numa ponta com a interpretação dos dados obtidos nessas operações especiais: perfilagem e teste de formação e, na outra ponta, com a tomada de decisão sobre o abandono definitivo ou não do poço. Essas análises e decisões têm que ser muito rápidas porque envolvem tempo de sonda e consumo de insumos de alto custo. Enfim, decisões que implicam milhões de dólares no andamento da perfuração e algumas dezenas e até centenas de milhões de dólares na continuidade ou não de um projeto de exploração. Tal responsabilidade, que pode resultar no comprometimento de vastas áreas prospectáveis, confere um caráter dos mais peculiares ao avaliólogo ou petrofísico, como hoje é chamado este especialista, porque seu diagnóstico interfere em todas as esferas do *upstream*, o conjunto de atividades da indústria petrolífera que engloba exploração e produção de petróleo (o *downstream* abarca os oleodutos, refinarias e abastecimento em geral). Enfim, o avaliólogo tem que ser um forte.

Naquela época, João de Deus era o técnico à frente dessa tarefa. Oriundo de uma fabulosa casta de avaliólogos (no sentido de uma brilhante geração), rapidamente galgou o topo nessa carreira e granjeou prestígio dentro de toda a comunidade de exploração na empresa. Avaliar um poço profissionalmente naquela época era algo que criava atritos. Dificilmente um veterano especialista em avaliação de formações não tinha contratempos e brigas com colegas de outros setores. Dada as características dessa atividade, o perfil deste técnico às vezes era interpretado como erroneamente autoritário e mal-educado. João de Deus foi injustamente tragado por essa maldição.

Depois de um, no máximo dois anos "no campo", seja terra ou mar, o infante ou infanta de geologia encontra a primeira de tantas encruzilhadas na sua carreira dentro da empresa. Existem aqueles que por vocação, conveniência ou mútuo interesse empregado--empregador permanecem até se aposentar nessa atividade de acompanhamento de poço; outros migram para um dos diversos segmentos de exploração, como a nobre tarefa de trabalhar nas equipes de interpretação que produzem novos projetos visando novas descobertas; outros rumam para a área de desenvolvimento, mais ligada ao campo da engenharia que lida com a explotação ou drenagem racional das descobertas já constituídas; outros passam a atuar em laboratórios de análise de rochas e fluidos nos distritos de exploração Brasil afora, ou mesmo no prestigiado Cenpes; outros seguem para a área internacional, a fim de trabalhar em bacias estrangeiras; e outros começam a escalar, por vocação ou ambição, a promissora carreira gerencial.

Nessa época, início dos anos 1980, uns poucos tinham a chance de realizar uma pós-graduação no exterior, caso caíssem nas graças do então temível diretor de exploração Carlos Walter Marinho Campos, um engenheiro-geólogo formado em Ouro Preto na década de 1950 e bem adestrado na Colorado School of Mines, instituição que passou a abrigar a maioria dos nossos novos, raros e brilhantes contemplados. Invariavelmente os que retornavam desses cursos, normalmente como doutores, ocupariam cargos gerenciais de absoluta confiança de Carlos Walter.

Permaneci durante quatro anos em Macaé exercendo as atividades de geólogo de poço, passando para geólogo de avaliação de formações e substituto eventual do chefe desse setor, já não mais Sylvio, caído em desgraça frente à alta gerência do Rio de Janeiro pelo envolvimento com um movimento de protesto à demissão de um colega. Sylvio entrou como coadjuvante nesse movimento e teve o mesmo destino de outros chefes que entraram numa canoa furada ao assinar um manifesto de repúdio dirigido ao Superintendente Geral da Exploração, Raul Mosmann, o segundo da hierarquia da área de geologia, abaixo de Carlos Walter. Vale a pena contar esse episódio porque ilustra o ambiente que reinava no meio geológico da Petrobras naquela época.

Corria o ano de 1982. Uma geração de geólogos de pouca experiência havia sido jogada para o acompanhamento de poços em terra e mar, a maioria sem o devido preparo técnico. Havia esse diretor de Exploração, Carlos Walter, com uma imagem totalitária e paternalista consolidada após duas décadas à frente da exploração na Petrobras. Figura polêmica, amado por poucos e odiado por muitos, CW, como dizíamos, foi – não obstante ter supostamente praticado atos eticamente reprováveis como o assédio moral, a demissão e perseguição de colegas – sem dúvida o responsável pelo grande salto de qualidade dentro da Petrobras, levando o Brasil à autossuficiência de Petróleo. CW era egresso dos tempos do vilipendiado Walter Link, autor do famoso relatório que condenava o Brasil ao subdesenvolvimento. CW moldou à sua imagem e semelhança toda uma geração de gerentes dos distritos Brasil afora, muitos deles como caricaturas grotescas e malignas. Mas CW foi antes de tudo um visionário ao determinar a guinada da exploração para a Plataforma Continental marítima no final dos anos 1960, contrariando fortes correntes internas. CW enfim, estava para a Petrobras assim como Getúlio Vargas estava para a República. (Os "dois Vargas", tanto o democrata como o Ditador.) CW foi o homem diretamente responsável pela vindoura grandeza da empresa, mas que não vacilava em lançar mão de seu saco de maldades, sem disfarces. Se alguma mancada chegasse aos ouvidos de CW, coitado do seu autor!

Pois CW resolveu fazer uma limpa entre as novas gerações da Petrobras. Cismou que o geólogo que se preza deveria estar não só atualizado nas práticas de exploração em geologia como também ser fluente em inglês e, pasmem, dominar os conceitos básicos de matemática superior, como cálculo e geometria analítica. Para fazer um levantamento do nível da macacada, resolveu realizar uma espécie de vestibular ou Enem nas turmas mais novas. Isto incluía a turma anterior à minha até as duas mais novas, englobando um universo de uma centena de geólogos de operação (meu caso), mas não geofísicos, porque talvez estes já fossem naturalmente versados nestas matérias. Não havia critérios claros para as punições em caso de baixo desempenho. Quem se saísse mal em matemática poderia ter a chance de receber um curso grátis, isto é, bancado pela empresa, em Salvador. Quem resvalasse em inglês receberia um puxão de orelhas, mas quem se saísse mal na prova de prospecção de petróleo poderia ser sumariamente defenestrado da Petrobras.

Funcionários da Petrobras não têm e nem nunca tiveram estabilidade no emprego. Todos são regidos pela CLT. Nossa turma em Macaé foi obrigada a receber aulas particulares de cálculo à noite, nas dependências da sede, na praia de Imbetiba. Não me lembro quem bancou o cursinho. Ninguém desse grupo sucumbiu ao "vestibular". Uma turma que foi mal em matemática passou uma temporada em Salvador voltando bronzeadíssima do sol de Piatã, mas houve uma degola de bodes expiatórios que cometeram erros crassos na boca do poço.

Porém, vários colegas de geração mais nova, não submetida ao "vestibular" foram demitidos em Macaé, principalmente em razão de pequenos equívocos profissionais, típicos de falta de experiência, nunca devido à inequívoca incompetência ou má-fé, e um deles motivou um movimento do nosso grupo por meio de um abaixo-assinado de repúdio para o qual, a fim de obter maior respaldo, convidamos vários gerentes imediatos, isto é, de baixo escalão, para aderir. Fui um dos líderes do movimento e lembro que Horácio Antônio Folly Lugon, então chefe de operações geológicas de Macaé, que não aderiu, nos recomendou: "Não mandem o documento para o CW, mandem para o Mosmann", sinalizando para não bater de frente com o "monstro" porque as consequências seriam terríveis. Encaminhamos a coisa por meio da Associação dos Geólogos do Rio de Janeiro, cruzamos os dedos e esperamos o repuxo. Todos os chefes que assinaram foram retaliados, a maioria com transferências à revelia e alguns com a perda do cargo. A degola de mais geólogos supostamente ineficientes ou irresponsáveis terminou. Demitiram ao todo uma dúzia. Cometeram flagrantes injustiças. Esses profissionais poderiam ter sido aproveitados em outras atividades que não o acompanhamento geológico.

O reinado de CW foi até próximo de sua aposentadoria, por volta de 1985, quando houve uma debandada de dinossauros de sua estirpe, que não deixaram muitas saudades. Foi uma página virada na história da exploração na Petrobras, coincidindo com o ocaso da ditadura e a posse e morte de Tancredo Neves. O Brasil mudava, a Petrobras mudava.

De 1984 a 1993, integrei a equipe de avaliação de poços exploratórios no Rio de Janeiro, que tinha jurisdição em todo o território nacional. A equipe era muito pequena, de quatro a cinco pessoas, incluindo estagiários itinerantes fornecidos pelos distritos. Era chefiada por João de Deus dos Santos Nascimento. Sua composição variou pouco durante esse período. Eu e outro colega oriundo de Vitória e Macaé, Ricardo Manhães Ribeiro Gomes, estivemos sempre com João de Deus e participamos da avaliação do potencial de milhares de poços, em terra e mar, uma experiência incrível, talvez sem paralelo no mundo. Na medida em que inspecionamos todos os pequenos e grandes sucessos (e também os fracassos) dos poços ou locações elaborados pelas equipes de interpretação, composta por outros especialistas em geologia e geofísica, por nós passaram as grandes esperanças da Petrobras para chegar à autossuficiência em petróleo.

João de Deus, formado na Bahia, de uma geração de colegas poucos anos mais velha do que a minha, é um dos melhores profissionais, senão o melhor que conheço produzido na Petrobras. Trabalhar aprendendo ao seu lado e de Ricardo Gomes foi outra grande sorte que tive. João de Deus não é apenas uma sumidade no seu ramo, mas detentor de um caráter elevado e de uma tremenda seriedade. Um profissional habilitado para qualquer cargo de alto escalão na Petrobras e, quiçá, na própria República.

O pequeno contingente nos obrigava a um nível de atividade intenso. Como as sondas não param, éramos obrigados a trabalhar nos fins de semana em regime de plantão, sem remuneração, tendo por compensação apenas dias de folga. Nossa tarefa consistia basicamente em analisar os registros das perfilagens e dos testes e dar um destino ao poço: abandono definitivo ou encaminhamento para os engenheiros de produção a fim de aprofundar os estudos com mais testes. Além disso fiscalizávamos o trabalho de nossos pares nos distritos que já tinham autonomia, principalmente em poços de terra. A tarefa mais delicada consistia em filtrar, passar adiante para instâncias superiores e arquivar com exatidão, sem equívocos ou inconsistências, a massa de informações técnicas desses milhares de poços. Acompanhamos o auge da exploração de bacias como Campos (RJ), Potiguar (RN), Alto Amazonas (AM), Espírito Santo, o rejuvenescimento do Recôncavo e Sergipe-Alagoas, dentre outras. Uma experiência e conhecimento acumulado de geologia e bacias que poucos experimentaram no mundo.

Uma das razões para atuarmos com poucos técnicos naquele estratégico setor no Rio de Janeiro foi a falta de contratação de pessoal na década de 1980. A partir de 1982, resultado de uma recessão econômica nacional, a Petrobras foi sufocada com um orçamento miserável limitado pelo governo e ficou alguns anos sem contratar por concurso as tradicionais levas anuais recrutadas nas melhores universidades. A autossuficiência em petróleo demorou porque escassearam os recursos para investimentos na Bacia de Campos. Só no final dessa década as portas se abriram para a entrada de sangue novo. Tivemos oportunidade, Ricardo Gomes e eu, de participar ativamente no treinamento dos novos geólogos e geofísicos. Uma experiência e tanto! Nada como voltar à teoria depois de tantos anos de prática. Ajudamos na formação de duas centenas de novos profissionais.

No final dos anos 1980, início dos 1990, a Petrobras sofreu uma reestruturação no seu Departamento de Exploração que extinguiu nosso pequeno mas prestigiado e fundamental setor de Avaliação de Formações, fundindo-o com o setor de Acompanhamento Geológico. Um erro de gestão tão grosseiro para o qual até hoje não encontro uma explicação plausível. Alertamos instâncias superiores de que tal procedimento enfraqueceria uma área estratégica de programação, fiscalização e controle, levando a prejuízos de dezenas de milhões de dólares anualmente, além da progressiva e inexorável perda de cultura e da deficiência na formação de novos talentos. A detonação da importante atividade de avaliação causada por aqueles gerentes nefastos provocou uma pequena diáspora na equipe: João de Deus foi passar uma longa temporada em Macaé, Ricardo Gomes e eu partimos para uma pós-graduação. Ricardo conseguiu ingressar na Colorado School of Mines, e eu, na Universidade Federal do Rio Grande do Sul, aproveitando um convênio com a Petrobras.

De 1992 a 1994 fui transferido para a minha doce e querida Porto Alegre com a ideia de realizar uma dissertação de mestrado com tema que procurava expandir a metodologia de avaliação para auxiliar na construção de modelos geológicos, uma técnica nova que estava mundialmente em voga. Significava utilizar aqueles registros das propriedades físico-químicas das rochas obtidos pela operação de perfilagem que, originalmente, tinham o intuito de definir tipo, qualidade, volume de rocha e de fluido, como auxílio em uma nova aplicação: decifrar a história geológica de uma parte da bacia e assim predizer os locais mais favoráveis para se encontrar petróleo. Um objetivo ambicioso, mas, como nível de mestrado, a ideia era apenas aprender e dominar uma nova técnica. Meu laboratório foi em cima de uma bacia completamente diferente das bacias de margem costeiras onde se encontravam os maiores campos de petróleo brasileiro. Tratava-se da Bacia do Paraná. Uma bacia muito mais velha que terminou sua evolução quando começaram as Bacias de Campos, Santos e Espírito Santo.

A Bacia do Paraná situa-se em terra, cobre quase que a totalidade dos estados do Rio Grande do Sul, Santa Catarina, Paraná, São Paulo e Mato Grosso do Sul. Foi explorada intermitentemente pela Petrobras, desde sua fundação, e pela efêmera Paulipetro, criada pelo então governador de São Paulo Paulo Maluf nos anos 1980 mas nunca respondeu com resultados à altura dos investimentos nela feitos. O último grande esforço feito resultou numa descoberta até significativa de gás – o Campo de Barra Bonita, em Pitanga, no interior do Paraná – em 1996, mas, pelo pouco interesse econômico (pequena reserva e baixa produtividade), foi devolvido à ANP, pela Petrobras. O fato é que a Bacia do Paraná, apesar de todos os problemas geológicos que dificultam os grandes descobrimentos, ainda é, nos dias de hoje, uma bacia inexplorada.

Contudo, meu laboratório na Bacia do Paraná não foi para estudar petróleo, e sim para o estudo do efeito do clima frio no registro geológico. Escolhi um tema que atrai a todo estudante de geologia sulista: os registros de uma glaciação que assolou a Terra há uns 300 milhões de anos. Uma longa glaciação que cobriu o planeta de gelo por 70 milhões de anos, um evento considerado por muitos medalhões da geologia como o mais dramático que o nosso planeta experimentou. A minha área de trabalho foi em Candiota, próximo a Bagé, na fronteira com o Uruguai, e utilizei dados de testemunhos, que são amostras bem preservadas, não trituradas, obtidas por poços especiais. Eram poços rasos perfurados pela Companhia de Pesquisas de Recursos Minerais (CPRM) nas décadas de 1970 e 1980 para um projeto de exploração de carvão mineral. Os poços visavam atingir uma camada de carvão muito próxima ao assoalho da bacia (muito raso naquela área, a cerca de 200 metros de profundidade) e, eventualmente, abaixo do carvão se encontravam de 10 a 20 metros de sedimentos depositados pelo gelo. O carvão teria sido formado depois do fim da glaciação, em clima francamente muito mais quente. Meia centena de poços com preciosas rochas que registraram aquela glaciação, além dos registros de perfis ali aplicados, não foram suficientes para que eu concluísse a minha tese. Fiz também uma integração com vários locais ao longo do interior do Rio Grande do Sul, onde essas rochas glaciais afloram na superfície formando verdadeiros museus a céu aberto, espetaculares formações perdidas no fundo de grandes fazendas, beira de sangas (pequenos riachos) e em encostas e barrancos de estradas.

Durante o curso em Porto Alegre recebi ensinamento de grandes profissionais e professores, funcionários ou aposentados da

Petrobras, destacando-se Paulo Tibana, um craque em carbonatos, José Carlos Della Fávera e Rodi Ávila de Medeiros, dois magos da sedimentologia, e o "bruxo" Peter Szatmari, o homem que conhece todos os segredos das placas tectônicas e do interior da terra. Minha dissertação teve alguma repercussão no meio acadêmico geológico, cheguei a dar consulta a um medalhão da área de glaciação e percebi com orgulho várias ideias e até desenhos esquemáticos de minha autoria pirateados em artigos e publicações nacionais e estrangeiras.

Na volta ao Rio de Janeiro, em 1994, com a minha cabeça completamente feita pelos modernos conceitos em estratigrafia (a ciência que estuda o empilhamento das rochas sedimentares com o tempo), procurei guarida em outro setor que não o meu de origem, posto que este, em tese e na prática, não mais existia. Encontrei uma Petrobras um pouco diferente, tomada pela febre da "qualidade total", um modismo que tomou de assalto a alta direção da empresa e encarregou a área de recursos humanos de obrigar todos os empregados a se submeterem às teorias e práticas dos 5 S, através de cursos ministrados por um pequeno exército de instrutores que não tinham sequer noção da atividade exploratória. Os dogmas da Qualidade Total não se coadunavam muito bem com as nossas práticas, e a febre durou cerca de dois anos. A QT teria ajudado a tirar o Japão da lama logo depois da Segunda Guerra. Não foi tão revolucionária assim no âmbito da exploração da Petrobras, mas botou um pouco de ordem numa casa que carecia de uma modernização nos métodos de gestão.

Depois de driblar a QT, fazendo todos os cursinhos, limpando a mesa, praticando boa higiene e disciplina (alguns dos princípios dessa nova estratégia de gestão) e estimulado pela forte reciclagem técnica em Porto Alegre, consegui uma vaga em um dos setores de interpretação exploratória, um lugar onde se elaboravam projetos que levavam às novas descobertas. Tratava-se da outra ponta da atividade exploratória. De um lado se fazem estudos para se escolher onde vai ser furado o primeiro poço, e do outro se analisa o resultado desse poço. Agora eu estava mudando para a outra ponta, mas com um grande diferencial: levava uma boa bagagem da ponta de avaliação.

Durante alguns anos trabalhei nessa nova atividade, lidando com a Bacia de Pelotas, a bacia que fica ao sul da Bacia de Santos, substituindo um colega que justamente estava saindo para fazer pós-graduação em Porto Alegre. De novo eu integrava uma pequena equipe, dois geólogos e dois geofísicos. Embarquei no bonde andando, quando a equipe terminava uma etapa de um excelente trabalho regional que resultou na recomendação de dois poços pioneiríssimos. No primeiro ano acompanhamos a perfuração dos dois poços seminais que visavam testar duas regiões bem distintas e com finalidades diferentes. Um dos poços foi designado para investigar a existência de rocha-geradora, e o outro, a de rocha-reservatório, duas condições básicas para se encontrar petróleo.

A Bacia de Pelotas era, e ainda é, uma tremenda fronteira exploratória, mas já tem como predicado o hidrato de gás, uma imensa acumulação não convencional de gás metano, uma das maiores, senão a maior do mundo, que pode estar associada a um potente gerador de petróleo bem lá embaixo em subsuperfície. O volume de gás contido no hidrato da Bacia de Pelotas é fácil de se estimar, é astronômico. O problema é a tecnologia para se extrair economicamente esse gás e qual a percentagem de recuperação. Sabe-se que em qualquer jazida de recurso mineral, principalmente petróleo, nunca se consegue produzir 100% do bem; uma grande porcentagem não é recuperada, por diversas razões. O hidrato de gás consiste em pequenos volumes, ou gotas de gás retidas na estrutura cristalina do gelo dentro de rochas sedimentares. Acontece que a distribuição dessas gotas pode ser gigantesca e generalizada por uma vasta extensão e por espessuras que se prolongam por 400 metros no subsolo do fundo do mar. A condição de fase sólida da água nos poros da rocha se desfaz com o aumento da temperatura que ocorre com a profundidade.

Os japoneses estão na vanguarda do desenvolvimento tecnológico dessas jazidas, e a Petrobras mantém especialistas estudando as nossas. Um *play* para o futuro (*play* é o termo que se usa para o estilo de uma acumulação de hidrocarbonetos). Dia virá em que os royalties da extração de hidrato de gás na costa do Rio Grande do Sul vão pagar os professores das escolas públicas desse estado. Ainda não se dá a devida bola para o hidrato de gás porque ainda é um recurso não convencional, sem tecnologia viável para extração comercial.

Os dois poços perfurados na Bacia de Pelotas foram secos, isto é, sem petróleo, mas encorajaram o prosseguimento dos estudos para mais perfurações na bacia, outra fronteira ainda aberta para a exploração, sem contar o hidrato de gás.

Em novembro de 1995, a quebra do monopólio da Petrobras para a exploração e produção de petróleo aconteceu através de Emenda Constitucional, sendo regulamentada a lei referente a essa quebra em agosto de 1997.* Nesse novo ambiente de negócios, perfuramos mais dois poços na Bacia de Pelotas, sendo o último já em parceria com a ExxonMobil, a mais velha das Sete Irmãs.

---

* Para bem orientar o leitor, estes são os principais marcos da legislação sobre o petróleo no Brasil: *3 de outubro de 1953*: Lei número 2.004, que cria a Petrobras e institui o monopólio estatal de exploração, produção, refino e transporte; *8 de novembro de 1995*: o Congresso nacional promulga a Emenda Constitucional número 9, que quebra o monopólio do petróleo, permitindo a atuação de empresas privadas na exploração e produção; *6 de agosto de 1997*: o presidente Fernando Henrique Cardoso sanciona a Lei 9.478, que regulamenta a exploração e produção de petróleo e cria a Agência Nacional do Petróleo; *31 de agosto de 2009*: o Congresso Nacional promulga o Novo Marco Regulatório para a exploração e produção de petróleo, dando primazia para a Petrobras, frente às companhias privadas, para a exploração e produção de petróleo no pré-sal e onde julgar estratégico para os interesses do país, sob o regime de Partilha; *30 de novembro de 2016*: o presidente Michel Temer sanciona a Lei 13.365/2016, que põe fim à exclusividade da Petrobras na exploração do pré-sal sob o regime de Partilha.

A quebra do monopólio de exploração do petróleo, além de mudar radicalmente o cenário do setor com implicações de risco à soberania nacional, por um lado, e aumento da competividade, por outro, obrigou o corpo de exploração da estatal a gradativamente abrir a caixa preta que guardava os segredos para chegar às grandes descobertas. Sentimos na pele pela primeira vez esta sangria com a experiência em Pelotas, emparceirados com a Exxon.

Durante um ano trabalhamos em conjunto com uma equipe de exploracionistas americanos e mais o auxílio luxuoso de especialistas do nosso centro de pesquisas (o Cenpes) e de professores do Instituto de Geociências da Universidade Federal do Rio Grande do Sul, para estudar o sistema petrolífero dessa bacia. Realizamos vários seminários em conjunto, no Rio de Janeiro e em Houston, no Texas. Lembro que acompanhei quatro colegas gringos em uma excursão no interior do Rio Grande do Sul para investigarmos o tipo de rocha que teria se depositado no passado dentro da Bacia de Pelotas. Obtivemos algumas amostras de rochas duras do chamado Escudo Sul-Rio-Grandense com o intuito de, por meio de sofisticadas técnicas que usam o princípio de determinar o nível de fissão do traço de apatitas, ajudar a predizer a existência de rocha-reservatório. Realizamos também em conjunto com a ExxonMobil uma campanha de amostragem do fundo do mar para identificação de traços de hidrocarbonetos.

Essa parceria culminou com a perfuração de um poço na Bacia de Pelotas que sequer foi concluída por problemas mecânicos, e a ExxonMobil acabou abandonando áreas muito desafiadoras, mas continuou à espreita de filés. Os gringos levaram saudades das churrascarias, da caipirinha, do bauru com ovo e da beleza da mulher gaúcha.

A experiência da Bacia de Pelotas foi boa para a Petrobras porque conhecemos um pouco mais como uma *major* trabalha e dividimos os custos de mais um poço caro que resultou seco. Foi também importante para mim porque pela primeira vez trabalhei abarcando áreas de extensão continental, apliquei os novos conceitos adquiridos no meu mestrado em Porto Alegre e, mais do que tudo, estudei a geologia da costa oeste da África, a imagem especular (de espelho) da geologia da costa brasileira, uma experiência que depois fui aplicar no pré-sal.

2
O CLUSTER E A MONTAGEM DA EQUIPE

A regulamentação da quebra do regime de monopólio da exploração e produção de petróleo no Brasil em 1997, sob o governo de Fernando Henrique Cardoso, motivou a Petrobras a fazer rapidamente um levantamento, um superinventário do potencial das bacias brasileiras, que internamente foi chamado de Mutirão. Uma tarefa homérica em que todo o contingente de exploração da companhia foi empenhado. O governo, através da nova legislação, traçou uma política energética para o setor e delegou à ANP, recém criada, poderes para negociar com a Petrobras quais as áreas que deveriam permanecer com ela, dar prioridade à extração pela estatal ou não, uma vez que doravante os recursos de hidrocarbonetos no subsolo pertenceriam à União (ou o Estado), como aliás sempre pertenceram, mas também poderiam ser explorados por qualquer outra companhia, inclusive estrangeira, com um importante detalhe: uma vez na superfície, o petróleo pertenceria a quem o extraísse. Caberia ao novo Conselho Nacional de Política Energética (CNPE), subordinado ao Ministério das Minas e Energia (MME), traçar diretrizes e à ANP, veicular a execução. A partir de então a Petrobras, tendo garantido as áreas onde já produzia, pleiteou e conseguiu também prioridade em outras onde já tinha colocado algum recurso, mediante o comprometimento de mais investimentos, principalmente com a perfuração de poços e aquisição sísmica – os dados fundamentais para se prospectar petróleo.

O resultado desse mutirão, feito então com o objetivo de preservar para a exploração da Petrobras as áreas do seu interesse, realizado às pressas e com a precariedade de dados disponíveis, em especial nas chamadas *regiões de fronteira* (ainda virgens), foi a produção internamente na Petrobras de um grande ranqueamento de áreas. Justo nessa oportunidade foi identificada em seção sísmica a estrutura geológica que forma o posteriormente descoberto grande campo de petróleo da camada pré-sal chamado de Tupi. Se você não tem ideia do que é uma seção sísmica, pense novamente, a exemplo da analogia com a perfilagem elétrica, numa tomografia computadorizada, num bom raio X ou numa ressonância magnética, mas agora aplicados sobre uma área e não pontualmente num poço. Ou dê uma espiada agora mesmo nas figuras 4 e 6. O importante é saber que são imagens que representam contrastes entre as camadas geológicas que serão interpretadas por geólogos e geofísicos.

Após a regulamentação da lei, em 1997, ingressamos em uma nova e alucinada era. Sem o monopólio de exploração e produção de petróleo, não mais era permitido à Petrobras perfurar onde bem entendesse. Os novos locais para perfuração ficariam à mercê dos leilões de concessões de áreas para exploração, à exceção daquelas em que a Petrobras já estava presente. Além disso, outro obstáculo introduzido foi a entrada em vigor de uma complicada regulamentação ambiental cujo ato final consistia na licença ambiental concedida pelo Instituto Brasileiro do Meio Ambiente e dos Recursos Naturais Renováveis (Ibama), o órgão máximo responsável pela elaboração e liberação de licenças ambientais para projetos de exploração mineral no Brasil.

O primeiro leilão, ou rodada, ou *bid*, foi o de número zero, *pro forma*, em que a Petrobras concorre sozinha e abocanha as tradicionais áreas em que já produzia antes da nova lei. O *bid* número 1, realizado em 1999, ofereceu os primeiros blocos a serem explorados sob o regime de concessão. Foram oferecidos 27 blocos, e arrematados apenas doze por um total de catorze empresas.

A fim de dividir o risco inerente à atividade de exploração, visto que a média mundial de sucesso em zonas desconhecidas é de apenas 10%, as companhias de petróleo se associam em *joint ventures*, ou consórcios de parcerias. Com o andamento da atividade exploratória, cada parceira tem o direito de negociar sua participação no mercado, mas antes tem que oferecer dentro do próprio consórcio. A maioria das companhias estrangeiras deu preferência para projetos que margeavam as grandes descobertas da Bacia de Campos. Caíram como urubus na carniça nessas áreas e houve blocos da Bacia de Campos onde a Petrobras tinha meia dúzia ou mais de sócios, o que gerava uma dor de cabeça tremenda para nós, uma equipe exígua e mal-preparada para operar internacionalmente.

Nessa época eu acabava de concluir uma missão na região sub-andina boliviana, onde acompanhara a perfuração de dois campos gigantes de gás que posteriormente seriam incorporados ao famoso gasoduto Brasil–Bolívia. Eu já havia trabalhado em estudos regionais nas bacias de Campos e Santos bem como em projetos específicos do Mutirão e logo fui incorporado a duas pequenas equipes, uma na Bacia de Pelotas e outra na Bacia de Santos. Na Bacia de Pelotas, perfuramos o poço já citado anteriormente com a ExxonMobil de parceira, operado pela Petrobras, e na Bacia de Santos participamos de um interessante bloco (BS-3) operado pela Amerada-Hess, uma companhia norte-americana.

Mas como se formam essas parcerias ou *joint ventures*? Tudo começa com um edital que a ANP publica anunciando o escopo e o cronograma da rodada de leilão de áreas, que culmina cerca de seis meses depois com um grande evento de leilão presencial no Rio de Janeiro, sede da agência. A ANP promove *data shows* mundo afora e disponibiliza um kit de dados básicos para os interessados mediante uma inscrição prévia. Não é qualquer companhia de fundo de quintal que é habilitada para a participação do leilão como operadora. Existe uma série de critérios que dão o sinal verde para esse clube, dependendo do tipo de área a ser leiloada. Para áreas de águas ultraprofundas, por exemplo, é exigido um mínimo de experiência técnica e econômica, um mínimo de faturamento bruto etc. Operar em água profunda é coisa para peixe grande. À empresa operadora cabe a responsabilidade de todas as operações propriamente ditas, isto é, a execução total das atividades previstas no orçamento, bem como todo o longo relacionamento com a ANP. Imediatamente após o edital, as empresas começam a se mobilizar. No processo brasileiro isso significa procurar a Petrobras para sondar oportunidades, porque afinal de contas ela é a dona de um conhecimento das bacias brasileiras que nenhuma outra empresa possui – ou não possuía até aqueles dias.

Cada empresa tem a sua filosofia de exploração, sua estratégia, enfim, seus procedimentos, e estes variam conforme as projeções de preço de barril, de contexto político etc. Depois de misturado este grande caldo, rapidamente os interesses são acomodados, mas somente no dia do leilão vêm a público as secretas negociações realizadas nos meses anteriores. Normalmente as parcerias ou os consórcios fazem composições de dois a quatro componentes. Após o leilão, cada parceiro tem o direito de vender cotas de sua participação para qualquer companhia de fora e inclusive passar a operação, a qualquer tempo, com a devida comunicação à ANP e anuência desta no caso de mudança de operador, obviamente. Assim, por exemplo, cada bloco ou área de concessão solenemente anunciada no dia de leilão recebe tantas ofertas quantos consórcios se interessarem. Ganha o consórcio que ofereceu mais em termos de bônus e investimento prometido. O bônus nada mais é do que uma quantia em dinheiro paga à vista, que pode variar de 1 milhão a 1 bilhão de dólares, e o investimento em geral é expresso na forma de número de poços a serem perfurados para avaliação do potencial da área e/ou gastos com aquisição de dados sísmicos (a técnica que possibilita o reconhecimento ou suspeita da presença de hidrocarbonetos). De olho no incremento da atividade econômica, empregos, impostos, e o equilíbrio dos gastos do governo ou a diminuição do déficit orçamentário, a ANP tem interesse em altos bônus e grandes volumes de investimentos.

No primeiro semestre de 2000, a Petrobras enviou aos Estados Unidos um grupo composto por geólogos e geofísicos para visitar algumas companhias de petróleo. A missão era atrair sócios para a segunda rodada de leilão de blocos com direito a concessão para exploração de petróleo baseado na nova legislação elaborada depois da quebra do monopólio. A tarefa estava focada em um conjunto de blocos contínuos, isto é, vizinhos, com extensas áreas de fronteiras limítrofes, situados em zona de águas ultraprofundas, distantes mais de 200 quilômetros da costa dos estados do Rio de Janeiro e São Paulo. Os blocos eram: BM-S-8, BM-S-9, BM-S-10 e BM-S-11. O bloco BM-S-9, por exemplo, era o miolo da grande área e fazia fronteira a oeste com o BM-S-8, a norte com o BM-S-10 e a leste com o BM-S-11 (figura 3). A área total desses blocos perfazia cerca de 20 mil quilômetros quadrados, equivalente à do estado de Sergipe. A equipe levou consigo os poucos e obsoletos dados sísmicos disponíveis. A ideia era mostrar que essa região longínqua na Plataforma Continental Brasileira merecia ser investigada porque poderia conter os elementos básicos para a existência de grandes acumulações de petróleo. O desafio era encontrar campos de petróleo semelhantes àqueles que produziam na Bacia de Campos, principalmente nos chamados "arenitos turbidíticos" da seção pós-sal. Esses arenitos, estranhos para o leitor, nada mais eram do que reservatórios de petróleo responsáveis pelas já significativas reservas brasileiras. Mas também chamavam a atenção dos técnicos algumas feições interessantes em imagens sísmicas que podiam ser visualizadas abaixo de uma espessa camada de sal, conforme veremos adiante mais detalhadamente. A presença de todo esse sal não era segredo para a Petrobras, mas a possança com que ele se apresentava é que era a novidade. Dada a continuidade em área dos blocos, o conjunto como um todo foi denominado *Cluster* (grupo ou aglomerado, em inglês), um nome que pegou com a repetição das apresentações internacionais.

No dia aprazado para o leilão, 7 de junho de 2000, a Petrobras conseguiu abocanhar essa grande área, o tal Cluster, em quatro consórcios com a seguinte composição:

1) BM-S-8: Petrobras (operador), com a anglo-holandesa Shell e a portuguesa Petrogal.
2) BM-S-9: Petrobras (operador), com a britânica BG e a espanhola YPF-Repsol.
3) BM-S-10: Petrobras (operador), BG e a norte-americana Chevron.
4) BM-S-11: Petrobras (operador), BG e Petrogal.

Cada bloco foi arrematado pela bagatela de algumas dezenas de milhões de dólares. A sigla dos blocos, BM-S, significava "bloco Marítimo da Bacia de Santos". O maior lance de bônus caiu sobre o BM-S-9, o equivalente a 65 milhões de dólares (cerca de um quinto do que seria gasto por um bloco no pré-sal da Bacia de Santos, dezessete anos depois). O bloco BM-S-9 vingou oito anos depois com os campos de Guará (depois mudou de nome para Sapinhoá) e Carioca (depois renomeado Lapa). O bloco BM-S-8 (bônus de 29 milhões de dólares) vingou com o Campo de Carcará, doze anos depois. O bloco BM-S-10 (bônus de 57 milhões de dólares) foi devolvido onze anos depois, com descoberta, mas sem valor comercial, e o bloco BM-S-11 continha as fantásticas acumulações de Tupi e Iracema (depois renomeadas como Lula e Cernambi) e Iara. Este último bloco foi o mais barato (8,6 milhões de dólares de bônus), não obstante o fato de que Tupi já era do nosso conhecimento, mas ninguém dentro da Petrobras apostava num potencial tão elevado. Ao todo foram oferecidos 23 blocos em terra e mar, sendo que apenas dois não foram arrematados. A Petrobras ainda ficou com mais quatro blocos em outras bacias.

Lá estava dormindo todo esse manancial de ouro negro, mas ninguém no mundo imaginava que fosse conter tanto óleo e por isso a Petrobras adotou a postura de qualquer *major* numa situação de fronteira exploratória: procurar parceiros para dividir o custo e o risco. O desafio não era só geológico, mas, sobretudo tecnológico. Perfurar em lâmina d'água de 2,2 mil metros, poços com 6 mil metros de profundidade tendo que atravessar 2 mil metros de sal não é tarefa para amadores.

Com a vigência da nova legislação, a Petrobras foi obrigada a reformular a estrutura organizacional do segmento *upstream*, que engloba exploração e produção, várias vezes. Um fato emblemático que ilustra bem essas mudanças dos tempos de FHC, foi quando o então presidente da empresa, Henri Philippe Reichstul, chegou ao ponto de mudar o nome da estatal para PetroBrax, no Natal do ano de 2000. A medida durou apenas dois dias, FHC mandou cancelar a troca de nome devido à perplexidade que causou nos meios de comunicação e no Congresso. Nem deu tempo de ouvir a grita da opinião pública.* Do que o povo brasileiro não tomou conhecimento foram as medidas de partição ou fatiamento que estavam em andamento na área de exploração da estatal. Houve uma descentralização geral, ganhando os distritos regionais mais autonomia, para facilitar a privatização ou negociação de ativos, e mais: a descentralização isolou e criou obstáculos naturais para a livre circulação das ideias no âmbito do conhecimento ou know-how, uma medida que já estava minando o índice de sucesso nas perfurações.

A realização do grande mutirão de levantamento do potencial petrolífero no biênio 1998/99 fez acender a luz amarela na área de exploração, sinalizando que a descentralização e o fatiamento da empresa em segmentos conferiam uma séria vulnerabilidade de gestão e estavam prejudicando o avanço de descobertas. Após as aquisições do leilão de número 2, em 2000, para cumprir os pesados compromissos assumidos nas aquisições desses blocos e administração dos blocos arrematados no primeiro leilão, foi criada uma grande gerência, a Unidade de Negócios do Rio de Janeiro (UN-Rio), que durou dois anos (2001 a 2002), com o objetivo de gerir as atividades de exploração de petróleo em águas ultraprofundas no âmbito das bacias de Campos, Santos e Pelotas. A UN-Rio foi comandada pelo

---

* www1.folha.uol.com.br/fsp/dinheiro/fi2912200002.htm

engenheiro Cesar Palagi, sendo a área de geologia chefiada por Mario Carminatti, um experiente geólogo consagrado na Bacia de Campos que tinha cumprido um importante papel como coordenador do mutirão em águas profundas. Carminatti escolheu Jeferson Luiz Dias, outro experiente profissional, da mesma geração, para montar e chefiar a equipe que se encarregaria dos estudos no Cluster, isto é, dos blocos BM-S-8, BM-S-9, BM-S-10 e BM-S-11.

Foi uma época de grande correria no âmbito gerencial da área de exploração porque os chefes gerais recém-designados agilizaram os convites para recrutamento de suas equipes. O bom senso recomendava que estas fossem montadas de acordo com a experiência ou perfil dos profissionais e conforme a demanda técnica dos blocos. Uma primeira e pequena leva de bons geólogos e geofísicos deixou a empresa nessa época porque tinham sido designados para funções que não lhes agradavam e/ou receberam tentadoras ofertas de companhias estrangeiras que se posicionavam fortemente com escritórios no Rio de Janeiro.

Em uma manhã de dezembro de 2000, eu estava entretido com um colega, José Antônio Cupertino, examinando seções sísmicas em uma estação de mapeamento, quando fui abordado por Mario Carminatti. Ele parou ao meu lado, estendeu a mão e apertou-a por um longo minuto. Precisava da minha colaboração para iniciar um trabalho sobre a Bacia de Santos na UN-Rio, recém-fundada, a fim de integrar uma equipe que iria trabalhar nos blocos recém-adquiridos em águas ultraprofundas daquela bacia. Cupertino, por sinal, já tinha examinado algumas linhas sísmicas dessas áreas e havia me informado de que era uma região peculiaríssima, devido à espessura de sal e a presença de uma muito pronunciada seção rifte (um conjunto de rochas fundamental para a geração de petróleo). Um desafio muito interessante. O convite me pegou de surpresa, agradeci lisonjeado e fiz apenas uma exigência simplória: necessitava manter a minha vaga de garagem nas novas dependências no edifício da BR, a legendária subsidiária de distribuição de combustíveis, no bairro Maracanã, no Rio de Janeiro, futura sede da UN-Rio. Em poucos dias Jeferson entrou em contato comigo e me colocou a par do grande projeto em que eu estaria envolvido, a prospecção de petróleo no Cluster. Na ocasião tomei conhecimento do restante da pequena equipe que então se formava. Além de mim, fariam parte:

Luiz Antonio Pierantoni Gamboa, carioca, geólogo formado no Fundão (UFRJ) com doutorado na Universidade de Columbia, em Nova York, havia morado muitos anos nos Estados Unidos e retornara ao Brasil em 1985, quando ingressou extemporaneamente na Petrobras graças à sua expertise no arcabouço estrutural da Bacia de Santos. Gamboa também tinha estado em missões do *Deep Sea Drilling Project* (DSDP), um navio científico de última geração que fazia perfurações no assoalho oceânico em águas ultraprofundas com o intuito de realizar pesquisas do subsolo marinho em todo o mundo. Na Petrobras, Gamboa tinha coordenado tecnicamente vários projetos de poços exploratórios na Bacia de Santos, tinha uma boa ideia da gênese e do desenvolvimento geológico dessa bacia. Gamboa era o nosso grande elo internacional porque era fluente em inglês, tinha inclusive lecionado geologia em universidades americanas; mais do que tudo, era dono de uma inteligência intuitiva superior e um humor singular. O botafoguense Gamboa foi recrutado para a nossa pequena equipe como geofísico e ficou encarregado do bloco BM-S-8. Foi o cara chave no início de nosso trabalho, como veremos mais adiante, tendo inclusive integrado a equipe que mostrara o Cluster para os gringos antes da formação dos consórcios.

Desiderio Pires Silveira, gaúcho de Bagé, formado na Universidade Federal do Rio Grande do Sul, foi meu contemporâneo em Porto Alegre. Tinha larga experiência como intérprete em geofísica nas bacias costeiras brasileiras, principalmente nas bacias de Campos e Espírito Santo, e vinha da experiência nos anos anteriores da Bacia de Pelotas, juntamente comigo. De caráter mais reservado, Desiderio era um dos mais sérios profissionais que a Petrobras tinha e colocou em prática sua maestria ao mapear o assoalho da bacia, o chamado embasamento cristalino, que normalmente define o limite econômico a partir do qual não existe mais petróleo em quantidades comerciais. Desiderio também tinha realizado um mestrado na Bahia, onde foi pupilo e orientando de destacados especialistas estrangeiros. O colorado Desiderio tinha um filho autista e sobre esse tema posteriormente escreveu *Autismo e escapismo*, contando na forma de crônicas sua saga familiar paralela. A ele foi destinado o bloco BM-S-9. Ferrenho nacionalista, escolheu para estruturas geológicas de petróleo nomes alusivos às nossas tradições tupis-guaranis, como Carioca (que significa "casa do homem branco") e Guará.

Marcos Francisco Bueno de Moraes, paulista de Rio Claro, foi o pai do Campo de Tupi, a primeira grande descoberta do pré-sal. Geofísico formado na Universidade de Rio Claro, Marcão é um excelente geofísico, meu contemporâneo nos tempos de mestrado em Porto Alegre. Outro dedicadíssimo e excelente profissional, destacava-se pelo perfeccionismo de suas apresentações. O corintiano Marcos Bueno era um exímio confeccionador de slides em power point. Tinha larga experiência no mapeamento de carbonatos de idade albiana, tema de sua dissertação, e também em turbiditos, reservatórios tradicionais alvos das bacias costeiras brasileiras. Marcão, assim chamado pela sua elevada estatura, lutava contra uma teimosa calvície. Ficou encarregado de dois blocos, BM-S-10 e BM-S-11. (Poucos meses depois, o geofísico e gremista Edmundo Jung Marques assumiria o BM-S-10 por alguns meses).

Os técnicos acima, mais o autor do livro, formavam a trupe designada para destrinchar a vasta área do Cluster. Éramos, portanto, apenas quatro técnicos, sendo três geofísicos e um geólogo, responsáveis pelo início de uma tarefa homérica: avaliar no mais curto espaço de tempo, com os dados precários então disponíveis e de forma mais otimista possível, a área gigantesca do Cluster, a fim de manter os consórcios íntegros, isto é, evitar a fuga de parceiros, o que significava evitar a fuga de dinheiro para investimento. Enquanto isso, pelos próximos dois anos, seria realizada pela união dos quatro consórcios a maior campanha de aquisição sísmica do mundo.

A diretoria de exploração da empresa nessa virada de mesa que aconteceu entre a quebra do monopólio e os primeiros leilões era ocupada pelo geofísico José Coutinho Barbosa, medalhão de geração pós-Carlos Walter, não sei se cria direta deste, com larga experiência na área internacional, pois fora chefe do escritório em Houston, na sede da subsidiária norte-americana da Petrobras, a Petrobras America Inc. (PAI), e diretor-presidente da antiga Braspetro, o braço internacional da estatal que comandava todos os escritórios espalhados pelo mundo. Coutinho teve a sensatez de determinar que a Petrobras, no leilão de número 2, fosse a operadora em todos os blocos exploratórios de que participasse com sócios, a título de aprender a nadar no novo oceano de negócios ao qual estávamos prestes a submergir e principalmente pelo fato de que, como operadora, a estatal ficava automaticamente na vanguarda de decisões estratégicas. A ordem então era construir parcerias para aprender e também para dividir o risco.

A Petrobras no passado recente tivera a chance de se tornar autossuficiente e não lograra pela sistemática asfixia que o governo implantava a fim de não ter de pedir créditos lá fora. Os governos das eras Simonsen e Delfim* tradicionalmente tolhiam as demandas de endividamento interno da empresa para investimento pesado em exploração e produção. A chance viria com a nova sistemática de operar em *joint ventures*. Mas a autossuficiência chegou bem madura em 2006, sem um pingo de óleo dessas parcerias. A velha Bacia de Campos bancou esse marco, mas já dava francos sinais de queda na vazão dos poços.

Como braço direito e para colocar ordem na área da exploração, ou no âmbito dos geólogos da companhia, Coutinho nomeou

---

* Referência a Mário Henrique Simonsen e Delfim Netto: czares da economia brasileira dos anos 1970 e 1980 que ocuparam várias pastas, como Fazenda, Planejamento e até Agricultura, no caso de Delfim.

Paulo Manuel Mendes de Mendonça. Português de nascimento, mas radicado no Brasil há décadas, sem perder o sotaque d'além mar, Paulo Mendonça era uma raposa velha, oriundo de uma estirpe de grandes avaliólogos, aqueles especialistas que definem o potencial do poço. Recém egresso de missão internacional, de longos anos como gerente de alto escalão em Bogotá, na Colômbia – missão reconhecida como muito bem-sucedida –, Mendonça promoveu uma forte recentralização na sede, fortalecendo a atividade em águas profundas e ultraprofundas da Plataforma Continental. A reestruturação ressuscitou o velho setor de Avaliação de Formações. Ele transferiu algumas dezenas de grandes cabeças dos distritos, tendo como moeda de troca a concessão de consultorias técnicas, com um polpudo adicional salarial com regime de aumentos progressivos. As mudanças então promovidas propiciaram a volta da livre circulação das ideias entre o corpo técnico e a robustez e excelência dos novos projetos exploratórios. Aquela empresa que definhava desperdiçando seu potencial técnico natural agora se gabaritava novamente em alto padrão.

Mas a estatal ainda não tinha se adequado em massa aos padrões burocráticos das *joint ventures* internacionais do setor petrolífero. Nós mesmos, profissionais altamente capazes e treinados no *métier* de descobrir petróleo, éramos obrigados a agir como advogados, contadores e até gerentes nas reuniões com os parceiros internacionais. Além da barreira funcional havia também a barreira da língua. Poucos tinham fluência em inglês, o que causava um natural constrangimento. As primeiras reuniões eram como encontros entre colonizadores e tribos nativas trocando espelhinhos por flechas. Coutinho tinha razão: estávamos aprendendo, mas na marra, a atuar em parceria.

Como vimos, os blocos do Cluster foram adquiridos no final da era FHC, quando Henri Philippe Reichstul era presidente da Petrobras e José Coutinho Barbosa, diretor de Exploração. Quer queiram ou não, a quebra do monopólio levou à aceleração dessas grandes descobertas. A má notícia é que, mesmo se o monopólio tivesse sido mantido, a Petrobras chegaria a elas cedo ou tarde, e nesse caso 100% detentora das reservas.

Os quatro consórcios formados tinham que obedecer rigorosamente, tendo a ANP como fiel fiscalizadora, a prazos com diversas etapas de investimentos exploratórios pré-definidos. As concessões teriam uma duração de oito anos, divididos em três fases: 3/3/2 anos, sendo cada fase com os seus respectivos comprometimentos em investimentos. Na primeira fase era obrigatória apenas a aquisição sísmica, o método de prospecção de petróleo; na segunda e na terceira, era obrigatória a perfuração de um ou mais poços até uma determinada profundidade. Na passagem de uma fase para a outra era obrigatória a devolução de 50% e 25%, respectivamente, da área original, a menos que houvesse uma descoberta significativa entre uma fase e outra. Neste caso, todos os prazos e regras de devoluções seriam rediscutidos com a ANP. Descoberta significativa era por si só, como definida na licitação e nas normas vigentes, uma coisa meio subjetiva, bem como a profundidade final dos poços das fases 2 e 3.

Na primeira reunião que Jeferson teve conosco foram colocadas as bases das nossas tarefas, distribuídos os blocos para os geofísicos e traçado um esquema de início dos trabalhos regionais. Nos primeiros meses trabalharíamos com déficit de pessoal. A ideia era atribuir um bloco para cada geofísico e um geólogo para cada dois blocos. Assim a distribuição dos geofísicos foi feita como descrito anteriormente, e eu fui incumbido de arcar com toda a área. Portanto, precisávamos de mais um geofísico e de mais um geólogo. Mais três técnicos foram incorporados à nossa equipe para realizar a espinhosa tarefa de intermediar nossas relações com os parceiros internacionais: os chamados TCRs (*Technical Committee Representative*), ou Representantes no Comitê Técnico, o TCM, a sigla de *Technical Comitee Meeting*, que era o fórum de discussão técnica de um consórcio, onde na prática eram aprovadas as operações e qualquer outra iniciativa, em geral de caráter técnico. Existia ainda um fórum de instância superior, o *Operational Comitee Meeting* (OCM), onde eram formalizadas e endossadas as decisões e recomendações do TCM. Assim, no TCM tinham assento os técnicos e gerentes imediatos, e no OCM tinham assento os gerentes de mais alto coturno. Para balizar as regras do consócio existe um documento elaborado em conjunto pelos parceiros, denominado JOA, *Joint Operation Agreement*. O JOA, mais ou menos padronizado na indústria do petróleo, é o depositório das leis, uma espécie de estatuto que regulamenta os mínimos detalhes dos procedimentos burocráticos e operacionais a serem observados pelo consórcio (tanto pelo operador, como pelos demais parceiros) formado para explorar áreas de concessão arrematadas em leilões coordenados pela ANP. O JOA é uma prerrogativa de cada consórcio, sem interferência da ANP, embora sujeito à legislação vigente no Brasil.

Nossos dois TCRs foram o geofísico gaúcho e colorado Rogerio Luiz Fontana e a geóloga e mineira Mariela Martins, cada um deles designado para se encarregar de dois blocos. Fontana, com experiência na Bacia de Pelotas e na área internacional, ficou com os blocos BM-S-8 e BM-S-10. Mariela, com larga experiência na Margem Costeira, desde a Bacia Potiguar, no Rio Grande do Norte, até a Bacia de Campos, no Rio de Janeiro, ficou com os blocos BM-S-9 e BM-S-11. Nenhum dos dois, contudo, tinha traquejo em lidar com os parceiros ou coordenar reuniões internacionais, mas o aprofundado conhecimento nos procedimentos para aquisição, processamento e interpretação geofísica da parte de Fontana e de aquisição, interpretação de dados geológicos, bem como o acompanhamento, de poços da parte de Mariela conferiam segurança e solidez ao grupo. Aos poucos, a cada reunião internacional, Fontana e Mariela foram adquirindo as manhas dos grandes executivos desse negócio. A geóloga Rosângela Ramos Maciel também prestou grande colaboração como TCR nos primeiros anos, principalmente durante a feitura dos trabalhos regionais de reconhecimento geológico genérico da grande área em estudo.

O chefe imediato, Jeferson Dias, era já uma referência em análise de bacias no meio geológico da Petrobras, veterano também de vários projetos da Bacia de Campos e de Pelotas, tendo inclusive realizado doutorado na Universidade Federal do Rio Grande do Sul, em Porto Alegre, em tema de rochas do pré-sal. Seu maior defeito era um exacerbado gremismo, também compartilhado pelo seu superior, Mario Carminatti. O pessoal do Cluster, como vimos, era dominado por uma turba de gaúchos, entre chimangos, maragatos*, colorados e gremistas (só chefes) com experiência de sobra na Bacia de Pelotas, uma fronteira que, espero, provoque uma narrativa semelhante a esta em futuro próximo.

Essa primeira reunião suscitou, simultaneamente, um grande alívio e uma grande preocupação. O alívio vinha da presença de profissionais específicos no grupo para lidar com os parceiros, principalmente no que se referia à troca de e-mails, telefonemas, envio de atas, relatórios, acertos contábeis, organização de reuniões e outros assuntos burocráticos que apoquentavam a nós, intérpretes, geólogos e geofísicos. Nos anos anteriores, nós, geólogos e geofísicos, acumulávamos essas atividades com a nossa atribuição principal, eminentemente técnica. Essa tarefa espinhosa seria executada doravante por Fontana, Mariela e Rosângela.

"Então tudo o que temos a fazer é sentar no cockpit e correr?", perguntei para Jeferson. "Sim, mas têm que ganhar a corrida!", respondeu de pronto nosso chefe, franzindo o sobrolho. Jeferson ainda sinalizou que ele e Carminatti supervisionariam e interfeririam diretamente na parte técnica quando julgassem necessário e que usariam de toda sua influência e prestígio para mobilizar as áreas de apoio disponíveis na empresa relacionadas com os trabalhos regionais pelos quais iniciaríamos nossa importante tarefa. Nossa preocupação veio da responsabilidade que colocavam em nossas mãos, mesmo com a ajuda luxuosa da tal interferência técnica.

---

* Grupos rivais que dominaram o cenário político gaúcho na virada do século XIX para o XX.

Na verdade, como veremos, não foi necessária nenhuma interferência técnica. Quando o jogo começou, as grandes engrenagens do sistema de exploração da Petrobras, isto é, todo o aparato tecnológico da empresa começou a se mover a nosso favor.

3
Os primeiros estudos

Mas o que é exatamente um bloco licitado num leilão de concessões para exploração e futura produção de petróleo? O *bloco* é uma área do território brasileiro em terra ou sob o mar, na Plataforma Continental Brasileira, limitada por um polígono com vértices definidos em coordenadas geográficas, em que a União confere autorização para o detentor realizar trabalhos de prospecção de petróleo bem como extraí-lo, por sua conta e risco, respeitando a legislação vigente e as regras impostas pelo edital do respectivo leilão de ofertas. No caso do Cluster são quatro blocos mais ou menos contínuos, bem abaixo de um mar com profundidade em torno de 2,2 mil metros, a lâmina d'água, como se diz no jargão da indústria do petróleo. Quem ganha a licitação, ou melhor, quem oferece uma proposta, lacrada, com a melhor pontuação, de acordo com os critérios previamente divulgados no edital de licitação elaborado pela ANP, abocanha o direito de explorar aquele bloco ou recebe a concessão para tal, um casamento que pode durar alguns meses ou muitas décadas.

Como vimos anteriormente, consórcios são montados para explorar em conjunto um ou mais blocos. Cada bloco equivale a um lote nesse leilão. No caso do Cluster, quatro consórcios diferentes foram formados para explorar cada um desses quatro blocos: BM-S-8, BM-S-9, BM-S-10 e BM-S-11. Um bloco de concessão não é apenas uma área. Na verdade ele é limitado em superfície por coordenadas geográficas que formam o tal polígono, ou seja, é um ente que tem três dimensões, sendo a terceira a profundidade. A ANP fazia uma restrição de profundidade mínima, isto é, exigia que os poços obrigatórios de cada fase atingissem uma profundidade cujo marco é geológico e não um número em metros. Exigia no Cluster, por exemplo, que a profundidade final atingisse a Formação Itajaí (um conjunto de rochas que poderia ser alcançado a profundidade de 3 mil a 4 mil metros), bem acima ainda do topo da camada de sal, e obviamente ainda mais acima da camada pré-sal. Esta é a prova cabal de que na época a ANP tinha total desconhecimento do real potencial petrolífero do Cluster e da própria Bacia de Santos.

No meio geológico da Petrobras também se dava mais ênfase para a seção pós-sal, mas sempre com um olho mais para o fundo porque tínhamos larga experiência no pré-sal de Sergipe-Alagoas, em terra, e na própria Bacia de Campos, mas não no mesmo tipo de rocha-reservatório. Os agora antigos e famosos campos de Badejo, Pampo e Linguado, da Bacia de Campos, produziram durante décadas muito óleo da seção pré-sal de excelente qualidade. Mas era petróleo de reservatórios diferentes destes que viríamos a descobrir no Cluster. Naquela época sequer se usava o termo pré-sal. Já em Sergipe e Alagoas, em terra, havia o Campo de Carmópolis; este, sim, descoberto no início da década de 1960, produzia, dentre outros reservatórios, óleo de rochas semelhantes àquelas da camada pré-sal. Carmópolis se transformou num "paliteiro", tal a quantidade de poços perfurados ao longo de quarenta anos. Hoje em dia é reconhecido como o primeiro campo gigante descoberto pela Petrobras, incluindo reservas em outras camadas, além do pré-sal. Seu gigantismo foi sendo conhecido aos poucos, com o progresso nas perfurações. Portanto, a rigor, o pré-sal já tinha sido descoberto na década de 1960, mas não se usava este nome.

Se a ANP não exigia poços muito profundos mas a própria Petrobras estava disposta a furar mais fundo, afinal qual o limite inferior de um bloco? Não há. Teoricamente é permitido perfurar indefinidamente até um limite tecnológico e de segurança. Então o detentor da concessão de um bloco poderia produzir petróleo a partir da profundidade em que o achasse, mas seria na prática obrigado a atingir a profundidade geológica estabelecida na licitação do bloco.

(A ANP estimula uma profundidade obrigatória para supostamente garantir um maior conhecimento geológico e maior investimento em recursos financeiros.) Na verdade, para zonas de fronteira exploratória existe um limite econômico, um limite tecnológico e um limite geológico para definir uma profundidade máxima. Os limites econômico e tecnológico caminham de mãos dadas, e o limite geológico, de acordo com o conhecimento do sistema petrolífero da área em questão. No que concerne ao Cluster, nós ainda não atingimos o limite geológico, porque nunca atravessamos a camada inequivocamente geradora na Bacia de Santos nem nunca atingimos o embasamento cristalino (nas zonas de águas ultraprofundas) que seria o assoalho da bacia, o limite a partir do qual não se encontram mais rochas sedimentares, ou rochas suscetíveis de armazenar grandes volumes de petróleo. Assim, nada impede que uma empresa ousada, detendo uma avançada tecnologia, explore um bloco perfurando poços de 20 quilômetros de profundidade ao custo de 1 bilhão de dólares cada. Este exemplo iria muito além do limite econômico – a menos que se tivesse a dupla finalidade de produzir óleo e diamante...

Dessa forma, a fim de não afugentar investidores e colocar um sorriso nos lábios de seus acionistas, as companhias de petróleo, seguindo as melhores práticas de gestão, costumam definir bem seus objetivos no bloco arrematado. Definir bem o objetivo significa descrever com a máxima precisão possível que tipo de reservatório e em que profundidade deverá encontrá-lo. Desde o início, com os poucos dados disponíveis, são efetuadas pelos geólogos avaliações econômicas. A companhia mais eficiente vai ser aquela que conseguir, desde os estágios preliminares de avaliação, estimar os mais corretos *inputs* para os programas e simulações econômicas. Estas estimativas irão balizar, por exemplo, os lances por ocasião dos leilões de concessão de áreas. Simulações dessa natureza serão realizadas inúmeras vezes até o esgotamento das reservas, trinta ou quarenta anos após o início da produção, quando os campos já estarão maduros, em franco declínio, fora do âmbito da exploração.

Qualquer poço de petróleo é perfurado com uma finalidade e visa um objetivo. A finalidade pode ser, por exemplo, apenas produzir petróleo, já o objetivo deve ser exatamente especificado: sua natureza e a profundidade esperada. A palavra *objetivo* em exploração de petróleo significa um objeto de desejo, e esse objeto é um reservatório. Um reservatório – como tudo que está na subsuperfície – é uma rocha. Os principais reservatórios são: 1) os arenitos: areias de rios ou de praias, por exemplo, mas consolidadas, quando os grãos de areia se encontram compactados e cimentados entre si; 2) os calcários: carbonato de cálcio na forma de carapaças de organismos marinhos ou diretamente precipitados da água do mar.

Existe uma infinidade de outros tipos de rochas que podem se candidatar a reservatório, desde que preencham duas condições indispensáveis: a presença de poros em seu interior e a conexão desses poros formando um meio permeável. O poro é um espaço vazio, ocupado por um fluido qualquer. Uma outra rocha sedimentar que não é reservatório, mas é importante no dito sistema petrolífero, é o folhelho, formado pela deposição lenta de argila e que com o tempo e o soterramento toma um aspecto folheado parecido com o doce mil--folhas. Folhelhos são impermeáveis e podem ser excelentes selantes, retêm a passagem de fluidos, uma condição importante do sistema petrolífero. Os folhelhos também se caracterizam por abrigarem matéria orgânica, que, quando abundante, tem grande potencial para se metamorfosear em petróleo, graças ao soterramento e tempo geológico, de acordo com a teoria mais popular.

A Petrobras, quando participou do leilão de número 2, em 2000, para adquirir os blocos do Cluster, tinha previamente definido dois objetivos. Um *objetivo principal* de arenitos, assemelhado àqueles existentes nos grandes campos de petróleo da Bacia de Campos em águas profundas do Rio de Janeiro, como os campos de Marlim e Albacora, e um *objetivo secundário* de calcários, mais profundo, abaixo da camada de sal, a exemplo dos campos menores e já maduros como os de Badejo, Pampo e Linguado, também localizados na Bacia de Campos. Mas às vezes as perfurações em zonas virgens revelam surpresas, como a inversão dessa hierarquia e mesmo a descoberta de um novo objetivo. A estrutura de Tupi (pré-sal), posteriormente perfurada pelo poço de mesmo nome, era já nessa ocasião, como vimos, conhecida, e era a exceção da regra: seu objetivo principal sempre foi o secundário, podemos dizer.

A área do Cluster não continha nenhum poço perfurado e nem sequer perto dele. Os poços já perfurados, disponíveis para análise, além de guardarem uma situação geológica muito diferente, muito mais próxima da costa, ofereciam uma outra dificuldade: situavam-se atrás de uma imensa muralha de sal enterrada. Vamos tentar compreender o significado disso.

Cerca de 110 milhões de anos atrás, o supercontinente Gondwana já havia se fragmentado, a América do Sul já estava separada da África, e o terreno onde se encontra hoje a cidade do Rio de Janeiro ainda estava muito próximo da costa africana, uns 500 quilômetros mais ou menos (hoje está a uns 5,5 mil quilômetros). O mar, ou o proto-Oceano Atlântico Sul, era muito raso; de vez em quando secava totalmente, tal a aridez do clima, e o sal, precipitado pelo nível de evaporação intenso, foi se acumulando em camadas alternadas de diferentes tipos, mas com grande predominância de cloreto de sódio, o sal de cozinha. Muito sal foi formado. Depois, com a mudança do clima, cessou a deposição de sal, e camadas e mais camadas de argila, areia e até calcário foram se sucedendo. Ora predominava argila, ora predominava areia, voltava argila etc. Com o tempo, a camada de sal, já bastante soterrada, começava a se movimentar para cima porque ganhara fluidez pelo aumento de temperatura aliado à sua baixa densidade em relação ao meio circundante. Argilas, areias e calcários são bem mais densos que o sal. O sal então passa a se comportar como um fluido e, na forma da cúpula da Basílica de São Pedro ou de um capitólio, ascende e pode até chegar à superfície – no caso, o fundo do mar. São cúpulas enormes que os geólogos chamam de domos salinos e que se alinham numa determinada direção formando uma espécie de cordão de muralhas.

Pois a área do Cluster engloba esse cordão de muralhas e se estende para leste com sal e muralhas cada vez mais deformados, ao passo que os poços que existiam se situavam a oeste desse cordão. Como essa subida de sal se dá, a partir de uma determinada época, concomitantemente à deposição ou ao preenchimento da bacia sedimentar como um todo, as camadas de argila (agora litificada, ou feito rocha, como folhelho), de areia (agora litificada, ou feito rocha, como arenito) e de calcário, respondendo a essa movimentação, também sofrem alguma deformação geométrica final. Em outras palavras, a subida de sal na forma de cúpulas esculhamba a regular organização plano-paralela das camadas de folhelhos, arenitos e calcários. Mas nem todo o sal é mobilizado e se movimenta; uma grande parte permanece *in situ*, em inúmeras camadas ou estratos bem visualizados por fortes refletores sísmicos (camadas onde as ondas sonoras são refletidas, como se verá logo adiante); é a chamada *sequência evaporítica* (Figs. 4 e 5).

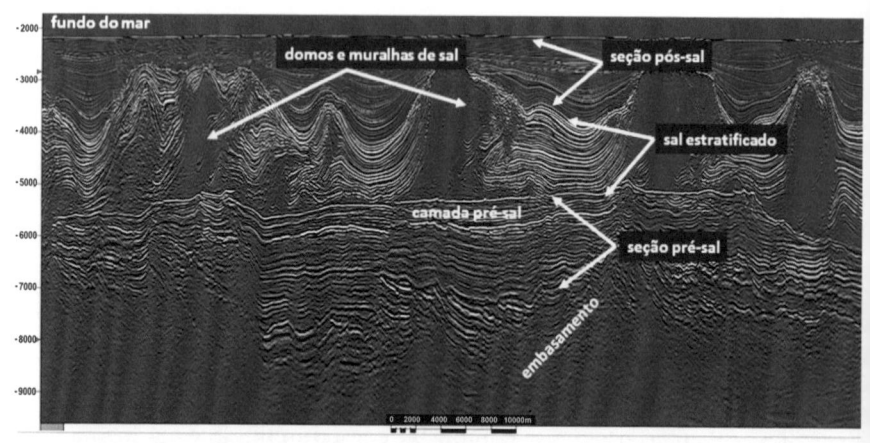

4. *Os principais elementos do preenchimento sedimentar da Bacia de Santos em águas ultraprofundas em uma seção sísmica típica. Reparar na grande quantidade de refletores na zona de sal estratificado (ou "sequência evaporítica") e na ausência deles nos domos e nas muralhas de sal.*

Assim, na configuração da Bacia de Santos atual, se pudéssemos cortá-la e admirar seu interior, uma imagem que nos fornece uma seção sísmica, perceberíamos que seria difícil, por exemplo, seguir uma camada de folhelho por toda a sua extensão, desde o Rio de Janeiro até a antiga posição mais próxima da África, porque passaríamos por uma zona cega composta pela muralha de sal, de tal forma que depois desta não teríamos a certeza de estar seguindo a mesma camada de folhelho. Os folhelhos em geral têm extensão regional. Como as camadas de folhelho são muito semelhantes, depois de passar pela muralha, corremos o risco de seguir uma camada mais velha ou mais nova, ou, se tivermos sorte, a mesma camada. Mas como vamos saber? Como temos poços à esquerda da muralha, estes atravessaram a camada de folhelho e, retirando

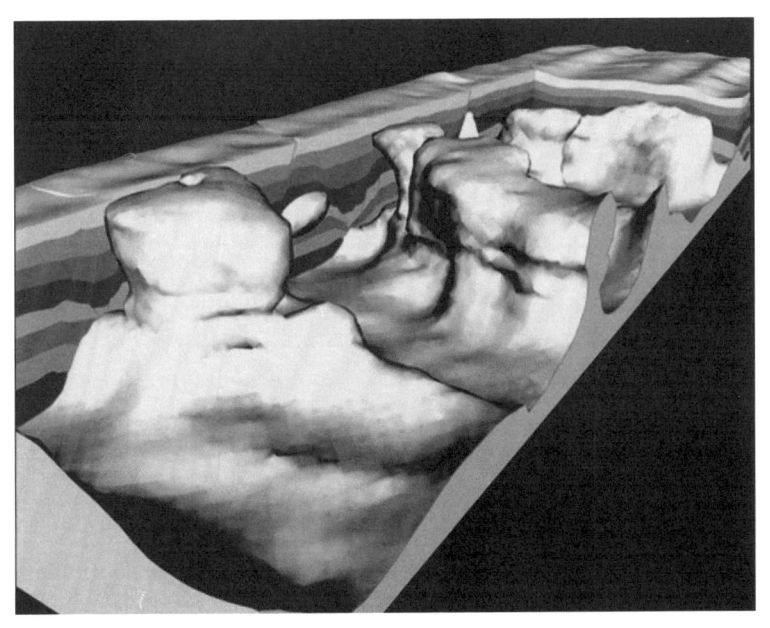

5. Imagem em 3D mostrando uma configuração do sal como ocorre no Cluster: os domos ou cúpulas de sal penetram nas camadas estratificadas de sedimentos superiores, dificultando o rastreamento dessas camadas. Mas o petróleo está embaixo de todo esse sal.

amostras e examinando seu conteúdo fossilífero, podemos datar, conhecer a idade dessa camada de folhelho. Mas como não temos poços à direita, e não podemos seguir a camada por causa da descontinuidade causada pela zona cega, podemos apenas suspeitar sua real posição. O método de prospecção por sísmica nos dá essa imagem, e as diversas camadas são representadas numa seção sísmica porque o princípio da aquisição desse tipo de dado é o da "reflexão sísmica", ou seja, capta-se a energia de ondas sonoras refletidas no contato entre duas camadas diferentes: folhelho contra arenito, folhelho contra calcário, calcário contra arenito, e assim vai.

O termo *refletor* também pode ser conhecido como *horizonte estratigráfico*. São linhas mais claras quase sempre plano-paralelas no interior de uma seção sísmica. Dessa forma, a leste da grande muralha de sal, por não haver poços perfurados, estávamos meio perdidos na identificação das camadas no que tange à seção pós-sal, ou tudo que foi depositado ou aconteceu após a deposição do sal. Essa *amarração**, no caso desse folhelho, de um lado a outro da muralha do sal é fundamental para a confecção dos mapas pelos geofísicos. Sem mapas bons, os riscos de insucesso para se achar petróleo aumentam.

Essa dificuldade, esse obstáculo representado pela muralha de sal verificava-se na parte ou na seção *acima* da camada de sal. Abaixo dela os problemas de identificação das rochas existentes eram diferentes porque não havia sal; as reflexões que representam o limite das camadas simplesmente não têm a mesma continuidade, o problema é outro, e o geólogo ou geofísico intérprete tem que usar toda a sua experiência ou *expertise* para solucioná-lo. Em nosso caso,

---

* Amarração: termo usado para designar quando o geólogo ou geofísico consegue relacionar um horizonte estratigráfico (um contraste na seção sísmica) com uma camada efetivamente perfurada por um poço. Então o poço fica "amarrado" na sísmica e, por extrapolação, fica-se conhecendo o significado da maioria dos, senão de todos, horizontes estratigráficos atingidos pelo poço.

normalmente essa experiência vinha dos refletores que conhecíamos da bacia irmã, a Bacia de Campos. Mas a Bacia de Santos tem suas peculiaridades, e a maior distinção que se notava em relação à Bacia de Campos era ao longo das seções sísmicas ou da sua "radiografia" com a presença de uma possante camada de sal por toda a sua extensão, que ora se comportava tranquilamente de forma plano-paralela com espessuras quilométricas, ora delgada, com poucos metros, e ora na forma de conspícuas cúpulas nervosas atravessando as camadas superiores, como mostrado em seção sísmica. Esse sal, depositado pela evaporação esporádica de um grande lago salgado ou "mar interior", também é chamado de evaporito.

Se o leitor, mesmo depois de acompanhar a leitura com as ilustrações incluídas, não entendeu os parágrafos anteriores, não tem a menor importância; basta ele ter em mente que, para realizar nosso trabalho com sucesso, precisávamos adquirir dados novos e aplicar toda a nossa experiência adquirida na Bacia de Campos para superar o obstáculo que o sal deformado oferecia para o nosso estudo.

Todos da nossa equipe arregaçaram as mangas, iniciando o grande projeto para desvendar os segredos ocultos abaixo de um oceano de 2,2 mil metros de profundidade. Atuamos em três linhas:

1) elaborar um novo projeto de aquisição de dados sísmicos, utilizando as mais modernas técnicas disponíveis no mercado, procurando otimizar o custo dessa aquisição ao reunir as quatro concessões como se fossem uma só, aproveitando a lei do mercado que reza que, quanto maior a quantidade da compra, menor o preço unitário do artigo. Para tanto foram feitas tomadas de preço e foi contratada uma companhia de serviço que entregaria os dados definitivos em aproximadamente dois anos. O resultado foi a realização da maior aquisição de sísmica 3D (3 dimensões) do mundo, com a utilização de navios especiais com sofisticados sensores, fontes de geração de energia sonora e computadores a bordo que percorreram todos os 20 mil quilômetros quadrados do Cluster. A companhia

de serviços que efetuou esse trabalho foi a Veritas, multinacional norte-americana prestadora de serviços, posteriormente comprada pela francesa CGG. O método sísmico pode ser melhor entendido nas figuras 6 e 8, bem como nos Apêndices, ao final do livro.

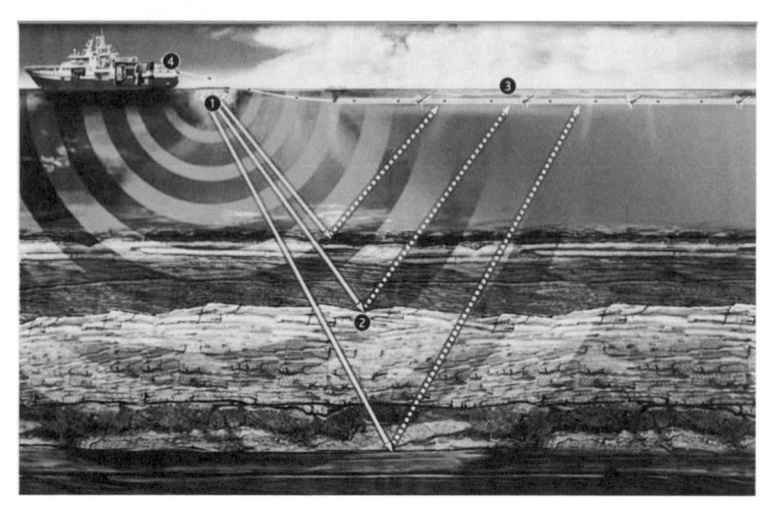

6. *Aquisição sísmica marinha: 1) emissão de energia acústica controlada (air gun); 2) energia acústica é refletida no limite entre duas camadas; 3) a energia refletida é detectada por sensores (hidrofones); 4) o sistema de aquisição registra e processa os dados brutos.*

2) realizar um estudo regional com os dados existentes, a maioria dos quais situados em lâmina d'água mais rasa, ou seja, extrapolar uma estimativa do cenário geológico favorável a descobertas para a área do Cluster; ou, traduzindo mais rigorosamente do ponto de vista técnico, avaliar os elementos do sistema petrolífero (Fig. 7);

3) realizar o mapeamento em subsuperfície dos refletores obtidos por malha sísmica 2D, ou em duas dimensões (Fig. 8), que já estava disponível no mercado a fim de fazer o levantamento do potencial da área antes do término da primeira fase ou enquanto os dados da aquisição do item 1 não estivessem prontos para serem utilizados. É mediante esse mapeamento que se chega à identificação de algumas das estruturas mostradas na figura 7.

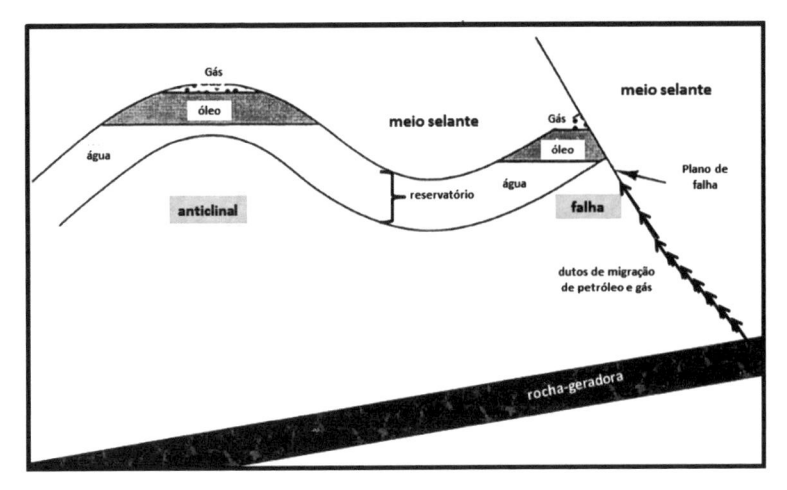

7. *Os elementos do sistema petrolífero: geração, migração, reservatório, meio selante e trapa ou armadilha. O esquema mostra dois tipos de trapa em estrutura anticlinal e falha. O petróleo migra desde a rocha-geradora por uma fratura, o plano de falha, para encher as estruturas. A migração pode ser contínua ou por pulsos, causada por terremotos, que deslocam o bloco à esquerda do plano de falha, relativamente ao bloco à direita do plano de falha.*

Pela primeira vez na sua história, a Petrobras estava submetida por um agente externo – a ANP – ao cumprimento de prazos e compromissos por contrato, correndo o risco, como qualquer outra companhia de petróleo, de sofrer pesadas multas e até a perda da concessão. Como o contrato rezava que ao final da primeira fase, ou na passagem desta para a segunda, cada bloco deveria devolver 50% da área total, era de fundamental importância que tivéssemos bons critérios técnicos para escolher a área a ser devolvida e, em outras palavras, não devolver áreas com óleo. A devolução de áreas, entre outras finalidades, era um artifício que a ANP usava como uma espada de Dâmocles para garantir que as companhias investissem nos prazos estabelecidos. É ainda hoje uma maneira de fazer a economia girar com vastos investimentos em exploração de petróleo.

Para se localizar as estruturas com provável presença de petróleo, não existe outro jeito a não ser por meio do mapeamento das reflexões sísmicas, ou melhor, dos horizontes estratigráficos. Os outros métodos, que vamos conhecer aos poucos, são acessórios, embora importantes. Como a encomenda 3D envolvia a definição da companhia de serviço, disponibilização dos equipamentos, aquisição propriamente dita e processamento dos dados – uma tarefa que levaria de dois a três anos –, foi com a análise dos dados menos precisos, em 2D, e dados preliminares, bem mais confiáveis, da aquisição 3D, que se fez a escolha das áreas a serem devolvidas à União ou ao seu preposto, a ANP. A diferença entre 2D e 3D é basicamente a densidade de informação sísmica por quilômetro quadrado, o que implica numa melhor qualidade depois do processamento em supercomputadores. O dado 3D, no final das contas, vai fornecer infinitas seções sísmicas de excelente resolução, possibilitando a descoberta de mais estruturas.

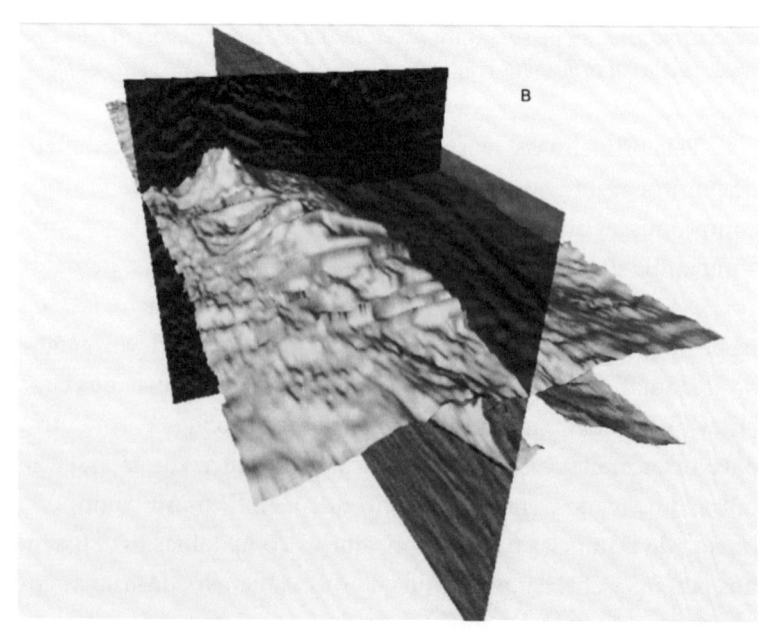

8. Exemplo de mapa de um refletor ou horizonte sísmico, que os geofísicos produzem ao interpretar uma série de seções sísmicas processadas. Trata-se de um mapa topográfico da superfície que limita duas camadas.

Para dar cabo desses três itens, dezenas de profissionais foram diretamente mobilizadas na área de exploração da Petrobras. Especialistas e observadores nossos acompanharam a aquisição dos dados sísmicos em alto-mar, embarcados nos navios de aquisição de propriedade da companhia de serviço contratada.

Várias equipes de especialistas, entre geólogos e geofísicos, realizaram modelagens e simulações numéricas de acordo com os *inputs* de nossa equipe, contribuindo para o que chamamos de *trabalhos regionais*. Estes consistem em, com base no mapeamento dos geofísicos sobre as seções sísmicas, estimar o comportamento de rochas e fluidos por extensas áreas da bacia com foco na área do Cluster. É uma espécie de análise do geral para o particular, um verdadeiro checkup da Bacia de Santos, que será utilizado durante toda a vida útil da mesma. Como todo *checkup*, deve ser reeditado periodicamente ao longo da vida do paciente.

Nesses trabalhos regionais, por exemplo, são estimadas as variações de temperatura em profundidade, o posicionamento e o potencial das rochas geradoras, as rotas de migração do petróleo conforme a distribuição das pressões em subsuperfície, a reconstituição da geometria e da história de porções da bacia envolvidas com a área do Cluster etc. Essa superanálise é realizada com o auxílio de dados dos poços já perfurados, fazendo-se analogias com bacias semelhantes, com o trabalho de mapeamento de refletores sísmicos realizado pelos geofísicos, mas sobretudo é um vaivém entre o prestador de serviço e o cliente, sendo nossa pequena equipe os clientes, e uma legião de especialistas, nossos prestadores de serviço, cem por cento deles funcionários da Petrobras. Não é qualquer empresa que tem disponível assim, num estalar dos dedos, essa legião fantástica de colaboradores. Muitas empresas prestigiadas costumam encomendar de terceiros esses estudos regionais ou mesmo estudos mais específicos.

Todos os profissionais envolvidos se entregaram com invejável entusiasmo a esses estudos, e a ordem era, em se tratando de área de fronteira com alto potencial: todo o otimismo é pouco, respeitando o bom senso, é claro, daí a importância do intercâmbio entre o nosso pequeno grupo e os especialistas. O segredo está em se obter um resultado auspicioso sem violentar as leis da natureza, isto é, testar *inputs* confiáveis e saber analisar e aplicar as respostas deles.

4

E fez-se o pré-sal

Com o estudo regional conseguimos entender melhor como funcionava a Bacia de Santos. Assim como um mecânico especialista em sistema de freios tem que ter sólidos conhecimentos de motores e suspensão de carros, assim como um dermatologista tem que estar a par das interações que o sistema digestivo e nervoso possa ter com a epiderme, assim como o palhaço tem que ter noção do que fazer para não atrapalhar o malabarista. Enfim, o geólogo que coordena o trabalho regional tem que reger essa orquestra de especialistas e cada um deles precisa entender seu papel no conjunto. O resultado é a *big picture*, o contexto onde está contida a área do Cluster, e a possibilidade de poder indicar preliminarmente as "áreas quentes" ou os locais onde o sistema petrolífero está completo; em outras palavras, onde o petróleo pode estar presente com maior probabilidade, embora ainda não se tenha condições para se definir o local exato dos poços a serem perfurados.

Foi muito gratificante construir esse arcabouço técnico com várias equipes interagindo, fornecendo os *inputs* e acompanhando os resultados desse trabalho. Com ele conseguimos entreter os parceiros internacionais e, sobretudo, passar uma imagem otimista da área do Cluster conforme a estratégia que a Petrobras adotara, que era a de manter a atração sobre os parceiros e evitar uma fuga de capital. Qualquer desistência poderia gerar um efeito dominó, e a Petrobras teria de arcar sozinha com os altíssimos investimentos no Cluster. Àquela altura do campeonato, o risco era muito grande. *Risco* significava: não encontrar óleo em quantidades comerciais.

No momento em que o operador de um consórcio põe suas equipes em ação, a remuneração de todos os técnicos será integralmente paga pelo consórcio. Isto significa que mensalmente a Petrobras enviava aos demais parceiros de cada bloco a conta da operação. Não existe almoço nem cafezinho grátis; existe espaço para que a empresa operadora, responsável pela administração e pelo pagamento dos serviços, descarregue sobre o consórcio despesas com material de escritório, conta de luz etc. sob a rubrica de *overhead*.* A overhead cobrada pela ExxonMobil, por exemplo, é notoriamente alta. Existe um jargão da indústria que diz "*no profit, no loss*" ("nenhum lucro, nenhuma perda", inclusive escrito no JOA, o estatuto do consórcio) para caracterizar o espírito financeiro das parcerias em exploração de petróleo. Mas sabe-se que na verdade todo operador leva alguma forma de vantagem no custo final de uma parceria, até pela eliminação da possibilidade de ser passado pra trás, porque tem o controle absoluto dos gastos. Contudo, todas as contas são passíveis de serem auditadas pelos parceiros, o que normalmente ocorre, mas não existe auditoria capaz de flagrar certas despesas indevidas, que, somadas, inteiram muito dinheiro. As *major* estão há mais de cem anos atuando neste ramo, calejadas, cometendo e sofrendo contravenções, a ponto de até participar de golpes de Estado, subornos e muita maldade no terceiro mundo. Por que nós, brasileiros, estaríamos imunes a elas? É um assunto que um dia vai render um livro (não de minha autoria). Por essas e outras razões que veremos mais adiante, foi bom a Petrobras ser a operadora no Cluster. É preciso abrir o olho neste negócio, onde não há mocinhos.

Fundamental mesmo é a sísmica. No âmbito da área de exploração em uma companhia de petróleo, esta é, de longe, a atividade mais importante. Se você quer ser a primeira pessoa a visualizar uma grande descoberta, você tem que ser geofísico. A geofísica como

---

* Uma tradução aproximada de *overhead* para o português é "taxa da administração central".

método de prospecção petrolífera pode ser grosseiramente dividida em três setores: 1) geofísica de aquisição, com a qual, de acordo com o objetivo ou alvo, é dimensionada e executada a aquisição de dados brutos no campo, nas florestas, nos rios ou no mar; 2) geofísica de processamento, com a qual, utilizando complexos algoritmos e com o auxílio de supercomputadores, são processados os dados sísmicos, deixando-os palatáveis para o 3) geofísico de interpretação, que tem a habilidade de confeccionar mapas dos refletores, agora bem arrumados pelos colegas anteriores.

O geofísico de interpretação, junto com o geólogo de interpretação, perfaz o elemento final dessa cadeia que usa um princípio físico elementar, o efeito do eco: a reflexão de uma onda sonora no limite ou na interface de duas camadas. Essa dupla de geocientistas – geólogo e geofísico – é a base ou a célula que compõe o tecido exploratório. Uma grande companhia de petróleo como a Petrobras tem centenas dessas células compondo o córtex cerebral da empresa. Assim como o cirurgião precisa de radiografias, ressonâncias e tomografias antes de abrir o corpo do paciente, os geólogos e geofísicos precisam da sísmica para indicar onde o poço deve ser perfurado.

Existem outros métodos físicos utilizados para prospecção de petróleo, como gravimetria e magnetometria, os métodos ditos *potenciais*, que medem respectivamente o campo gravitacional e o nível de magnetismo do terreno, pois esses parâmetros variam com a densidade e a composição das rochas, mas não conseguem revelar a geometria ou a imagem do ambiente em subsuperfície tão nitidamente quanto a sísmica. São utilizados acessoriamente nos trabalhos regionais.

A Bacia de Santos ainda não vingara, produzia em pequenos campos de gás ao sul e em alguns campinhos recém-descobertos ao norte, já sob a vigência da Lei de 1997, que regulamentara a quebra do monopólio. Perseguia-se com afinco o grande alvo da Bacia de Campos. As estrelas eram os *turbiditos* de águas profundas. Vejamos do que se trata.

O leitor já deve ter ouvido falar alguma vez em *talude continental*. Tal denominação é dada para uma grande declividade que se encontra ao longo das margens costeiras dos continentes, ou, dizendo de outro modo, dos dois lados do Oceano Atlântico. O talude começa de maneira mais ou menos brusca quando a Plataforma Continental passa para as planícies abissais, onde as profundidades do mar são da ordem de 4 mil a 5 mil metros. De vez em quando, mais ou menos a cada 3 milhões de anos, ocorre um abaixamento brusco do nível do mar da ordem de uns 200 metros (lembrando que *brusco* em geologia significa milhares de anos). Vastas áreas continentais são expostas, e a desembocadura dos rios avança por quilômetros sobre o antigo leito marinho, agora exposto. Esses deltas despejam tanta areia no oceano que esta chega a alcançar o talude, ganhando aceleração com a declividade, e é depositada na planície abissal. Como essa areia vem carregada numa corrente turbulenta, ou corrente de turbidez, quando ela se solidifica como rocha recebe o nome de *turbidito*. O turbidito é um excelente reservatório, inclusive para petróleo, porque tem alta porosidade, ou seja, apresenta profusão de poros interconectados. Essa é a composição dos campos gigantes da Bacia de Campos, e encontrar turbiditos era o objetivo principal que visávamos no Cluster. Lembremos que os eventos turbidíticos são típicos da seção pós-sal.

O progresso dos trabalhos regionais realizados com base na sísmica 2D, que já estava disponível antes mesmo da grande aquisição 3D, era apresentado para os parceiros nas reuniões técnicas, os TCMs. Desde o primeiro encontro adotamos um procedimento didático para explicar a história de deposição do pacote sedimentar situado nas atuais águas profundas da Bacia de Santos. Especificamente na zona do Cluster, a bacia podia ser dividida, verticalmente, do embasamento cristalino (o assoalho da bacia) até o fundo do mar, em três grandes compartimentos: a) uma seção inferior, onde foi empilhada uma sucessão vertical de sedimentos da fase rifte da bacia, numa época em que os terremotos eram constantes e a bacia se assemelhava àquela depressão alongada que se observa hoje em dia com o alinhamento norte–sul dos grandes lagos do leste da África (também chamado Grande Vale do Rifte Africano). O rifte é a depressão alongada formada por duas ou mais fraturas na crosta terrestre em que cada lado se afasta em direções opostas e o terreno entre eles colapsa entrando em subsidência (descendo ou afundando gradativamente). Essa fase termina com uma aquiescência tectônica, ou diminuição drástica dos terremotos e da subsidência, o que denominamos de *fase sag*. Em ambas as fases, o buraco ou afundamento da bacia está submerso, formando um grande lago ou mar confinado, que capta sedimentos das áreas altas vizinhas; b) uma seção composta exclusivamente por sais das mais diversas composições químicas, mas predominando (90%) o cloreto de sódio formado pela evaporação de águas marinhas infiltradas pelo sul e; c) uma seção superior composta pelo empilhamento de sedimentos depositados já sob um Oceano Atlântico aberto. A espessura de cada seção varia bastante ao longo da bacia, principalmente devido à movimentação do sal, fenômeno que continua mesmo depois de ele estar totalmente soterrado.

Didaticamente denominamos *a*, *b* e *c* como, respectivamente, *seção pré-sal*, *sequência evaporítica* e *seção pós-sal* (Fig. 4). Usamos o termo *sequência evaporítica* porque, retratado em seção sísmica, o fenômeno mostra a estratificação dos diferentes tipos de sal. A sequência evaporítica era o grande desafio para os nossos engenheiros de perfuração porque os poços deveriam ser projetados para conter e suportar essa tendência à fluidez do sal. Na primeira reunião de TCM, em abril de 2001, formalizamos o termo *pré-sal* frente aos parceiros e o mundo. A criança estava batizada.

O produto dos trabalhos regionais na forma de mapas, desenhos esquemáticos do interior da bacia, tabelas e relatórios se valeu também de modelos e simulações que restauravam as várias etapas cronológicas de preenchimento da bacia, um trabalho admirável realizado pelas geólogas Marta Guerra e Mônica Pequeno, que nos auxiliou a contar a história geológica da bacia, bem como dos geólogos Mário Mendes e Laury Medeiros de Araujo e a geóloga Anna Eliza Svartman Dias, que avaliaram o potencial de geração de petróleo na fase rifte, e de João A. Bach de Oliveira, que utilizou métodos geofísicos especiais.

Mas havia um problema: como o petróleo teria atravessado a espessa e impermeável sequência evaporítica para ser acumulado nos turbiditos da seção pós-sal? A solução ou a esperança era que a sísmica de alta resolução 3D que estava sendo adquirida pudesse mostrar *janelas de sal*, locais onde a movimentação e a fuga de sal teria dado espaço para a passagem do petróleo. Se assim não fosse, os objetivos da seção pós-sal, tradicionais produtores na Bacia de Campos e os principais alvos de nosso estudo naquela época, estariam comprometidos.

5

O Enigmático

Os turbiditos, simplificadamente, são areias consolidadas, ou arenitos, como se denomina a rocha originada da consolidação, do endurecimento causado pelo soterramento e pela cimentação, processos geológicos que ocorrem ao longo do tempo resultando no ligamento mútuo de grãos originalmente soltos. Esses reservatórios, quando bem corpulentos, isto é, muito grandes em extensão e espessura, podem ser identificados diretamente pela visualização em uma seção sísmica na forma de anomalias, pois destoam do padrão normal das reflexões.

De acordo com o método de prospecção que utiliza a sísmica de reflexão, ondas sonoras emitidas por uma fonte acústica mergulhada próximo à superfície do mar vão penetrando no interior da bacia e são refletidas no contato entre camadas diferentes, os chamados *horizontes estratigráficos* ou *refletores sísmicos*. As reflexões são detectadas pelos geofones em superfície e transformadas em pulsos elétricos. Cada vez que há uma reflexão, a frente de ondas perde energia, mas continua penetrando e se refletindo em horizontes mais profundos. Quando a frente de ondas encontra uma superfície que separa duas camadas com características físicas bem diferentes, uma bem mais dura e compacta do que a outra, mais porosa, o sinal de reflexão ou amplitude é muito forte, se destaca dos demais. A esse tipo de feição em uma seção sísmica se denomina *anomalia de amplitude*. É o fenômeno que pode denunciar a presença de um turbidito poroso capaz de abrigar uma boa quantidade de petróleo.

Na região do Cluster, desde as primeiras aquisições sísmicas até a moderna aquisição 3D realizada pelos quatro consórcios, percebia-se uma destacada anomalia que levantava a suspeita de se tratar de um imenso corpo de arenito turbidítico. Essa anomalia podia ser seguida por vários quilômetros, mas ficava restrita apenas à região das muralhas de sal e a leste delas. A analogia dessa notável anomalia com os turbiditos da Bacia de Santos e da Bacia de Campos era um espectro que rondava a maioria dos geocientistas da Petrobras que trabalhavam na Bacia de Santos.

Várias razões técnicas levaram a Petrobras a se interessar pela área do Cluster. Dentre elas pode-se destacar:

1) a presença de vários *altos do embasamento*, que podemos descrever como enormes irregularidades topográficas no assoalho da bacia (o embasamento cristalino). Esses altos sustentam outros altos e protuberâncias que podem vir a ser excelentes *traps* ou armadilhas, estruturas passíveis de abrigar petróleo. Aliás, quanto mais irregular e complexa essa trama de altos do embasamento, melhor, e quanto mais instável no tempo geológico, melhor ainda, sendo instabilidade aqui um sinônimo de terremotos, fenômeno que grassava nessas áreas em tempos de atividade do rifte. A instabilidade tectônica remobiliza e estimula a migração de petróleo, além de criar mais altos estruturais. O Cluster é generoso nesses altos, sendo o mais proeminente deles o que forma a estrutura do Campo de Tupi. Nas figuras que mostram as seções sísmicas do Cluster, esses altos são facilmente visíveis e coincidem com estruturas verdadeiramente portadoras de hidrocarbonetos;

2) a presença de camadas bem definidas da fase rifte na parte inferior da bacia era um forte argumento para se acreditar na atuação de um sistema petrolífero, ou presença de geradores – a chamada rocha-mãe, que produz originalmente petróleo – iguais àqueles tradicionalmente atribuídos à Bacia de Campos, bem como o era a presença de feições similares àquelas encontradas no topo dos reservatórios de coquinas da Bacia de Campos (campos de petróleo de Badejo, Pampo e Linguado). As coquinas são um amontoado de conchas que podem resultar em bons reservatórios. Em suma, um

rifte bem desenvolvido é quase uma garantia de rocha-geradora em ação e de provável ocorrência de reservatório;

3) a presença de sal amplamente distribuído pela área, a exemplo do que acontece em inúmeras bacias prolíficas mundo afora. O sal exercendo seu papel de formador de armadilhas quando desorganiza e reestrutura a bacia acima dele e age como selante (ou capeador) abaixo dele;

4) o simples fato de ser uma vasta área com espessura adequada nunca perfurada reunindo as características anteriores e várias similaridades com sua irmã, a Bacia de Campos.

Mas a seção pós-sal do Cluster exibia uma feição que se destacava: uma forte reflexão gerando uma notável anomalia de amplitude numa ampla área.

Os primeiros geólogos e geofísicos que se debruçaram sobre os precários dados sísmicos 2D deram ênfase para pequenas anomalias apoiadas nas ombreiras das muralhas e nos domos de sal e para alguns poucos altos estruturais do embasamento que apresentavam profundidades atingíveis para a tecnologia da época, cerca de 6 mil metros. Foi uma análise certeira para aquele estágio de conhecimento, nos idos de 2000.

Quando a equipe da UN-Rio, sob a qual o nosso grupo atuava, analisou as primeiras seções sísmicas 2D de melhor qualidade, soou um alerta em função dessa notável anomalia sísmica que se assemelhava a um enorme turbidito, e passou-se a dar especial atenção ao mapeamento dela. Essa forte reflexão sísmica poderia se revelar um novo Eldorado de petróleo, como aconteceu por ocasião das primeiras descobertas dos campos de Garoupa, Enchova e Namorado, culminando com os campos gigantes Marlim e Albacora, em meados da década de 1980, todos acima do sal, na Bacia de Campos. Objetivos abaixo do sal, apesar de prospectáveis, não eram o alvo principal porque não se constituíam em grandes armadilhas para petróleo e tinham grande heterogeneidade na qualidade do reservatório. As reservas de coquinas, um reservatório à base de conchas de moluscos, eram de menor proporção, economicamente viáveis em águas bem mais rasas, mas poderiam surpreender positivamente, por que não? As coquinas eram verdadeiras dunas de conchas com porosidade suficiente para armazenar petróleo. Em geologia não existem verdades absolutas quando se trata de área desconhecida.

O maior desafio no Cluster não era apenas encontrar petróleo, mas encontrar petróleo em grandes volumes, e a chance para tal estava na possibilidade dessa forte anomalia sísmica ser um *basin floor fan*, ou um leque de assoalho de bacia, o sinônimo de um megaturbidito.

Uma coisa é extrair (ou "desenvolver") pequenos volumes de petróleo através de poços rasos em terra, bem baratinhos, como ocorre no Recôncavo Baiano e no Texas; outra coisa é encontrar zonas produtoras de alta vazão que possam remunerar altíssimos investimentos e sustentar bilhões de dólares em manutenção por trinta anos, em águas ultraprofundas. Um campo de petróleo com interesse comercial nessa região necessita ser cem vezes maior do que a média dos campos terrestres, grosso modo. É preciso que cinco ou seis poços produzam o equivalente a trezentos poços em terra mais ou menos. Alcançar tais patamares só é possível em campos gigantes ou supergigantes. Mas não basta a imensidão da acumulação. É necessário que a qualidade da rocha-reservatório permita a livre circulação do fluido, uma boa permeabilidade. Muitos fatores têm que coincidir. Um campo é considerado gigante quando tem uma reserva recuperável de 500 milhões de barris. Os supergigantes não têm uma definição bem acordada; vamos defini-los aqui como aqueles que contêm reservas maiores do que 5 bilhões de barris. Um campo desses, por exemplo, poderia sozinho sustentar por cinco anos toda a demanda de petróleo no Brasil.

Essa tal anomalia começou a ganhar notoriedade no âmbito da geologia na sede da Petrobras e, por suscitar muitos palpites

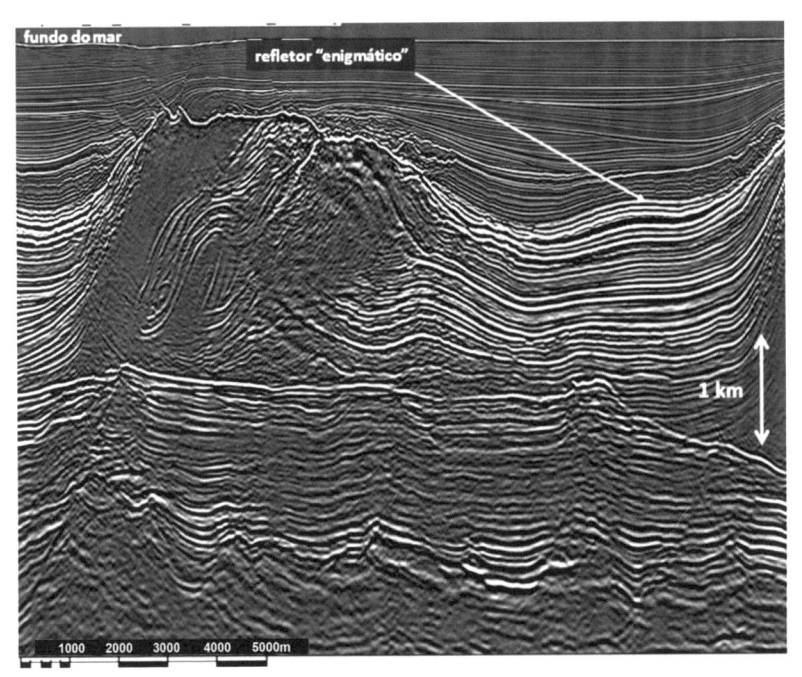

9. *O refletor Enigmático assemelhava-se a um imenso corpo de arenito turbidítico, velho conhecido e grande produtor de petróleo na Bacia de Campos. Na realidade, trata-se do limite superior do sal.*

quanto à sua natureza, recebeu a alcunha de *Enigmático* dentro da nossa equipe. Enigmático, no gênero masculino, porque se tratava de um refletor (ou de um horizonte). Um horizonte é como se fosse uma curva de nível de um mapa topográfico. Esclarecendo: refletor, horizonte, limite de camada são a mesma coisa, basicamente, ao passo que a anomalia é um refletor fora do padrão. Quão fora do padrão, por enquanto, não nos interessa, mas é algo que se destaca visualmente, a olho nu.

Os geólogos e os engenheiros gostam muito de afirmar que o petróleo é primeiramente descoberto na cabeça de um de nós. Foi o que aconteceu: descobrimos que o Enigmático era um imenso corpo de arenito turbidítico, empapado de óleo, e essa mistura de óleo e arenito causava aquela espetacular anomalia de amplitude.

Se alguém mostrasse uma seção sísmica do Cluster a um cirurgião plástico, a um garçom, enfim, a um leigo qualquer, e perguntasse a um deles, "onde está o petróleo?", a pessoa provavelmente apontaria para o Enigmático. Contudo, sendo arenito ou não, o Enigmático merecia ser tratado como um horizonte a ser mapeado, e o tratamos como o principal alvo do Cluster. Não era à toa que uma anomalia semelhante podia ser observada em outros locais da bacia e que, quando perfurada, denunciava sua composição arenosa. Esse era um dos mais fortes argumentos a que nos apegávamos nas discussões. Os campos gigantes de Marlim e Albacora, os quais são citados várias vezes aqui à guisa de comparação, são denunciados em seção sísmica por uma notável anomalia, assim como o Enigmático. Mas não tão grande. Era muito bom para ser verdade!

Além de poucos colegas de outros setores, algumas companhias parceiras nos blocos, no todo ou em parte, consideravam o Enigmático como o topo da seção evaporítica, o termo geologicamente adequado para o sal. Uma interpretação dramaticamente antagônica em relação à nossa, que considerávamos se tratar de um imenso corpo de arenito. O debate se estendeu por dois anos e meio, até o início de 2003, período no qual nossa pequena equipe construiu um grande castelo, que poderia se revelar de areia mediante a perfuração do primeiro poço no Cluster.

Jeferson e Carminatti, calejados na arte de explorar petróleo, colocaram à prova nossa tese e convocaram uma reunião da nata exploracionista na sede da empresa para deliberar sobre a real natureza do Enigmático. Várias outras possibilidades foram aventadas, mas ao final, com a exceção declarada de apenas um colega presente, o geofísico Paulo Gomes, foi decidido que o Enigmático poderia ser uma porção de coisas, menos sal.

Quanto aos parceiros, chegamos ao ponto de realizar conjuntamente um curso sobre a geologia e comportamento do sal na Bacia de La Popa em Monterey, no México, com direito a visualização *in situ*, no campo, de domos salinos aflorando na superfície. Durante o curso, foi realizado um workshop onde foram mostradas várias seções sísmicas do Cluster e estabelecido amplo e acalorado debate sobre qual seria, afinal, a causa daquela anomalia. Para o coordenador e professor do curso, o norte-americano Mark Rowan, homem de larga experiência internacional, não havia dúvida: aquele refletor, ou aquela anomalia, era sal. Apenas a Chevron se alinhou com Rowan e em breve deixaria o bloco BM-S-10, justamente aquele onde o Enigmático se mostrava de forma mais tímida.

Durante o primeiro ano de estudos, em 2001, nosso grupo escolheu um modelo geológico (uma interpretação baseada em ideias e desenhos esquemáticos) para a área do Cluster em que considerava o Enigmático como um imenso lençol de areia atapetando o fundo oceânico durante a idade geológica denominada Campaniano, há cerca de 80 milhões de anos. Um modelo geológico é como se fosse uma linha de investigação para se desvendar um crime. Juntam-se os indícios e dados disponíveis e elabora-se uma hipótese que vai nortear o andamento da investigação ou pesquisa. Como toda linha de investigação, o modelo geológico pode ser colocado em xeque, conforme o andamento das pesquisas. Modelos geológicos podem ser adaptados, melhorados e reelaborados.

Na virada de 2001 para 2002, nosso pequeno grupo cresceu com a chegada de vários geofísicos e mais um geólogo. O geólogo Adriano Roessler Viana veio do Distrito de Macaé com a esperança de contribuir com sua experiência em sistemas turbidíticos de idade recente, isto é, processos geológicos que estão ocorrendo atualmente no meio submarino. Adriano passou a dividir comigo as tarefas que cabiam aos geólogos de interpretação, quais sejam: aplicar a cada bloco o nosso modelo e, juntamente com o geofísico, avaliar periodicamente o potencial do bloco, acompanhar e auxiliar na confecção dos estudos regionais, além de conduzir todos os encargos e satisfazer todos os padrões que compõem o receituário internacional de exploração de petróleo. O mais delicado desses encargos era preparar o *power point* para exposição aos parceiros em reuniões dos consórcios e defender nossas propostas tendo como lastro o nosso modelo geológico. Grandes decisões de cada consórcio, como escolher a posição do primeiro poço a ser perfurado, são ultimadas depois de intenso debate, que começa por e-mail, antes mesmo da própria reunião, e em algumas vezes termina em impasse, gerando pauta para novos encontros.

Estávamos findando os trabalhos regionais e procurávamos ajustar nosso modelo de acordo com os resultados que chegavam. Adriano ficou responsável pelos blocos BM-S-10 e BM-S-11, enquanto eu me encarreguei dos blocos BM-S-8 e BM-S-9. As tarefas eram divididas, mas a equipe trabalhava praticamente em conjunto com as ideias permeando entre os integrantes de todos os blocos. Tínhamos várias discussões internas, e mesmo entre nós eventualmente vinha à baila o questionamento sobre a nossa certeza em considerar o Enigmático como sendo arenito, nosso alvo principal. Apesar de ocorrerem pequenas divergências internas, ao final homogeneizávamos uma diretriz técnica e, nas reuniões com os parceiros, nos comportávamos como um órgão monolítico de mesmo pensamento. Foi dessa forma que conseguimos levar todos os consórcios a considerarem a seção pós-sal como a de melhor potencial e mais importante. Com exceção da Chevron, que vendeu sua participação para a Partex portuguesa, mantivemos na íntegra a composição das sociedades.

Os outros dois geofísicos que se incorporaram ao nosso grupo exerceram papel crucial na discussão do nosso modelo geológico. João Trindade Rodrigues de Freitas vinha da área de processamento, e Sérgio Rogério Pereira da Silva era outro veterano com larga experiência em nossas bacias e em várias missões internacionais. Esses dois especialistas basicamente questionavam nosso modelo baseado no caráter da resposta acústica do Enigmático. A formação técnica deles, principalmente de João Freitas, que vinha de uma equipe especializada em processamento sísmico, levou ao questionamento imediato dentro do grupo, de forma mais consistente, sobre a natureza do Enigmático.

Sérgio Rogério realizou um belo trabalho estatístico e de análise do sinal sísmico, demonstrando que o enigmático era a grande pancada que a reflexão do som provocava quando se chocava com uma camada ou superfície de sal. O sal possui propriedades acústicas e elásticas muito distintas do meio circundante que produzia aquela forte anomalia. João Freitas seguia a mesma linha e, além de concordar com as propriedades assinaladas por Sérgio Rogério, demonstrava com confiança a correlação do horizonte correspondente ao Enigmático com o topo do sal conhecido nas áreas adjacentes ao Cluster. A posição discrepante desses dois profissionais em relação aos demais gerou uma verdadeira luta técnica interna que durou muitos meses, passou pela excursão de La Popa até chegar à perfuração de um poço-chave em bloco vizinho, o BS-500.

O poço foi chamado de Fluorita e pretendia testar turbiditos do pós-sal, mas seu aprofundamento daria chance de se atravessar e conhecer uma anomalia muito estranha e semelhante ao refletor enigmático. Quando o projeto de Fluorita foi apresentado em uma reunião técnica para o nosso grupo e pudemos visualizar na seção sísmica um legítimo horizonte "enigmático" igualzinho ao que mapeávamos no Cluster, imediatamente organizamos um workshop interno composto pelo nosso grupo e vários colegas convidados, a maioria daqueles envolvidos com o BS-500 e Fluorita. Nos trancamos durante uma semana numa pequena sala de visualização e, operando numa estação de trabalho coletivamente e de comum acordo, realizamos o rastreamento, ou seja, acompanhamos em seções sísmicas o refletor equivalente ao Enigmático na posição de Fluorita até a área do Cluster. Chegamos à conclusão unânime de que a perfuração de Fluorita dirimiria a dúvida sobre a natureza do horizonte Enigmático: sal ou arenito.

Poucos meses depois, Fluorita foi perfurado e revelou a verdadeira cara do Enigmático. Sal, e muito. Num certo final de semana a anomalia foi atingida tendo-se penetrado cerca de 800 metros dentro da grande camada de sal que assola a Bacia de Santos. Foi uma revolução em nosso grupo de interpretação, porque caía por terra o nosso principal objetivo. Nosso castelo era de areia. O Enigmático, que julgávamos ser o retrato de um imenso corpo de arenito turbidítico, nada mais era do que a resposta acústica das ondas sonoras tentando atravessar a linha física divisória entre o sal e as rochas que descansavam sobre ele. Exatamente como Sérgio Rogério e João Freitas defendiam. Que fazer? A descoberta do Enigmático pelo menos trouxe nova unidade de pensamento no grupo e, não obstante o abatimento de muitos, inclusive de minha parte, trouxe um novo vigor, uma nova emoção para se entregar com entusiasmo ao trabalho. Tínhamos um problema prático agora na era pós-Enigmático. Precisávamos substituir o modelo geológico e definir um novo objetivo.

As reuniões que conduzíamos com os parceiros eram recheadas de discussões técnicas contra ou a nosso favor, mas, como detínhamos um conhecimento da área infinitamente maior do que eles, sempre conseguíamos impor nossas concepções e, por conseguinte, aprovar todos os procedimentos durante a fase inicial de exploração. Já nos primeiros encontros expusemos a evolução da bacia com foco na área do Cluster, dividindo-a verticalmente em três grandes segmentos para descrevê-la e interpretá-la de forma eficiente e objetiva e, principalmente, usando uma terminologia internacional, se distanciando de uma velha e endêmica nomenclatura difundida desde os primeiros estudos na Bacia do Recôncavo nas décadas de 1950 e 1960. Assim, com a experiência que Desiderio e eu adquirimos trabalhando na Bacia de Pelotas e pesquisando sobre o oeste da África, introduzimos os termos *rifte inferior, médio* e *superior* para designar as rochas mais velhas, mais profundas; o termo *sag*, para as camadas logo acima do rifte; dividimos a sequência acima do sal em pacotes mapeáveis operacionais adequados para a área do Cluster e cunhamos o termo *pré-sal* bem como popularizamos o termo *pós-sal*, o primeiro nunca antes utilizado no meio geológico de petróleo. Por acaso idealizamos uma marca de produto que pegou tal e qual um jingle de propaganda ou um bordão de comercial assim que o gerente geral de geologia, Carminatti, passou a liberar as notas técnicas para a imprensa adotando o termo *pré-sal*. Nosso fatiamento estratigráfico das rochas abaixo do sal ou do pré-sal foi tão útil que a seção *sag* coincide justamente com o consagrado termo *camada pré-sal*, sendo o prefixo *pré* para denominar tudo o que surgiu antes do sal, e *camada pré-sal*, aquele conjunto de rochas imediatamente abaixo do sal. Assim usamos uma terminologia inteligível para qualquer geólogo do mundo, e que foi de extrema utilidade operacional para nós.

A descoberta da natureza do Enigmático foi um divisor de águas, mas a metodologia e a nomenclatura que adotáramos para trabalhar se mostrou bastante robusta, permanecendo válida. O fato de termos perdido o objetivo principal não nos esmoreceu porque, com o inesperado aumento do volume de sal a considerar, ou melhor, com a maior espessura de sal presente, automaticamente passamos a focar os estudos nas rochas abaixo dele. E eliminamos um problema – a passagem do petróleo para a seção pós-sal, substituindo-o por uma solução: a grande espessura de sal poderia aprisionar muito petróleo abaixo. Se o petróleo não precisa atravessar o sal, tanto melhor. O novo desafio era encontrar reservatórios possantes abaixo dele.

Um dos produtos daqueles estudos regionais, um dos mais importante deles, foi a análise dos *oil slicks* na superfície marinha. Este é um termo usado para descrever as manchas de óleo na superfície do mar. Essas manchas são detectadas por imagens especiais de satélite que, interpretadas por especialistas, possibilitam que se separe o joio do trigo, isto é, que se determine quais manchas são devido a vazamentos artificiais provocados pela ação do homem (como limpeza de tanques de navios petroleiros ou vazamentos de oleodutos submarinos) e quais se devem ao vazamento natural de um reservatório de petróleo, situado em subsuperfície, que sobe através de falhas geológicas até o fundo do mar e posteriormente alcança a superfície do oceano. A análise de *slicks* foi coordenada pelo geólogo Fernando Pellon, do Cenpes, o centro de pesquisas da Petrobras. Outro estudo levado a cabo pelo grupo de Geologia Marinha de Macaé e analisado pelas equipes do Cenpes foi a campanha de *piston core* realizada. Este método consiste em extrair pequenas amostras do fundo marinho e analisar o conteúdo gasoso existente, mesmo que em quantidades mínimas. Os resultados das amostras de *piston core* foram apresentados por João Batista Françolin, o geólogo que me acompanhou no meu primeiro embarque no litoral do Ceará, em 1979. Ambos os estudos (*slicks* e *piston core*) revelaram que o Cluster era uma área onde atuava um poderoso sistema petrolífero. Em outras palavras, o petróleo estava lá embaixo, e não era pouco, pois podíamos detectá-lo em superfície, apesar da camada de sal que o selava a grandes profundidades.

Assim, perdêramos terreno com o aumento da espessura do sal, mas ganhamos um excelente selante para segurar o óleo abaixo dele. Mesmo assim, algum óleo ultrapassava o sal e alcançava a superfície oceânica, e isso era muito positivo.

Pudemos render os méritos para o consultor Mark Rowan e, principalmente, aos nossos brilhantes geofísicos João Freitas e Sérgio Rogério. Curvamo-nos humildemente à verdade dos fatos, sacudimos a poeira e enfrentamos as primeiras reuniões internacionais para mostrar a nova realidade e a mudança maior da estratégia exploratória para a seção pré-sal. Para tanto, elaboramos novos modelos geológicos.

Esses modelos já vinham sendo preparados muito antes da virada do Enigmático. Apesar de atribuirmos à seção pós-sal um protagonismo inicial, nunca abandonamos a seção pré-sal. Desde que assumíramos o Cluster, pesquisamos exaustivamente os análogos de pré-sal mundo afora, isto é, procuramos conhecer, por meio da documentação técnica internacional (principalmente sob a forma de prestigiosos periódicos científicos acadêmicos ou aplicados à exploração de petróleo), o potencial da seção rifte e *sag*, aquelas rochas que se situam abaixo do sal. Tínhamos dois grandes exemplos brasileiros: o Recôncavo Baiano, onde se produz óleo em praticamente todas as rochas que contêm alguma porosidade, e a Bacia do Paraná, célebre por sua escassez em hidrocarbonetos, mas que expõe até hoje um conjunto de rochas que poderia estar presente no pré-sal da Bacia de Santos: os basaltos com camadas de arenito dentro deles. Basaltos nesta posição já eram conhecidos da Bacia de Campos e, quando são encontrados muito fraturados, produzem óleo, caso do Campo de Badejo, por exemplo. Também havia o Campo de Carmópolis, em terra, no estado de Sergipe, mas ninguém dava muita bola para aqueles carbonatos exóticos no fundo dos poços. Já tínhamos realizado uma excursão para a Bacia do Recôncavo Baiano e participamos de outra para a Bacia do Paraná, onde visitamos belos afloramentos de basaltos com arenitos intercalados em Torres, no Rio Grande do Sul, e em vários locais da Serra Gaúcha.

Em pouco tempo organizamos um dossiê de elementos geológicos, entre pesquisas e nossas observações no campo, montamos um novo modelo geológico com elementos como basaltos e objetivos encontrados no rifte do oeste da África e do próprio Recôncavo Baiano e apresentamos aos sócios. A repercussão foi positiva, mas não conseguimos evitar uma importante defecção, como já foi dito: a Chevron. Sorte nossa, porque a Chevron em 2003 vendeu seus direitos para a portuguesa Partex, que adotou uma postura que seria decisiva no projeto do primeiro poço no Cluster, como veremos mais adiante.

As reuniões com os parceiros, os desgastantes TCMs, são uma história à parte. Passagens pitorescas, gafes nossas e deles, técnicas ou culturais, abundavam. A maioria das *majors*, senão todas, era forte e tecnicamente escoltada por antigos colegas nossos, agora aposentados. Conhecedores dos meandros da Petrobras, de universidades, de centros de pesquisas e até de órgãos governamentais de todas as esferas, regiamente pagos, eles abriam as portas e entregavam as informações aos estrangeiros. Todos, sem exceção, julgavam improvável haver no pré-sal campos de dimensões capazes de sustentar os estratosféricos gastos de exploração e ainda render lucro por trinta anos – o tempo médio de exploração comercial até o esgotamento da jazida. Reservatórios de coquinas e basaltos, tradicionais objetivos da Bacia de Campos, já eram quase subcomerciais naquelas paragens depois de terem produzido tanto óleo.

Convencer sócios de questões polêmicas quando se é operador é uma tarefa que exige muito malabarismo porque implica em se evitar ao máximo a transferência de know-how e tecnologia de graça para quem é nosso competidor no resto do mundo. Os gringos, ao chegar, nos trataram como índios e não raro jogavam verde em busca de dicas para se encontrar o ouro negro no Brasil. Essa era uma das razões pelas quais fazíamos prévias e treinos antes das reuniões. A ExxonMobil, certa ocasião, em uma reunião sobre a Bacia de Pelotas, trouxe um senhor, geólogo já idoso, que depois de vários dias me confessou, no intervalo para café, ter morado no subúrbio do Rio de Janeiro na década de 1960, tendo inclusive sido casado com uma nativa enquanto pregava a bíblia evangélica. Por isso tínhamos que observar o maior cuidado ao falar em português entre nós. Muitos deles também dominavam o espanhol. Reunir-se com eles, coisa corriqueira, era pisar em terreno movediço.

6
Parati

Em janeiro de 2003, Lula assume a Presidência da República e, em poucos meses, entra em campo o novo diretor de exploração e produção da Petrobras, Guilherme de Oliveira Estrella. Geólogo de carreira da empresa, aposentado havia alguns anos e militante do diretório do PT em Nova Friburgo, Estrella tinha edificado um currículo fantástico na estatal. Fora um dos descobridores do campo supergigante de Majnoon, no Iraque, quando realizava missão pela Braspetro (o braço internacional da Petrobras), e chefiara por alguns anos o Cenpes na Ilha do Fundão, no Rio de Janeiro. Ele também tinha feito história em grupos de interpretação de bacias brasileiras. Estrella estava há oito anos afastado da Petrobras e, ao assumir o cargo, praticamente não mexeu na estrutura organizacional da área de exploração, mas fez imediatamente o reconhecimento dos projetos em andamento.

Certo dia Estrella adentra na minha sala escoltado por seu estado-maior: o geólogo Paulo Mendonça e um outro geofísico. O geofísico, logo depois dos cumprimentos, de forma afoita, apontou para uma seção geológica pendurada na parede e bradou: "Olha só, Estrella, a gente recém descobriu que tudo isto aqui é sal". Falou usando um tom entre ironia e melancolia, que deixou Paulo Mendonça visivelmente constrangido. Antes que este último fizesse uma intervenção para consertar a colocação do apressadinho, Estrella comentou de chofre: "Boa! Vamos ter um excelente selo* para óleo

---

* O *selo* (em inglês *seal*) é uma das condições *sine qua non* para a existência de uma acumulação comercial de petróleo. As outras são: geração, migração, reservatório, *trap* (ou armadilha, a estrutura em si) e *timing*. Elas juntas formam o chamado sistema petrolífero.

gerado lá embaixo". Esta atitude resume a visão do grande exploracionista.

Os fatos relatados aqui se restringem àqueles relacionados à equipe que coordenou todos os trabalhos e elaborou tecnicamente os projetos que levaram às grandes descobertas do pré-sal. É importante salientar que, não fosse a atitude visionária de gerentes como Jeferson Dias, Mario Carminatti e Paulo Mendonça, dentre outros, muito do que a Petrobras detém atualmente como reservas de petróleo poderia não ter sido adquirida e até ser perdida.

Jeferson Dias e Mario Carminatti montaram a equipe e brigaram com unhas e dentes para conseguir um lugar ao sol para o Cluster enquanto este concorria com outros projetos, disputando sondas para perfuração e sensibilizando as instâncias superiores sobre a importância do Cluster bem antes do primeiro poço. Eles deram total liberdade para o nosso grupo no que tange à concepção do modelo geológico e jamais deixaram de confiar na equipe, mesmo depois que o Enigmático foi desmascarado como sendo sal, em vez de arenito.

Jeferson atuou como nosso chefe imediato no primeiro ano, durante os trabalhos regionais. Em 2002 foi designado para uma outra área adjacente, justamente o bloco de Fluorita, sabendo que esse poço, mais do que nunca, tinha que ser perfurado com certa urgência a fim de dirimir nossa grande dúvida. Sucederam-lhe o geofísico Sergio Michelucci (por dois anos), que coincidentemente passou o bastão para o geólogo Breno Wolff, no início de 2003, quando retornávamos para o edifício-sede, no centro do Rio de Janeiro, bem na época em que comunicávamos aos parceiros a descoberta do Enigmático. Breno, que vinha de uma gerência do Cenpes, permaneceu como nosso chefe imediato durante oito anos, tendo acompanhado todas as grandes descobertas. Por sorte, todos esses personagens foram valiosos como grandes auxiliares, facilitadores ou protagonistas de iniciativas que faziam os projetos de exploração avançar em relação ao Cluster e na Petrobras como um todo.

O volume de trabalho aumentou exponencialmente com o início da entrega dos dados da grande campanha de aquisição sísmica 3D, no final de 2002, e novos ases se somaram à nossa equipe. Destacam-se os geofísicos Cláudio Duarte, Marco Antônio Carlotto e Lemuel de Paula, e o geólogo João Alexandre Gil, este último encarregado dos blocos adquiridos no leilão de número 3, realizado em 2001 (blocos BM-S-21, BM-S-22 e BM-S-24), mas tendo tido papel relevante em todo o Cluster desde o primeiro dia de trabalho conosco. Cláudio Duarte foi trabalhar no detalhamento de uma área próxima do Campo de Tupi, que depois viria a ser uma descoberta (Campo de Iara), e Carlotto se juntou a Gamboa e muitos anos depois seria um dos protagonistas do poço Carcará (objeto de um capítulo deste livro).

A entrada de Gil deu um novo fôlego à nossa equipe, aliviando em muito a carga de trabalho que Adriano e eu suportávamos. De inteligência privilegiada, Gil se integrou como uma peça já bem azeitada no nosso grupo. Sua capacidade de trabalho, sua experiência, seu zelo profissional e seu posterior adestramento de geólogos e geofísicos novatos foi e continua sendo fundamental para a continuidade nos trabalhos de exploração do pré-sal até hoje.

Lemuel de Paula veio a trabalhar nas descobertas do bloco BM-S-11 e posteriormente substituiu Marcos Bueno no detalhamento da estrutura do Campo de Tupi.

Foi graças à grande reestruturação implementada na gestão de Paulo Mendonça, antes da chegada de Estrella, que esses novos colegas se incorporaram ao Cluster. Paulo Mendonça também reergueu, em 2001, o antigo setor de Avaliação de Formações, realocando aquele pessoal especializado em declarar se o poço depois de perfurado tem óleo ou gás e quanto tem desses fluidos. Esse setor tinha sido pulverizado por administrações anteriores, e toda aquela nossa imensa cultura em petrofísica estava ameaçada de se perder.

Para chefiar e fortalecer esta área, Mendonça convocou de um distrito do Nordeste Gilberto Carvalho Lima e, alguns anos depois, trouxe Ricardo Pinheiro Machado, meu irmão, também geólogo, de Macaé. Gilberto e Pinheiro montaram uma equipe especializada em petrofísica de alto nível, inclusive firmando convênios com universidades norte-americanas. A Petrobras voltava a se fortalecer com o reaparelhamento de um novo setor de Avaliação de Formações ou de petrofísica, reunindo um grupo de técnicos de primeira linha.

Toda essa infraestrutura humana foi sendo arranjada no meio do fogo, do tiroteio resultante da pressão das multinacionais depois da quebra do monopólio. A Petrobras levou muitos anos para se ordenar e abrigar adequadamente tantos consórcios, na qualidade de operadora, dentro do território nacional. Essa empreitada aparentemente não causou maiores prejuízos financeiros, mas demandou um tremendo esforço para se enquadrar nos padrões internacionais, nas demandas ambientais e no cuidado para não transferir tecnologia para os parceiros e perder vantagem competitiva ao atuar no Brasil. É comum se ouvir nas esferas das instituições e organizações privadas, como o Instituto Brasileiro do Petróleo (IBP), que parcerias trazem mútuos benefícios, que é tecnicamente salutar etc. Conversa fiada: parceria em petróleo é apenas um negócio com muito dinheiro envolvido, e o único benefício é a divisão dos riscos. Fora isso, é um querendo passar a perna no outro. É uma guerra entre equipes como acontece na Fórmula 1, onde a parceria só existe porque elas estão juntas nos mesmos circuitos para ganhar dinheiro e existe a constante preocupação de não transferir tecnologia de ponta para o concorrente. É claro que, quando temporariamente na condição de consorciadas, o objetivo imediato é o sucesso do empreendimento com o melhor custo/benefício possível. Então ganha o campeonato o sócio que conseguir obter, além do lucro auferido a que tem direito, know-how de terceiros dando o mínimo do seu.

Durante o primeiro semestre de 2003, os geofísicos concluíram os mapas com os dados preliminares (o chamado *fast track*) da grande aquisição sísmica de 3D. Durante os anos seguintes, esses dados seriam aperfeiçoados, mas já era o bastante para promover o projeto do primeiro poço pioneiro em cada bloco. Até o final daquele ano concluímos em todos os blocos os trabalhos da primeira fase exploratória e decidimos em comum acordo com todos os parceiros a área a ser devolvida para a ANP e a posição do primeiro poço. Dada a vastidão das concessões, mesmo com a devolução de 50% da área original, ainda sobrava muito terreno para se prospectar petróleo, e a escolha do primeiro tiro era decisiva para decidir o abandono definitivo ou a continuação das operações. Assim, um primeiro poço seco, a depender da razão do insucesso, não necessariamente "esfria" o bloco, mas espantaria os parceiros e aumentaria os encargos financeiros da Petrobras, se não houvesse interessados no mercado.

O início da perfuração dos poços atrasou por duas razões: a demora na concessão dos licenciamentos ambientais por parte do Ibama e a falta de sondas ou plataformas de perfuração disponíveis atuando no Brasil e no próprio mercado mundial. Nem todo equipamento era capaz de operar em lâmina d'água com uma espessura superior a 2 mil metros. O Ibama andava assoberbado com o volume de trabalho que os novos tempos vinham acarretando na seara de vários ministérios, porque o país, no rastro do exemplo chinês, tinha a pretensão de construir uma infraestrutura que obrigatoriamente passava pelo seu crivo. Sem o sinal verde do Ibama, nenhuma grande obra iniciava ou prosseguia. Perfurações em águas ultraprofundas exigiam análise de riscos tais como prevenção de grandes vazamentos, preparações para qualquer acidente de grandes proporções, passando por estudos de impacto sobre o conjunto de todos os seres vivos marinhos afetados, a chamada biota marinha.

Ficamos quase dois anos esperando pela licença ambiental e pela sonda. Enquanto isso, a Petrobras chamou seu principal parceiro no Cluster, a BG (antiga British Gas), e, de comum acordo, resolveram que o primeiro poço seria no bloco BM-S-10, em um lugar onde a espessura do sal a ser atravessada era mínima, facilmente atravessável, e onde poderiam ser testados múltiplos objetivos, tanto acima como abaixo do sal, de tal sorte que de uma só vez se avaliaria o potencial dessa grande área. O resultado desse poço ajudaria a descortinar o cenário do pré e pós-sal no Cluster. Nos demais blocos a espessura do sal era muito maior e poderia comprometer as operações de perfuração. Paralelamente, a Petrobras já vinha mantendo convênios com universidades e instituições científicas no sentido de desenvolver tecnologia própria para perfurar mais de 2 mil metros de sal. Havia um temor quanto a esse desafio porque geologicamente, no mundo, o sal do Cluster não tinha muitos análogos já perfurados. Havia o exemplo do Golfo do México, mas nenhum engenheiro garantia toda uma série de semelhanças que pudesse servir de exemplo para dimensionar a engenharia de um poço. Depois vimos que o sal não era um bicho-papão.

O poço Parati do bloco BM-S-10 foi concebido nas pranchetas de nossa equipe pela dupla Adriano Viana e Sérgio Rogério e apresentado oficialmente em uma reunião (TCM) com os parceiros BG e a portuguesa Partex (que comprara a parte da Chevron). Participei dessa reunião no lugar de Adriano, que estava de férias. Por ocasião da apresentação, um velho geólogo da Partex sugeriu que o poço, antes de atingir a profundidade final, desse uma desviada para um sutil alto estrutural abaixo do sal. Nossa posição original de poço, totalmente vertical, não contemplava como prioridade a seção pré-sal, e sim umas belas anomalias muito semelhantes aos turbiditos da Bacia de Campos, acima do sal, mas que nem de longe tinham a possança do Enigmático. A Petrobras agia com cautela, tentando comer pelas bordas, deixando para perfurar o pré-sal em melhor posição em outra oportunidade, tendo em vista, principalmente, que preparava o poço Tupi, este, sim, com objetivo único no pré-sal.

Contudo, a sugestão da Partex foi levada a sério, discutida com nossos engenheiros de perfuração, que deram sinal verde para o desvio do poço. Desviar ou perfurar um poço inclinado é até comum em perfurações em busca de petróleo, mas normalmente poços muito pioneiros, em zonas desconhecidas, são preferencialmente executados de forma totalmente vertical, porque os desvios embutem sérios riscos de estabilidade em uma zona ainda desconhecida. Mas, como a espessura do sal a ser ultrapassada era pequena e a ânsia de se avaliar o pré-sal em posição mais favorável aumentava, a BG e a Petrobras (operadora) encamparam a ideia. Iniciamos a perfuração desse poço somente em dezembro de 2004. Mas esse ano foi bem agitado, como veremos a seguir.

Em meados de 2004, o "Tigrão", como Breno Wolff, nosso novo chefe imediato, apelidava a ExxonMobil (a velha Esso, que mudara para Exxon e que posteriormente comprara a Mobil se notabilizara por usar um tigre em suas propagandas), herdeira direta e primogênita da legendária Standard Oil de John D. Rockfeller, começou a rondar as altas instâncias da Petrobras através do seu novo contratado, o indefectível Raul Mosmann, aquele medalhão que comandou a geologia da Petrobras desde a queda de Carlos Walter até o início dos anos 1990, uma legítima cria do monstro. Mosmann caíra em desgraça no esquema PP do governo Collor, ficara alguns anos pelos corredores e na "barbearia" do Edise. O esquema PP (de Pedro Paulo Leoni Ramos, ex-secretário de Assuntos Estratégicos do governo Collor, entre 1990 e 1992) operou desviando dinheiro da Petrobras e de outras estatais. Mas Mosmann nada teve com as falcatruas, foi simplesmente levado pela enxurrada do escândalo. A barbearia era a sala destinada aos *petronautas*, medalhões aguardando um novo destino, um lugar de muita conversa, ou só de conversa. *Petronauta* é a mistura de petroleiro com astronauta: a pessoa ficava orbitando a "Corte", enquanto não recebia uma designação. Mosmann passou a frequentar a Biblioteca Central do Edise a fim de se inteirar da geologia da Argentina, para onde foi finalmente designado. Em 1997, com a abertura do mercado, Mosmann já se encontrava aposentado e muito bem remunerado para assessorar e abrir portas para o Tigrão na Petrobras, em universidades e outras instituições governamentais.

A Petrobras tinha pressa, mas, como sempre, não tinha dinheiro ou não podia captar no exterior porque o governo não deixava e, assoberbada por vários compromissos assumidos nos leilões de águas ultraprofundas que aconteceram depois do Cluster, resolveu se desfazer de ativos (um eufemismo para venda de patrimônio). A ExxonMobil estava interessada em duas frentes. Primeiramente, no bloco BM-S-22, um bloco que tinha limite ao sul do BM-S-9, cuja participação a Petrobras estava vendendo e cuja operação procurava passar adiante. Esse bloco tinha problemas geológicos para a acumulação de grandes volumes de óleo, o que oferecia um risco muito grande para o sucesso. Mas vendemos bem o peixe, a ExxonMobil mordeu a isca e caiu no anzol. Esse tipo de transação em que um parceiro vende uma parte da sua cota a outra companhia, é denominado *farm out*. A ExxonMobil perfurou nos anos seguintes três poços na área, todos secos, mas que revelaram importantes informações para a exploração na Bacia de Santos como um todo.

A segunda ofensiva do Tigrão foi sobre o bloco BM-S-11, a joia da coroa. Nós do corpo técnico estranhamos aquela intromissão, mas alguém na direção da empresa, não tenho ideia do cabeça da iniciativa, certamente fora pressionado por algum CEO estrangeiro. O que chegava para nós é que alegavam oficialmente em instâncias mais altas que precisávamos nos desfazer de participação no bloco, dividir mais ainda o risco, blá-blá-blá. A estratégia era não se desfazer totalmente e manter a operação. Nossa participação era de 65 %, sendo o restante dividido entre a BG e a sortuda Petrogal, hoje integrante do grupo português GALP. Não confundir com a outra portuguesa, Partex, a sócia que havia comprado a participação da Chevron no bloco BM-S-10.

Os fatos acima, isto é, o interesse da ExxonMobil no bloco BM-S-11, revelam que o Cluster começava a ressoar seus tambores para fora dos umbrais do Edise para onde nossa equipe tinha retornado depois de uma curtíssima temporada no edifício da BR, no Maracanã. Foi a partir dessa data que comecei a detectar vazamentos de *inside informations* para nossos competidores, culminando com os infalíveis informes de Ancelmo Gois, colunista do jornal *O Globo*, após a divulgação das descobertas do pré-sal, no final de 2007. Na verdade, a comunidade internacional de exploração de petróleo começou a se interessar pelas megaestruturas que circundam o Cluster, principalmente ao sul, mas ainda não havia descobertas, o clube de descobridores ainda não estava consolidado, e uma boa estratégia era se posicionar como parceiro minoritário no bloco certo.

A tensão foi aumentando durante o ano em face da demora do Ibama em liberar as licenças e da Petrobras em obter uma sonda para perfurar. Conseguimos algumas prorrogações de prazo junto à ANP, alegando as dificuldades de mercado de sondas e obstrução do órgão governamental de meio ambiente, até que finalmente iniciamos, em dezembro de 2004, a perfuração do poço 1-RJS-617D, do bloco BM-S-10. Tratava-se da locação ou poço Parati, cerca de 240 quilômetros a leste da cidade do Rio de Janeiro, em águas ultraprofundas.

Um poço tem vários nomes desde a sua concepção. O primeiro nome é dado livremente pela equipe técnica que o planeja e tem o mesmo nome da estrutura que vai ser perfurada; o segundo é dado conforme os padrões da Petrobras de acordo com as iniciais do estado a que o poço pertence, de forma sequencial; o terceiro é dado pela ANP, conforme os padrões deles. Ainda tem um quarto nome, que é dado pela Petrobras, no caso de descoberta comercial, para o campo.

O nome que sai na imprensa logo após a descoberta sempre é o original, cunhado entre os geólogos e geofísicos que participaram do projeto. O nome definitivo do campo, se o poço for localizado na Plataforma Continental Brasileira, tradicionalmente é de um elemento da nossa fauna marinha. Todavia o nome do primeiro poço da estrutura, o pioneiro, permanece, embora não necessariamente, como nome do campo definitivo. Por exemplo: o poço Tupi é o 1-RJS-628A, que é o descobridor do Campo de Tupi. Posteriormente o campo mudou de nome, para Lula (o molusco), mas o poço pioneiro vai se chamar Tupi até o final dos tempos, enquanto que os demais poços nesse campo serão chamados de 3-RJS-XXX (se for de delimitação) ou Lula-X (se for de desenvolvimento).

A perfuração de Parati foi uma verdadeira epopeia. Foi de longe o poço mais caro, mais demorado e um dos mais profundos do Brasil. Só não foi o mais profundo porque terminou, conforme o projeto, desviado, o que lhe fez abocanhar o título de poço mais longo de todos os tempos no Brasil. Pelo fato de não atravessar uma camada de sal espessa, acreditávamos que as operações seriam normais. Dada sua grande profundidade, foi projetado em várias etapas, mas, surpreendidos pela ocorrência de uma zona anormal de alta pressão antes mesmo de penetrarmos na camada de sal, a coisa encrencou e novas etapas tiveram que ser enxertadas no projeto original. Quando isso acontece, o imponderável começa a dominar, acarretando um aumento exponencial nos riscos de eficiência e segurança das operações, além dos custos, é claro.

Até chegarmos à profundidade onde os problemas começaram, já tínhamos atravessado os objetivos principais: os tais turbiditos semelhantes aos grandes campos da Bacia de Campos. O resultado fora negativo. Os reservatórios de arenito ocorreram, mas saturados de água salgada, que é o fluido comum encontrado nas bacias sedimentares marítimas. Ou seja: não continha petróleo.

Quando se encontra uma pressão anormal imprevista, há o risco de o poço sofrer um *blowout*, o mais grave problema passível de ocorrer durante uma perfuração, quando o poço penetra numa zona de hidrocarbonetos cuja pressão é maior do que aquela exercida pela lama de perfuração. Nessa situação, pode-se perder o controle, com a expulsão da lama e produção descontrolada de óleo e gás. A tradicional foto de petróleo jorrando pelo topo da torre de perfuração, na verdade retrata o que hoje é um tremendo acidente, apesar de revelar uma provável boa descoberta. Antigamente, no século XIX, os poços eram concluídos com sucesso quando ocorria *blowout*, mas eram mais facilmente controlados, dada as pequenas profundidades e baixas pressões envolvidas. Após o *blowout*, o risco de fogo é iminente, porque na área superficial de uma sonda abundam faíscas de serras elétricas, raspadores, refletores, lâmpadas, enfim, uma profusão de disparadores de combustão.

Passamos por esse susto. Atravessamos uns 100 metros de calcários altamente pressurizados com fortes anomalias de gás e, a 6,2 mil metros de profundidade, sofremos um *kick* (chute em inglês), assim que atingimos a camada de sal. Um *kick* acontece quando uma quantidade significativa de gás entra sob alta pressão para dentro da coluna de perfuração. É o primeiro estágio de um *blowout*. O *kick* foi contido depois de vários dias. O poço foi revestido, e a perfuração foi retomada até que novamente enfrentamos outra ocorrência significativa: a invasão de petróleo líquido para dentro da coluna, um *kick* de óleo. A essa altura já havíamos há muito comunicado à ANP a nova descoberta baseada em indícios de óleo verificados mais acima, mas a ocorrência de produção de óleo espontaneamente durante a perfuração acenava para uma enorme descoberta. Depois de quase dois anos, o poço atingiu a incrível profundidade de quase 7 mil metros e cumpriu sua finalidade de provar que a região do Cluster tinha um enorme potencial petrolífero; mas como se revelou subcomercial, aquela ainda era uma fronteira a ser desvendada.

Parati chegou a produzir controladamente, em teste, por algumas horas, petróleo fino, de altíssima qualidade, mas não na chamada camada pré-sal, e sim dentro de uma seção de basaltos, ainda mais abaixo, mas que continha rochas semelhantes às da camada pré-sal. De certa forma acertáramos no *play* (o estilo da acumulação) de basalto associado a carbonato, e não exatamente arenito, como na Bacia do Paraná. A camada pré-sal propriamente dita, o *sag*, estava com baixa qualidade em Parati, com carbonatos impuros com poros obliterados (obstruídos). O teste foi interrompido devido a severo entupimento na coluna de produção por um tipo de fragmento estranho que, uma vez analisado pelo Cenpes, revelou-se calcário derivado de colônias de bactérias. Tínhamos descoberto petróleo em delgadas camadas de calcários, de poucos metros de espessura, no meio de uma coluna quilométrica de basaltos.

A análise dos resultados de Parati levou alguns anos, e esse campo de petróleo não vingou, sendo considerado tipicamente subcomercial, por causa da pequena extensão dessas camadas calcárias; isto é, o volume de petróleo lá embaixo é muito pequeno e não justifica a perfuração de novos poços. Poucos anos depois, a perfuração de um outro poço nesse bloco, denominado Macunaíma, em situação mais favorável ainda, apesar de também ter encontrado petróleo, confirmou uma situação geológica semelhante e a falta de economicidade dessa área. Esse poço, contudo, colaborou bastante para o melhor entendimento dessa região e do pré-sal como um todo.

O resultado de Parati, contudo, foi extraordinário e consolidou a ideia de que havia um tesouro abaixo do sal, e já estávamos próximos de elaborar o mapa da mina. A realização do teste coincidiu com a perfuração da seção pré-sal na estrutura de Tupi no bloco BM-S-11, episódio do próximo capítulo, ocasião em que o diretor Guilherme Estrella ordenou a suspensão das negociações com a ExxonMobil.

A nota da Petrobras ao mercado foi dada por causa da detecção de míseros indícios com sinais discutíveis de prováveis zonas de interesse quando não se havia ainda perfurado os basaltos com óleo; estávamos com pressa em segurar o bloco:

> Rio de Janeiro, 30 de agosto de 2005 – PETRÓLEO BRASILEIRO S.A. – PETROBRAS [Bovespa: PETR3/PETR4, NYSE: PBR/PBRA, Latibex: XPBR/XPBRA], uma companhia brasileira de energia com atuação internacional, comunica que o consórcio BM-S-10, formado pela Petrobras, que detém 65% dos interesses, pela BG, com 25%, e pela Partex, com 10%, está perfurando o primeiro poço exploratório em águas ultraprofundas da Bacia de Santos, na área conhecida informalmente como "Cluster". A Petrobras, como empresa operadora, seguindo as normas vigentes, já notificou esta descoberta à Agência Nacional do Petróleo.

Por tratar-se de uma nova fronteira exploratória, estes resultados preliminares são muito importantes. Assim, investimentos adicionais serão aplicados para avaliar estes indícios de hidrocarbonetos.

Não havia ninguém no mercado com faro suficiente para interpretar essa notícia. Nem nós. Parati merecia uma nota melhor depois do teste, mas foi atropelado pela avalanche de Tupi, concluído um ano depois.

Por muitos anos, até a perfuração de Macunaíma, em fevereiro de 2011, o bloco BM-S-10 foi tão ou mais promissor do que o BM-S-11, porque havia a esperança de que a pressão anormalmente alta fosse devida a uma enorme coluna de óleo presente, uma coisa sem precedentes no Brasil e raríssima no mundo. Seguimos com esse modelo até que nos convencemos, juntamente com a parceira BG e contrariando a Partex (aquela que havia recomendado a perfuração do pré-sal na atual posição), de que tal anomalia de pressão era causada pelo simples confinamento de uma jazida muito pequena. A Partex até hoje advoga a economicidade do poço; vamos ver se ela se interessa novamente em alguma futura reoferta desta área em leilão. Seus geólogos, geofísicos e demais gerentes ficaram indignados com a devolução do bloco à ANP, mas não houve argumentos técnicos satisfatórios por parte deles para justificar a continuação de investimentos na área.

O resultado de Parati acionou dentro de mim um alerta sobre os modelos de geração de petróleo, baseado na teoria vigente da origem do petróleo (a partir de matéria orgânica depositada com os sedimentos), que nossos especialistas adotavam. Durante a perfuração e mesmo após, com a análise detalhada dos indícios de petróleo e gás dentro das rochas, nossos geoquímicos ficaram atarantados para explicar a presença de betume e óleo muito viscoso misturado com o óleo do tipo muito fino (também chamado de "condensado"), em uma zona profunda de alta pressão e temperatura onde seria mais compreensível a existência de apenas óleo de elevado estado de craqueamento. Na verdade, eu não tinha nenhuma grande evidência para duvidar da origem orgânica do petróleo. Em algum momento das discussões, intuitivamente, comecei a me questionar sobre a teoria orgânica de formação de petróleo e mergulhei na bibliografia da palpitante teoria antagônica: a teoria inorgânica para geração de petróleo. Fui catequisado na leitura do primeiro *paper* seminal e até hoje me deleito com os experimentos e ideias da trupe russo-ucraniana, que está na vanguarda deste conhecimento. No capítulo do legado do pré-sal, relato por que consolidei as minhas convicções sobre este assunto.

Por enquanto, não importava a origem do óleo. Importava era que havíamos descoberto um poderoso sistema petrolífero atuando no Cluster.

7

Tupi

Uma bacia sedimentar não se forma de uma hora para outra. Ela se inicia com o fraturamento da crosta terrestre e o lento afundamento de grandes blocos fraturados, um verdadeiro colapso do terreno. O terreno como um todo continua afundando, mas, como é uma zona baixa, tende a captar sedimentos trazidos pela malha fluvial que a circunda. Os sedimentos nada mais são do que detritos erodidos pelos agentes que observamos hoje em dia: vento, sol e chuva, correntezas e até gelo. A Plataforma Continental Brasileira (ou Margem Costeira Continental) pode ser considerada uma bacia só, de dimensões continentais, que vai da costa do Rio Grande do Sul até o Rio Grande do Norte, onde então se flexiona com direção transversal leste-oeste, rumo ao Caribe. A gênese dessa grande bacia é consequência da divisão de um supercontinente que se denominou Gondwana. Essa grande bacia foi formada por meio de um rasgamento do Gondwana de sul a norte, como se tivesse começado no Chuí e terminado no Oiapoque. Foi então formada uma grande depressão alongada que separava a América do Sul, ou o Brasil, da África. O fundo ou assoalho dessa depressão em afundamento (ou subsidência), que já podemos chamar de bacia, não era nem nunca foi uma superfície plana, mas muito irregular, repleta de protuberâncias. Com a evolução da bacia – isto é, com a sua subsidência e enchimento com sedimentos –, essas protuberâncias são soterradas. Em geologia, essas grandes estruturas são denominadas altos estruturais e são vistas com bons olhos pelos geólogos de petróleo porque, via de regra, favorecem a formação de armadilhas para petróleo e podem vir a ser locais preferenciais para a formação de rochas-reservatório (logo acima) e tendem a captar hidrocarbonetos.

A tendência do petróleo desde a sua geração é subir e escalar um alto estrutural. É o passatempo predileto das moléculas de petróleo. Um alto estrutural isolado, circundado por rochas sedimentares da bacia, é tudo de bom, porque focaliza para si o que tiver de óleo ao redor. O petróleo, desde que é gerado, fica em desequilíbrio com o ambiente porque tem baixa densidade, tendendo a subir até a superfície, fenômeno denominado *migração*. A migração preferencialmente acontece através de falhas geológicas, que são fraturas que separam dois blocos de rocha que se deslocam um em relação ao outro, normalmente provocadas por terremotos. A movimentação do óleo também pode ocorrer continuamente através das superfícies sub-horizontalizadas das camadas ou mesmo pelo assoalho da bacia até os chamados *altos focalizadores*, mas sempre no sentido de um ambiente de mais alta pressão para um de mais baixa pressão.

A estrutura de Tupi é o mais proeminente alto estrutural do Cluster e já era visível para os geólogos e geofísicos da Petrobras muito antes do bloco BM-S-11 ser arrematado em leilão. Foi primeiramente detectado por ocasião do grande mutirão, no final dos anos 1990, para inventariar o potencial das bacias brasileiras. Vários altos estruturais estão presentes nos outros blocos do Cluster, mas não com as dimensões de Tupi, com quase quarenta quilômetros de comprimento por quinze de largura e altura de uns 2 mil metros, uma verdadeira Itatiaia da Serra do Mar enterrada. A grande questão antes dos resultados da perfuração de Parati era se estaria presente um sistema petrolífero na área de Tupi. Sem geração de petróleo nas proximidades, de nada adiantariam os altos estruturais. O resultado de Parati, mesmo sendo antieconômico, revelou que havia geração de petróleo que podia ser extrapolada para quase toda a zona de águas ultraprofundas da bacia. Depois de Parati, o desafio maior era a existência e a qualidade de reservatórios ensanduichados entre o alto e a grande camada de sal. Com o advento de Parati, a presença de hidrocarboneto no Cluster já estava constatada.

Os parceiros nos consórcios duvidavam da economicidade dos análogos do pré-sal da Bacia de Campos que haviam sido detectados no Cluster. Mas, com o resultado de Parati, em meados de 2006 cancelamos o *farm out* do BM-S-11 junto à ExxonMobil e nos fechamos em copas. O poço em Tupi já estava em adiantado estágio de perfuração e muito provavelmente seria a cartada final para a avaliação da área.

Em agosto de 2005, a Petrobras promoveu mais uma edição do bienal Simpósio de Interpretação Exploratória, desta vez sediado em Búzios. O Hotel Atlântico fora totalmente bloqueado para a participação de aproximadamente trezentos profissionais, entre geólogos e geofísicos, diretamente ligados à atividade de exploração; um encontro de três dias, onde centenas de trabalhos são expostos em palestras e painéis. Um verdadeiro estado da arte da situação da exploração em todas as bacias brasileiras. O Sintex, como é chamado, faz um balanço do potencial petrolífero brasileiro, além de atualizar nossa comunidade geológica sobre novas técnicas e procedimentos, tudo focado na busca de mais e melhor petróleo. É normalmente aberto num domingo com alguma pompa pelo chefão da geologia na Petrobras e alguns notáveis convidados de fora, que são educadamente desconvidados para os dias seguintes, uma vez que tudo a ser apresentado e discutido é extremamente confidencial. Trata-se de um encontro interno. Todo o know-how da empresa no que concerne à atividade exploratória é ali exposto e debatido. Na ocasião, o poço Parati estava já bem aprofundado e atravessando os basaltos abaixo do sal com indícios de óleo e gás.

O desafio específico daquele evento, segundo estabeleceu Paulo Mendonça, o primeiro da hierarquia da geologia na Petrobras, abaixo do diretor Estrella, seria como recompor para o ano vindouro 650 milhões de barris de petróleo que era mais ou menos o consumo anual corrente do Brasil, e estávamos muito próximos da almejada autossuficiência. Nosso grupo do Cluster caprichou e fez uma apresentação completa que no slide final estimava cerca de 4 bilhões de barris recuperáveis dormindo lá embaixo do fundo do mar. A repercussão foi tão boa que ganhamos o primeiro lugar na premiação dada pela plateia. Ali vaticinamos o potencial de várias oportunidades já devidamente denominadas como as estruturas de Tupi, Iracema, Carioca e Guará nos blocos BM-S-11 e BM-S-9; Bentevi e Biguá no bloco BM-S-8; e o próprio Parati no BM-S-10.

Parati tinha originalmente como objetivo principal o pós-sal, e sua finalidade fora apenas dar uma beliscada na seção pré-sal. Mas havia grande chance de, em caso de sucesso do poço Tupi, ocorrer um tremendo efeito dominó favorável e multiplicar por várias vezes a demanda estipulada por Paulo Mendonça, assim chegando aos nossos 4 bilhões.

Em 30 de setembro de 2005, quando ainda brindávamos o sucesso do nosso trabalho no Sintex e Parati estava a todo vapor, tentando com muita dificuldade ultrapassar os basaltos, foi iniciado o poço de Tupi, oficialmente denominado 1-RJS-628 (depois renomeado 1-RJS-628A, para designar uma nova perfuração da fase inicial). Não tivemos tantas dificuldades operacionais de engenharia como no poço Parati, mas mesmo assim levamos quase um ano para terminá-lo. Desta vez não houve pressões anormalmente altas, e a Petrobras estabeleceu um marco atravessando 2 mil metros de sal sem problemas. Os objetivos se encontravam a uns 1,5 mil metros acima da descoberta de Parati, e, quando os alcançamos, já tínhamos tecnologia de acompanhamento online. Por meio de um aplicativo acessado pela internet através de senha, todos nós envolvidos pudemos acompanhar de casa durante aquele memorável fim de semana que abria a segunda semana de agosto de 2006 o registro dos dados enviados desde a ponta da broca.

Os dados chegavam através da perfilagem MWD (*Measurements While Drilling*, ou "medição enquanto se perfura"). Trata-se de um sistema de medição em tempo real de parâmetros de perfuração e atributos físicos das rochas perfuradas. Sensores são colocados logo acima da broca, na extremidade de uma coluna de perfuração, e vão registrando duas propriedades físicas importantes: a resistividade e o conteúdo radioativo das rochas. A resistividade mede a capacidade de condução elétrica, e a radioatividade, o conteúdo de argila. Se a resistividade for alta, pode indicar a presença de hidrocarbonetos impregnando a rocha, e, se a radioatividade for baixa, indica uma rocha com baixo conteúdo de argila, o que é bom. A argila oblitera os poros e não deixa espaço para a entrada ou a movimentação de fluidos, isto é, tende a baixar a permeabilidade da rocha. Aliado a esses registros, tínhamos acesso online também quanto à presença de indícios de óleo e gás. A ocorrência de uma zona em que todos esses parâmetros são favoráveis caracteriza uma zona de interesse. O próximo passo para a avaliação vem, após a paralisação do poço, com a descida até o fundo do poço de ferramentas especiais suspensas por um cabo metálico para refinar a avaliação MWD, medindo porosidade, permeabilidade e obtendo uma pequena amostra do fluido presente nas rochas perfuradas.

Os registros online enquanto se perfurava não estavam funcionando bem, mas foi possível detectar a base da grande camada de sal. Penetramos uns 150 metros na seção pré-sal, paralisamos a perfuração do poço e efetuamos a perfilagem fazendo descer até o fundo do poço essas ferramentas para medir todos os parâmetros físicos possíveis. Os registros de perfis obtidos no domingo apontavam para uma importante zona de hidrocarboneto, mas faltava ainda os sinais da qualidade do reservatório e de uma evidência direta da presença de óleo.

Na segunda-feira, dia 14 de setembro de 2006, logo que adentro na sala de trabalho que dividia com Gil e Adriano, este me contempla radiante e, sem eu ter perguntado nada, afirma: "A câmara do RFT veio cheia de óleo fino!". Adriano se referia ao resultado de amostragem de fluido realizada domingo à noite, à qual só tivemos acesso de manhã cedo. RFT (*Repeat Formation Test*) é a ferramenta que de uma só vez tem a capacidade de avaliar a qualidade do reservatório e obter uma pequena amostra do fluido presente. Todos os resultados eram excelentes, e havia uma surpresa muito positiva: o óleo era fino, leve, de excelente qualidade, tão bom quanto o do poço Parati, talvez melhor por causa da menor razão gás/óleo (isto é, tinha em sua composição mais óleo do que gás). Tratava-se de um petróleo muito melhor do que o que predominava na Bacia de Campos, que obrigava a Petrobras a refiná-lo no exterior. Este não: caía como uma luva para as nossas refinarias adaptadas para o óleo bom do Oriente Médio e sinalizava para um aproveitamento da fração gasosa, uma vez que aquela da Bacia de Campos era descartada durante a produção. Mas o grande resultado foi a presença de todos os elementos que garantiam a comercialidade da nova descoberta, uma provável grande reserva. Os demais perfis confirmaram que a zona de óleo era desprovida de argilas, a erva daninha dos reservatórios. Adriano Viana tinha mais uma razão para se sentir feliz porque, junto com o geofísico Marcos Bueno, tinha elaborado o prospecto de Tupi: o documento final para a aprovação do projeto.

Foi feita densa amostragem da rocha-reservatório, em cujos poros se aloja o petróleo. As amostras foram analisadas no Cenpes, submetidas a vários ensaios de medições, mais precisas do que aquelas obtidas por perfilagem e minuciosamente descritas pelos nossos sedimentólogos, que formavam a equipe altamente gabaritada capitaneada pela geóloga Dolores Carvalho. Com a ajuda deles, começamos a elaborar um novo modelo geológico para conhecer o campo e nortear as perfurações futuras em Tupi, a fim de delimitar sua extensão e, no que dizia respeito ao resto do Cluster, avançar com novas descobertas. O poço foi revestido e aprofundado para cumprir o projeto original. Mais coisas interessantes foram encontradas até a sua profundidade final, mas não podem ser mencionadas aqui para preservar a confidencialidade exploratória.

Os dados e as informações que um poço de petróleo pioneiro fornece, mesmo sendo seco, são tão valiosos e importantes que justificam custos da ordem de cem a duzentos milhões de dólares. A descoberta de Tupi desencadeou uma série de estudos no mundo todo, com a Petrobras sempre na vanguarda da tecnologia justamente porque foi operadora nesses consórcios. Mas faltava a avaliação direta do potencial da descoberta, a vazão do poço.

Havia uma natural expectativa pela produtividade do poço. Para se obter esse dado fundamental, é necessária a realização do teste de formação, um ensaio onde se coloca a pressão atmosférica em contato com o reservatório lá embaixo, o que permite a liberação de toda a energia do reservatório na forma de fluxo do fluido contido dentro dos poros da rocha até a superfície. O petróleo então jorra naturalmente sem nenhum bombeamento, mas sob controle de canos e válvulas. Esse ensaio dura poucos dias, e o petróleo é todo queimado em superfície. Medições de pressões e vazões são realizadas dando como resultado o chamado índice de produtividade (IP), utilizado para mensurar a capacidade de produção de um poço de petróleo e que, portanto, reflete sua capacidade máxima de produção.

Imediatamente após a conclusão de qualquer poço, seguindo os protocolos de exploração e do próprio consórcio, é feita uma reunião onde todos os participantes opinam sobre os detalhes das operações a seguir. No caso de Tupi, foi feita uma reunião onde o assunto central eram detalhes operacionais do teste de formação a ser realizado. Escolher a melhor maneira de fazer o teste passa pelo exame das características do reservatório, isto é, a rocha que contém o petróleo. Tratava-se de um calcário com porosidade relativamente baixa e de natureza pouco conhecida. O calcário é uma rocha muito reativa a ácido clorídrico, sendo facilmente dissolvido na presença dele. Na indústria do petróleo é comum injetar ácido antes da realização do teste para que sejam abertos caminhos que facilitem o fluxo dentro do reservatório. Havia duas posições colocadas. A da operadora – isto é, a nossa – advogava um teste padrão simples, enquanto que a BG propunha a estimulação direta do intervalo (ou segmento) injetando ácido para auferir a produtividade máxima.

A proposta mais acertada, em tese, seria aquela que produzisse o máximo de informação pelo menor custo, guardados os devidos cuidados com a segurança do poço.

De acordo com as amostras extraídas e a análise de registros de ressonância magnética obtidos (uma tecnologia nova para avaliar porosidade), nossa equipe de petrofísicos, representada pelos geólogos João de Deus dos Santos Nascimento e Paulo Sergio Denicol, vetou categoricamente a estimulação por injeção ácida alegando que, pela experiência da Petrobras, seria mais recomendado inicialmente um teste simples, com grandes chances de suprir todas as necessidades de avaliação, custo e segurança, uma vez que o poço tinha a possibilidade de produzir bem sem necessidade de injeção de ácido ou qualquer outro método de estimulação. A BG chegou ao ponto de colocar por teleconferência um especialista em estimulação de carbonatos (calcários) com vasta experiência no Oriente Médio.

Felizmente conseguimos impor nossa vontade e provamos, por meio do teste realizado ao nosso feitio, a nossa inteira razão. Esse é o tipo de procedimento que ilustra de forma cabal a diferença entre a postura da Petrobras e a das grandes multinacionais no Brasil. Elas vêm com uma filosofia tecnicamente predatória de lucro rápido, em detrimento do conhecimento consistente e progressivo do comportamento do reservatório. Significa, no caso da postura da Petrobras, cumprir todas as etapas conforme as melhores práticas para gastar menos lá adiante, extraindo o máximo de petróleo com racionalidade.

A produtividade do 1-RJS-628A era significativa, mas ainda não garantia a viabilidade comercial da área porque a localização do poço propositalmente não era a mais favorável e deixava margem para melhoras significativas em outros locais do campo. E por que não se tratava da localização mais favorável? Este foi um ponto muito discutido por nosso grupo, o local exato para se perfurar esse primeiro poço na estrutura. Fizemos uma reunião especial coordenada pelo geofísico do BM-S-11, Marcos Bueno, e, analisando as seções sísmicas em uma sala especial para visualização em três dimensões, decidimos colocar o poço numa posição que dava a chance de testar múltiplos objetivos no pré-sal (como coquinas e basaltos, por exemplo) e principalmente garantir um volume de óleo comercial em caso de sucesso. O raciocínio era que a posição ideal seria no flanco da estrutura e que qualquer resultado ali verificado poderia ser extrapolado por uma ampla área, inclusive com expectativa de melhoras na direção do topo, morro acima, digamos assim. Em outras palavras, a "Serra do Mar" enterrada poderia estar repleta de petróleo se encontrássemos óleo na borda dela. Perfurar diretamente em cima da "Serra" era a opção dos parceiros, mas conseguimos convencê-los com a argumentação dos múltiplos objetivos, principalmente.

Efetivamente encontramos óleo com boa produtividade na borda oeste de Tupi. Marcos Bueno atualizou seus mapas com os dados do poço, e por várias semanas discutimos a área a ser considerada como de influência do poço. Isto é, precisávamos delimitar a nova jazida e estimar o novo volume de reserva com apenas um poço, mas nos faltava uma informação que era vital para essa estimativa: o contato óleo/água da acumulação, que não apareceu neste primeiro poço. O conhecimento desse marco estabeleceria o limite inferior do campo e com isso facilitaria a estimativa do volume com apenas um poço. Depois de muito estudo e discussão, liberamos uma estimativa bem elástica com um mínimo de 500 milhões de barris como reserva e um máximo que não nos atrevíamos a revelar.

Mario Carminatti, nosso gerente geral, acompanhava de perto essas discussões porque percebeu desde o início a dimensão da coisa. Ele estava preocupado com qual número levar às instâncias superiores. Em exploração de petróleo, a experiência ensina que depois do poço pioneiro a tendência aponta para uma diminuição das reservas constatadas em relação às primeiras estimativas. No Cluster, como veremos, acontecia o contrário. Por mais otimistas que fôssemos, cada vez mais éramos surpreendidos por performances e volumes que nos deixavam estupefatos. Àquela altura do campeonato cautela na divulgação do volume era a palavra de ordem a fim de podermos assimilar os dados e seguir na exploração com tranquilidade. Não criar muita expectativa fora da nossa equipe era bom para o ambiente de trabalho. Uma tradição da empresa, para evitar vários contratempos no futuro. O resultado do poço por si só já era significativo o suficiente para evitar a venda de parte de nossos agora preciosos 65% de participação no consórcio do BM-S-11.

A Petrobras, cumprindo normas e a legislação da Bolsa de Valores, divulgou duas notas de fato relevante, mas sem mencionar estimativas de volume. De fato não havia ainda um número que quantificasse a reserva. A redação desses comunicados era feita cuidadosamente:

> Rio de Janeiro, 11 de julho de 2006 – PETRÓLEO BRASILEIRO S.A. – PETROBRAS comunica que o consórcio formado por Petrobras, como operadora, BG e Petrogal encontrou óleo leve no poço 1-BRSA-369A-RJS (1-RJS-628A), em águas ultraprofundas, na Bacia de Santos, numa nova fronteira exploratória.
> A descoberta desta nova jazida representa um marco histórico para a exploração brasileira, por ser este poço o primeiro a ultrapassar uma sequência de sais evaporíticos de mais de 2 mil metros de espessura. O poço, ainda em perfuração, está situado em lâmina d'água de 2.140 metros e é o primeiro perfurado no bloco BM-S-11, distante cerca de 250 quilômetros da costa sul da cidade do Rio de Janeiro.
> Por se tratar de uma nova fronteira exploratória, os resultados preliminares são muito importantes. Porém, investimentos adicionais serão necessários para a avaliação de volume e produtividade da jazida.
> A participação da Petrobras no bloco é de 65%. A britânica BG detém 25% e a portuguesa Petrogal, 10%.
> Nos termos da legislação em vigor, a descoberta foi comunicada à Agência Nacional do Petróleo (ANP).

Rio de Janeiro, 4 de outubro de 2006 – PETRÓLEO BRASILEIRO S.A. – PETROBRAS comunica que foi confirmada a existência de significativo volume de óleo leve de 30º API em nova fronteira exploratória na Bacia de Santos. O teste realizado em poço vertical revelou uma vazão de 4,9 mil barris de óleo por dia e 150 mil metros cúbicos de gás natural por dia (abertura de 5/8 de polegada, com comportamento de pressão estabilizada).

A confirmação veio com a conclusão do teste do poço vertical 1-RJS-628A, que encontrou reservatório de alta produtividade situado abaixo de uma camada de sal de 2 mil metros de espessura ("pré-sal").

O desenvolvimento do poço 1-RJS-628A no bloco BM-S-11 já foi objeto de comunicado ao mercado em 11/7/2006. Este bloco é operado pela Petrobras (65%), em consórcio com a BG (25%) e Petrogal (10%). A descoberta confirmada foi comunicada à Agência Nacional de Petróleo, Gás Natural e Biocombustíveis nos termos da legislação em vigor.

Investimentos adicionais serão necessários, inicialmente com a perfuração do primeiro poço de extensão, para a avaliação completa do volume de óleo do reservatório encontrado.

Mas o mercado acionário não se contentou, pressões vieram de toda parte acerca de uma estimativa das reservas. Obviamente essas pressões respingavam na nossa equipe, e a Petrobras soltou a seguinte nota:

Rio de Janeiro, 29 de março de 2007 – PETRÓLEO BRASILEIRO S.A. – PETROBRAS informa que até a conclusão dos testes de avaliação é impossível determinar a quantidade de petróleo na descoberta de óleo leve de 30º API situada abaixo de uma camada de sal em nova fronteira exploratória na Bacia de Santos, anunciada em 4/10/2006 através de comunicado ao mercado, e nos reservatórios saturados com óleo leve (em torno de 30° API) posicionados abaixo de uma espessa camada de sal na Bacia de Campos no litoral do Espírito Santo, anunciado através de comunicado ao mercado em 2/3/2007. Informamos ainda que as duas descobertas constituem duas estruturas independentes.

Os resultados da perfuração dos poços de delimitação de cada estrutura serão comunicados ao mercado quando concluídos com o rigor técnico exigido e registrados na Agência Nacional de Petróleo, Gás Natural e Biocombustíveis (ANP), nos termos da legislação em vigor.

O comunicado de 2/3/2007, aludido acima, refere-se a uma descoberta no chamado Parque das Baleias – o pré-sal ou Cluster do Espírito Santo –, que nada tem a ver com Tupi, além da semelhança geológica.

Com a perfuração e a avaliação de Tupi, abrimos definitivamente uma nova fronteira petrolífera e colocamos literalmente a mão no pré-sal. Mas o que é exatamente o pré-sal? Como o nome diz, é uma rocha formada antes do sal, no tempo, daí o prefixo. Mas do que é feito? Segundo a análise dos nossos especialistas do Cenpes, já sobre amostras de Parati, o pré-sal é constituído por um tipo de calcário denominado microbiolito, sendo *micro* derivado de *microbial* e *lito*, o sufixo de origem grega que significa *rocha*. Isto mesmo, uma rocha feita por micróbios. Na verdade, essa rocha em si é o resultado da ação metabólica de colônias onde viveram quatrilhões de micróbios, as chamadas cianobactérias. Essas colônias eram verdadeiros tapetes orgânicos, inicialmente moles e gelatinosos na sua origem. Com a passagem do tempo, esses tapetes se depositaram uns sobre os outros. Com o progressivo soterramento, foram se calcificando, endurecendo e finalmente formaram verdadeiros edifícios que, em alguns lugares, atingiram até quase mil metros de altura. Muitos carbonatólogos classificam esses edifícios como recifes. Na localização do primeiro poço de Tupi, a altura deles é de cerca de 130 metros.

Em Parati, esse edifício está todo quebrado, colapsado e misturado com areia e ainda por cima cimentado com carbonato de cálcio ou argila, obliterando os poros, ao passo que em Tupi o edifício está praticamente intacto, preservando quase toda a sua estrutura original. Quando o petróleo migra e entra em um reservatório, ele expulsa a água presente no interior dos poros desse reservatório porque vem com uma energia causada pela pressão maior, decorrente de sua baixa densidade em relação a água salgada, uma espécie de pressão de flutuação. O petróleo tende a flutuar até a superfície e vai forçar o que estiver em cima dele. O petróleo para de se movimentar quando encontra uma camada impermeável resistente. No caso do Cluster, essa camada é a mais impermeável que existe, o sal.

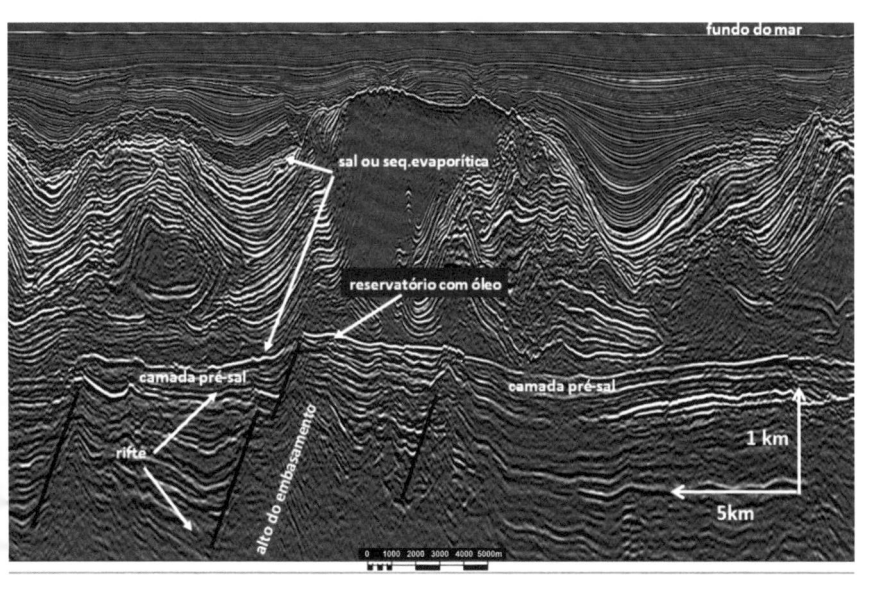

10. *Todos os elementos importantes de uma grande estrutura geológica da Bacia de Santos em uma seção sísmica 3D de excelente qualidade. A escala horizontal é diferente da vertical, uma distorção normal utilizada para salientar as estruturas. Os traços pretos são falhas geológicas, dutos naturais de petróleo.*

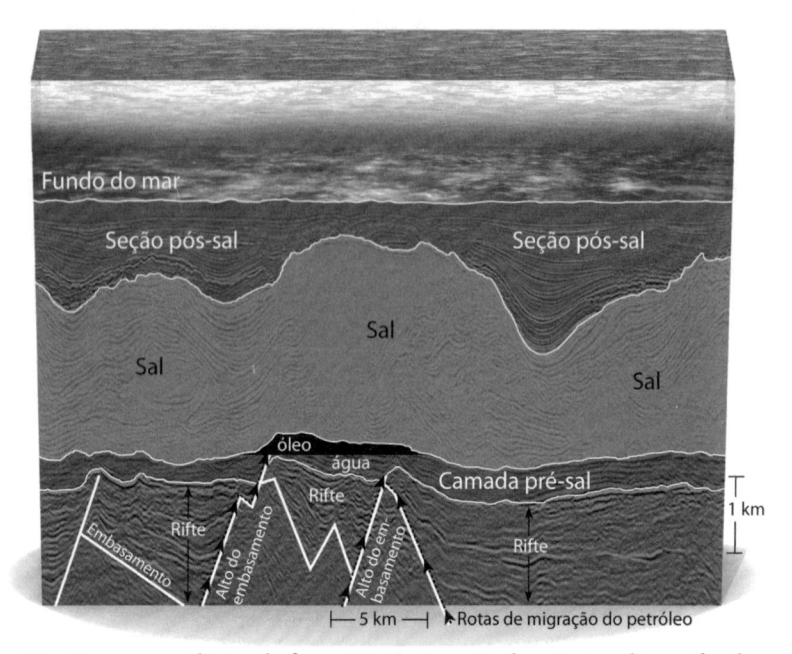

10a. Esquema geológico da figura 10. Corte vertical em águas ultraprofundas da Bacia de Santos em situação típica dentro do polígono do pré-sal. A seção pré-sal é formada pelo rifte + camada pré-sal (tecnicamente denominada sag*), a qual contém microbiolitos, que compõem a rocha-reservatório. O petróleo migra através de falhas geológicas e é armazenado em uma estrutura em relevo, imediatamente abaixo do sal.*

Logo, tem que haver lugar ou espaço suficiente para ocorrer uma acumulação de petróleo. É preciso que tenha uma "casa" para o petróleo, e não apenas os poros da rocha. Essa casa, no caso do Cluster, é o imenso edifício de microbiolito com telhado e paredes de sal. Como o petróleo é arisco e teimoso, a essa casa os geólogos chamam de armadilha ou *trap*, em inglês. Grandes poros e verdadeiros buracos interconectados no interior deste edifício permitiram a ocupação e o livre trânsito de muito petróleo até que a estrutura compartimentada pelo sal se encheu completamente.

O monopólio de exploração do petróleo por parte da Petrobras durante 44 anos permitiu a reunião de um imenso banco de dados e o domínio da exploração de toda a Plataforma Continental Brasileira. A perfuração da camada pré-sal em outras áreas já tinha sido realizada, como já foi mencionado. Em meio aos muitos registros de propriedades físicas das rochas da camada pré-sal obtidos do 1-RJS-628A, isto é, da perfilagem desse poço, detectamos uma peculiaridade nos registros de radioatividade natural (raios gama) que aparecia também em um poço perfurado a 700 quilômetros de distância, ao norte, na costa do estado do Espírito Santo, o 1-ESS-103. O registro de raios gama é quase que a impressão digital das rochas. Tal correlação denunciava que a camada pré-sal que perfurávamos na costa do Rio de Janeiro tinha *extensão continental*, uma situação inimaginável e sem precedentes na atualidade, isto é: em uma época passada, entre 118 e 113 milhões de anos atrás, existiu um lago atapetado por colônias de micróbios, do tipo cianobactérias, e tudo indica que em grande parte desse lago as condições de salinidade e alcalinidade (muito alta) eram tão severas que só um tipo de organismo sobrevivia. Esse organismo não tinha, portanto, predadores e reinou à vontade até se instalarem condições tão mais drásticas de aridez que fizeram cobrir de sal toda essa região, pela evaporação sistemática desse imenso corpo d'água.

Já conhecíamos a ocorrência desses microbiais ao longo dessa região, mas esparsos, restritos, e não imaginávamos a existência de um depósito dessa envergadura. Quando nos voltamos para outros poucos poços que já tinham sido perfurados com essa característica na Bacia de Campos, ficamos bem alertas para este novo *play* (estilo de reservatório). Na verdade não era novo este *play*, visto que produzia no Campo de Carmópolis, em terra, no estado de Sergipe. Mas lá os microbiolitos estão associados com outras rochas e jazem diretamente no embasamento, e não se havia encontrado mais nada significativamente parecido nas suas cercanias. O Campo de Carmópolis, contudo, mostrou-se um análogo (semelhante) que passamos a considerar para entender e reelaborar um novo modelo geológico para esses reservatórios. Um modelo geológico que contemplasse os locais onde a camada pré-sal é mais apropriada para produção, ou que tem mais potencial para produzir petróleo com altas vazões, foi o que passamos a perseguir.

A fronteira exploratória estava aberta com Tupi, mas faltava cubar a jazida, isto é, conhecer o volume de petróleo passível de ser drenado à superfície. A ordem do dia então era partir para o segundo poço, o chamado poço de extensão, que tem a finalidade de comprovar a existência de petróleo em outro local escolhido de tal forma que se pudesse calcular uma reserva com um volume mínimo possível. A incógnita era o comportamento do reservatório em área, isto é, avaliar se as boas qualidades do reservatório, no que toca à porosidade e à permeabilidade, se estende para o restante da armadilha, ou estrutura, de Tupi.

O primeiro poço de extensão ou delimitação foi planejado para testar o ápice da estrutura, numa posição a dez quilômetros de distância do poço pioneiro de Tupi. Como propalava o geofísico Marcão Bueno, "agora só o cume interessa". Denominado 3-RJS-646, o novo poço confirmou gloriosamente com muito mais espessura e qualidade a descoberta de Tupi.

A Petrobras emitiu a seguinte nota:

> Rio de Janeiro, 29 de agosto de 2007 – PETRÓLEO BRASILEIRO S.A. – PETROBRAS, em relação a informações relativas à área de Tupi veiculadas hoje pela imprensa, esclarece que:
> Em 7 de maio de 2007 foi iniciada a perfuração de um segundo poço (1-RJS-646), a 10 quilômetros do poço pioneiro (1-RJS-628), que foi concluída em 24 de julho e comprovou a ocorrência nesse poço dos reservatórios portadores de óleo do poço descobridor.
> Este fato não foi divulgado ao mercado, pois somente com a conclusão dos testes de formação será possível determinar a

potencialidade de produção de petróleo do poço. Os resultados dos testes, quando concluídos, serão comunicados ao mercado com o rigor técnico exigido e registrados na ANP, nos termos da legislação em vigor.

Os indícios de petróleo na área de Tupi foram inicialmente comunicados ao mercado em nota no dia 11 de julho de 2006. Desdobramentos posteriores serão informados em conformidade com a legislação em vigor e com os acordos firmados com os parceiros. A Petrobras detém 65%, a britânica BG detém 25% e a portuguesa Petrogal, 10%.

Estas foram as informações prestadas aos analistas, investidores e acionistas. Os relatórios de analistas de investimento, conforme determina a legislação vigente, são de inteira responsabilidade das instituições financeiras a eles vinculados. A avaliação de que os resultados da área de Tupi apenas serão divulgados pela Petrobras após a 9ª Rodada de Licitação da ANP, a ser promovida em novembro próximo, não é de responsabilidade de executivos da companhia e, sim, do autor do relatório, conforme reafirmado pelo próprio analista em correspondência enviada hoje à Petrobras.

Pela nota acima, percebe-se a preocupação da Petrobras com o nervosismo do mercado. Testado, o 3-RJS-646 – o primeiro poço de delimitação do Campo de Tupi – arrebentou, revelando produtividade muito melhor, o que definitivamente confirmou a descoberta de um campo supergigante. O setor de comunicação da Petrobras entrou em polvorosa porque em fins de agosto de 2007 a Petrobras anunciaria a descoberta de uma outra estrutura no pré-sal a oeste de Tupi. A descoberta do Campo de Carioca é tão importante que merece ser contada no capítulo seguinte.

Mas o furacão está estacionário, e vem o resultado do teste do poço de extensão do Campo de Tupi:

Rio de Janeiro, 20 de setembro de 2007 – PETRÓLEO BRASILEIRO S.A. – PETROBRAS comunica que os testes de formação do segundo poço da área de Tupi, o 3-BRSA-496-RJS (3-RJS-646), foram concluídos, comprovando a extensão, para o sul, da descoberta de petróleo leve (28° API) pelo poço pioneiro 1-BRSA-369A-RJS (1-RJS-628[a]), em águas profundas na Bacia de Santos.

Esses testes confirmam a descoberta de petróleo leve pelo poço pioneiro comunicada ao mercado em 11 de julho de 2006. A área de Tupi está localizada no bloco BM-S-11, que é operado pela Petrobras (65%) em consórcio, tendo a BG Group (25%) e a Petrogal – GALP ENERGIA – (10%) como sócias.

Em esclarecimento divulgado ao mercado no dia 29 de agosto último, a Petrobras informou que esse segundo poço teve sua perfuração concluída em 24 de junho, mas que somente após a conclusão dos testes, o que ocorreu agora, teria outras informações.

O segundo poço está localizado a 9,5 quilômetros a Sudoeste do pioneiro descobridor, em lâmina d'água de 2.166 metros, distante 286 quilômetros da costa Sul da cidade do Rio de Janeiro. O teste realizado no poço indica a produção de cerca de 2 mil barris de petróleo e 65 mil metros cúbicos de gás natural por dia, com vazão limitada pelas instalações operacionais e de segurança durante o teste.

O Consórcio dará continuidade às atividades e aos investimentos previstos no Plano de Avaliação da jazida de óleo leve, aprovado pela ANP em 27 de fevereiro de 2007. A principal finalidade dessas atividades é a verificação das dimensões e de características mais detalhadas do reservatório de óleo e gás, objetivando obter dados que garantam a viabilidade econômica do desenvolvimento do projeto de produção. Dados mais conclusivos sobre a potencialidade da descoberta somente serão conhecidos após a conclusão das demais fases do processo de avaliação.

Menos de dois meses depois, a Petrobras finalmente se curva ao mercado e divulga um número para a reserva de Tupi, em nota agora assinada por um diretor e divulgando pela primeira vez à imprensa o termo *pré-sal*.

PETRÓLEO BRASILEIRO S.A. – PETROBRAS
Companhia Aberta

FATO RELEVANTE

Análise da área de TUPI
Rio de Janeiro, 8 de novembro de 2007 – PETRÓLEO BRASILEIRO S.A. – PETROBRAS comunica que concluiu a análise dos testes de formação do segundo poço (1-RJS-646) na área denominada Tupi, no bloco BM-S-11, localizado na Bacia de Santos, e estima o volume recuperável de óleo leve de 28º API, em 5 a 8 bilhões de barris de petróleo e gás natural. A Petrobras é operadora da área e detém 65%, a empresa britânica BG Group detém 25% e a portuguesa Petrogal - Galp Energia, 10%. A Petrobras realizou, também, uma avaliação regional do potencial petrolífero do pré-sal que se estende nas bacias do Sul e Sudeste brasileiros. Os volumes recuperáveis estimados de óleo e gás para os reservatórios do pré-sal, se confirmados, elevarão significativamente a quantidade de óleo existente em bacias brasileiras, colocando o Brasil entre os países com grandes reservas de petróleo e gás do mundo.
Os poços que atingiram o pré-sal e que foram testados pela Petrobras mostram, até agora, alta produtividade de petróleo leve e de gás natural. Esses poços se localizam nas bacias do Espírito Santo, de Campos e de Santos.
As rochas do pré-sal são reservatórios que se encontram abaixo de uma extensa camada de sal, que abrange o litoral do Estado do Espírito Santo até Santa Catarina, ao longo de

mais de 800 quilômetros de extensão por até 200 quilômetros de largura, em lâmina d'água que varia de 1,5 mil a 3 mil metros e soterramento entre 3 mil e 4 mil metros.

Almir Guilherme Barbassa
Diretor Financeiro e de Relações com Investidores
Petróleo Brasileiro S.A. – Petrobras

No mesmo dia da nota acima, em 8 novembro de 2007 a então ministra da Casa Civil Dilma Rousseff convoca uma entrevista coletiva e anuncia ao mundo uma reserva de 5 a 8 bilhões de barris: "Estávamos tratando toda essa questão da indústria do petróleo no Brasil dentro de uma dimensão mais reduzida. Éramos simplesmente um país que buscava autossuficiência. Uma reserva dessas transforma o país em exportador de petróleo. Poderemos passar para um outro patamar, onde estão os países árabes, a Venezuela e demais exportadores", completou. As notícias davam conta de que Tupi representava a maior descoberta em todo o mundo nos últimos vinte anos.

Na ocasião eu estava de férias em Ushuaia, no extremo sul da Argentina, mas acompanhava atentamente o noticiário pela internet num cibercafé. Lembro que à tarde, nesse mesmo dia, ao entrar num museu da cidade, a recepcionista me deu os parabéns por ser brasileiro. Perguntei a razão da felicitação e ela contou sorridente que havia uma grande descoberta de petróleo recém anunciada que colocaria o Brasil na Opep. Agradeci e afirmei com orgulho que fazia parte da equipe que trabalhara nessa descoberta. Ela me olhou, com uma cara de espanto e perplexidade, e encerrou o papo, naturalmente julgando que eu era mais um brasileiro brincalhão naquelas paragens.

Poucos dias antes do anúncio de Dilma, houvera uma reunião no Cenpes. Estavam presentes o estado-maior da geologia da Petrobras, incluindo o diretor Guilherme Estrella, o presidente da Petrobras, José Sérgio Gabrielli, e o presidente da República, Luiz Inácio Lula da Silva. Estrella e Gabrielli tinham enorme prestígio junto a Lula e conseguiram atraí-lo para essa reunião. No encontro, o gerente de exploração Paulo de Tarso Martins Guimarães fez uma apresentação do Cluster preparada por Mario Carminatti, com ênfase não só nos resultados de Tupi, mas sobretudo no impacto para o avanço de uma escalada de sucessivas descobertas doravante de igual importância. Ao final da apresentação, Lula ficou embasbacado, virou-se para Gabrielli, ao seu lado, e afirmou: "Gabrielli, na primeira oportunidade que a gente leiloar as novas áreas, os chineses vêm aqui e compram tudo sozinhos. Temos que mudar a lei do petróleo".

O alerta dos expoentes da exploração da Petrobras, calcado nos estudos e projetos geológicos e de engenharia de poço com resultados incríveis, sensibilizou o governo, e o efeito dominó, uma sucessão de grandes descobertas aconteceu no curto espaço de tempo de três anos, ocasião em que foi disseminado pelo governo o bordão do "bilhete premiado" em relação ao sucesso do pré-sal.

A partir do pronunciamento de Dilma, as notas da Petrobras não sacudiriam apenas a Bovespa, mas o mundo.

8

O EFEITO DOMINÓ

Em abril de 2007, a Petrobras, por meio de um Termo de Ajuste de Conduta (TAC), consegue junto ao Ibama finalmente a liberação de vastas áreas para perfuração, incluindo o Cluster. A Petrobras vai ao mercado e faz um enorme esforço para contratar as raras e caras sondas com capacidade para perfurar em águas ultraprofundas. A demanda do pré-sal parece ter pressionado o mercado, e os aluguéis de sonda vão às nuvens. Uma enxurrada de projetos de poços pioneiros dos blocos BM-S-8, 9, 10 e 11 é desengavetada. No triênio 2007-2009, mais sete descobertas – cinco das quais espetaculares, uma subcomercial e uma quase seca – voltam a sacudir a indústria petrolífera mundial.

Nos mares do Espírito Santo, importantes acumulações formam um outro Cluster, denominado Parque das Baleias, derivado da descoberta do poço 1-ESS-103, perfurado em 2001, deixado anos em abandono temporário, sendo testado após as grandes descobertas na Bacia de Santos e passando a produzir comercialmente em 1º de setembro de 2008. Estava comprovado que o pré-sal não era uma peça de ficção, uma descoberta fortuita na Bacia de Santos, não era apenas mais um instrumento de propaganda do governo. Nesse ínterim, a ExxonMobil como operadora e a Petrobras de sócia (lembrando que a Petrobras havia passado anteriormente a operação para a ExxonMobil) furam três poços secos no bloco BM-S-22, adjacente e ao sul do Cluster. Esses resultados impactam, incorporam muita informação, mas mostram também que o pré-sal não é bem um bilhete premiado, como o presidente da Petrobras na época das descobertas, José Gabrielli, se referiu, antevendo uma mudança na legislação.

O microbiolito, a camada pré-sal propriamente dita, está em toda parte, mas não é em toda parte que ocorre petróleo e principalmente petróleo passível de ser produzido em grande quantidade. Alguns desafios começaram a se materializar; a Petrobras foi enfrentando-os, ultrapassando-os, aprendendo muito, aplicando novas tecnologias. Nossos parceiros nos blocos do Cluster finalmente sossegaram, suas ações subiram como balão de São João, seus executivos galgaram promoções e devem ter ganho polpudos bônus em dinheiro e outras mordomias. A Petrobras aproveita o vácuo do *boom* das commodities brasileiras no mercado mundial e passa incólume pela crise econômica mundial de 2008/2009. O governo arquiteta uma mudança importante na legislação.

Numa tarde de agosto de 2007, eu estava em missão de campo com um grupo de outros geólogos visitando os riftes do Quênia, famosos análogos atuais do que aconteceu com a parte inferior das bacias marginais costeiras como Santos, Campos e até o Recôncavo, quando recebo uma ligação no celular de trabalho que a Petrobras disponibilizava. Era uma chamada da geóloga Manuela Fernandes Caldas, uma das novas aquisições no nosso grupo do Cluster, que em poucos anos triplicara a sua força de trabalho. Manuela gentilmente ligara para dar a notícia do resultado da perfilagem final do poço 1-SPS-50, o descobridor do Campo de Carioca, localizado uns 70 quilômetros a oeste de Tupi, já no estado de São Paulo. Carioca, para azar dos paulistas, é uma estrutura dez vezes menor do que Tupi, mas tinha presente a camada pré-sal com porosidades e permeabilidades melhores até do que o poço pioneiro de Tupi, e mais: a estrutura estava totalmente preenchida por óleo, a exemplo de Tupi.

Eis a nota da Petrobras sobre o Campo de Carioca depois do teste:

Rio de Janeiro, 4 de setembro de 2007 – PETRÓLEO BRASILEIRO S.A. – PETROBRAS comunica que o consórcio formado pela Petrobras (45% – Operadora), British Gas – BG (30%) e

REPSOL YPF Brasil (25%), descobriu petróleo de 27º API no poço exploratório 1-BRSA-491-SPS (1-SPS-50), situado em águas de 2.140 metros de profundidade, a 273 quilômetros de distância da costa, na Bacia de Santos, no bloco BM-S-9.

A partir deste novo resultado positivo confirma-se, mais uma vez, o momento histórico da exploração de petróleo no Brasil, e, particularmente, nesta área de águas profundas da Bacia de Santos.

O teste de formação realizado no poço vertical indica produção de 2.900 barris de óleo e 57 mil metros cúbicos de gás por dia, com vazão limitada pelas instalações operacionais e de segurança do teste. Avaliações por teste de formação e novos estudos geológicos estão sendo feitos para comprovar se os reservatórios encontrados têm boas características de produtividade e volumes economicamente viáveis em tais condições geográficas.

Novos investimentos serão feitos, os quais contemplarão a perfuração de novos poços e o desenvolvimento de novas tecnologias, que permitirão o avanço exploratório nas águas profundas da Bacia de Santos. Para tal, cumprindo normas da agência reguladora, o Consórcio deverá protocolar na ANP um Plano de Avaliação para a área desta descoberta, o qual deverá balizar os prazos dos futuros investimentos em Exploração.

Mais significativa do que essa notícia, só um terremoto que vivenciamos no hotel em Nairóbi. Aconteceu na última noite de nossa estada no Quênia. Eu dividia o quarto com o geólogo Rogerio Fontana. Já estava quase dormindo, mas ainda escutando alguma coisa que ele falava ao telefone com o filho, a televisão ligada em um noticiário. De repente sinto alguém me sacudindo como se fosse me acordar. Eu desperto completamente e surpreendo ao mesmo tempo Fontana relatando o tremor para o filho e os dois apresentadores do telejornal: "Ops!, parece que tem alguma coisa estranha por aqui", enquanto a papelada na mesa deles vinha ao chão. O sismo foi noticiado em manchete nos jornais na manhã seguinte, mas fora fraco, não causara nenhum prejuízo material ou humano. Durante o café da manhã, conversando com os demais colegas, soubemos que Luciano Magnavita e Nivaldo Destro, nossos orientadores em geologia estrutural na excursão, haviam descido em trajes sumários até a recepção do hotel para se safarem da tragédia que julgavam iminente. O atendente de plantão não deu a mínima importância. Era o rifte em ação, um fenômeno geológico muito bem conhecido pelos nossos diletos especialistas, daí o excesso de preocupação da parte deles.

Com os dados obtidos em Carioca, aprofundamos o nosso conhecimento sobre esse reservatório e consolidamos um modelo geológico que permitiria predizer com cada vez mais segurança os melhores locais para se perfurar os poços de extensão e de desenvolvimento e, principalmente, os poços pioneiros que testam novas estruturas. Nossos colegas especializados em processamento sísmico tinham recém desenvolvido uma novíssima tecnologia, desconhecida dos parceiros, que se encaixava como uma luva para a busca dos melhores microbiolitos.

A estrutura de Carioca foi descoberta por meio do mapeamento que o geofísico Desiderio realizou no bloco BM-S-9. Profissional competente e minucioso, Desiderio esquadrinhou todo o bloco e catalogou todas as oportunidades exploratórias, isto é, estruturas passíveis de se tornarem campos de petróleo. Minha tarefa a seu lado era aplicar o modelo geológico dos microbiolitos, fazer correlações e analogias entre as oportunidades e avaliar a capacidade de estocagem de cada uma. Nossos parceiros de consórcio eram a espanhola Repsol e a inglesa BG, esta última compartilhando conosco o "Eldorado" do BM-S-11. Havia um outro geofísico novato, pupilo de Desiderio, Marcelo Miglionico, a quem tocou estudar uma estrutura de geometria estranha que Desiderio denominou Guará, localizada poucos quilômetros a leste de Carioca e muito próxima de Tupi.

A Repsol, ansiosa com a descoberta, participando no bloco BM-S-9, vizinho de Tupi, clamava por uma sonda junto à nossa TCR Mariela Martins e fustigava o nosso corpo técnico acerca de nosso modelo. Mais uma vez tínhamos que cumprir a missão de transferir o mínimo de know-how ao parceiro. Mantivemos o segredo sobre a natureza dos carbonatos do pré-sal ante a Repsol e todas as outras companhias de petróleo para preservar nossa vantagem nos leilões vindouros. É preciso ressaltar que o que acontecia em cada bloco do Cluster não era absolutamente compartilhado com os outros consórcios, os outros blocos. Obviamente que a BG, que participava da maioria dos blocos, já conhecia o *play* microbiolito. A Repsol teve que engolir aquela "pequena mudança na nossa interpretação", como Mariela afirmou eufemisticamente quando levantamos o véu do Enigmático, e esperar pacientemente pela licença do Ibama, além da sonda para perfurar. A Repsol não era a única parceira a pressionar a Petrobras para a contratação de sondas o quanto antes. Havia essa demanda em todo o Cluster. Para acalmar o pessoal sugeri, de brincadeira, ao nosso chefe Breno Wolff que afirmasse categoricamente na próxima reunião que tínhamos 100% de certeza de que Carioca, a estrutura que sugerimos para estrear no BM-S-9, estava repleta de petróleo. Breno foi lá e o disse! Eles assimilaram bem a nossa convicção. O consórcio como um todo se aquietou.

Em Carioca, denominado 1-SPS-50, assim como no primeiro poço de extensão de Tupi, o 1-RJS-646, extraímos do coração da camada pré-sal um *testemunho*: uns 18 metros contínuos de rocha integralmente preservada, com o intuito de dissecar de uma vez por todas nosso precioso reservatório e avançar no modelo geológico. A perfuração por testemunhagem, ao contrário da perfuração convencional por broca, não destrói e não desagrega a rocha. Utiliza-se uma broca especial que vai abocanhando a rocha.

Com o testemunho, a rocha "viva" na mesa do laboratório, a equipe no Cenpes integrada pelas geólogas Sandra Nélis Tonietto,

Larissa Costa da Silva, Fernanda Mourão de Brito e Marcelle Erthal, todas sedimentólogas (especialistas em rochas sedimentares, no caso, carbonatos ou calcários), capitaneadas pela carbonatóloga Maria Dolores Carvalho com a colaboração de Eveline Ellen Zambonato, do laboratório de rochas responsável pelo Parque das Baleias no Espírito Santo, nos ajudaram muito na construção de um modelo geológico mais adequado a fim de melhorar nossa preditibilidade, ou seja, a capacidade de predizer onde a rocha-reservatório tem melhor qualidade. Elas entenderam a importância da nossa demanda e davam prioridade ao nosso grupo para, através da análise microscópica e composicional e da distribuição vertical dos tipos de microbiais, elaborar relatórios com informações que ajudariam a balizar nossas decisões.

A reestruturação promovida por Paulo Mendonça criou um supersetor de apoio em análises especiais em geologia no Edise, que rivalizou com o Cenpes. Sob a batuta da geóloga Sylvia dos Anjos, fomos assessorados nas áreas de geologia estrutural, que trata da formação das armadilhas (ou trapas); de geoquímica, que avalia o volume de óleo gerado que migra para essas armadilhas; de outros métodos em geofísica que nos auxiliaram por ocasião dos estudos regionais; de restauração, que fornece um cenário da geometria da bacia de acordo com o tempo geológico; de análise das pressões esperadas em subsuperfície. Muitos daquela equipe que nos havia ajudado no trabalho regional no início dessa grande empreitada voltaram suas energias agora inteiramente para a camada pré-sal.

A propósito, receber o sinal verde para iniciar um poço pioneiro é uma corrida com obstáculos em vários fóruns. Depois que a equipe apronta o trabalho e a documentação com base em muitos mapas e figuras que destrincham a locação, um denso arrazoado técnico para justificar um poço, são feitas várias reuniões internas na Petrobras: 1) uma reunião informal da equipe responsável pela locação, composta por um geólogo e um geofísico, com o resto da equipe do Cluster, sob a coordenação do chefe do setor. As sugestões e críticas pertinentes são acatadas e executadas; 2) uma reunião informal com a gerência geral da equipe à qual são convidados todos os profissionais operando naquela bacia. Igualmente sugestões e recomendações são anotadas; 3) uma reunião formal com um grupo de notáveis, consultores internos gabaritados e especialistas de várias áreas envolvidos no sistema petrolífero da locação. Desta reunião é emitida uma ata com cobranças e comentários de cada partícipe; 4) a última reunião, do Comitê de Exploração (Comexp), um encontro formal no qual o gerente executivo bate o martelo depois de assistir à apresentação e ouvir a opinião dos seus gerentes gerais imediatos e de consultores seniores notáveis em suas especialidades, como o geofísico André Romanelli e o carbonatólogo Adali Spadini. O gerente executivo assina o documento oficial de encaminhamento para a área de engenharia de perfuração da Petrobras, com cópia para o diretor de Exploração e Produção. Um projeto de poço no pré-sal naquela época era orçado em torno de 150 milhões de dólares. A área da exploração tinha tanta autoridade, que um investimento desta magnitude não passava pela Diretoria Executiva; simplesmente o diretor da área era notificado, uma agilidade na gestão que contribui para o diferencial de sucesso da Petrobras como estatal não engessada.

Todos os projetos de poços pioneiros, incluindo Tupi e Carioca, sob nossa coordenação, passaram por uma legião de técnicos das atividades citadas. Após a perfuração do poço pioneiro, os estudos podem ser refeitos, já que ocorre uma natural retroalimentação técnica, e assim vamos evoluindo. Por exemplo, quando o poço de Carioca foi concluído, por meio do volume de óleo *in place* estimado e pela análise do próprio óleo, as medições de pressão do reservatório etc., todos os parâmetros de geoquímica foram recalibrados, melhorando as simulações para a distribuição do óleo gerado no Cluster.

Carioca foi outra estrutura que revelou óleo até o talo, isto é, entrou petróleo até onde era possível, sinalizando que todas as estruturas mapeadas por Desiderio estariam cheinhas de óleo. E realmente estavam, mas eram pequenas, com exceção de uma: Guará.

A estrutura de Guará se localiza entre os campos de Carioca e Tupi, tem uma forma estranha, assemelha-se a uma linguiça nos mapas e em visualização 3D parece a Muralha da China. Logo que iniciamos os estudos para o projeto do poço pioneiro de Guará, a BG, nossa parceira, que ainda fazia muita pressão nas reuniões técnicas, mandou um e-mail para Mariela duvidando da economicidade e recomendando a suspensão dos estudos naquela área. Breno Wolff imediatamente providenciou um *workshop* interno com os engenheiros que elaboram planos de desenvolvimentos preliminares a fim de avaliar a economicidade da estrutura baseado nos *inputs* que fornecemos, levando em consideração os dados dos outros poços. O diagnóstico foi amplamente favorável. Convencemos os gringos nas reuniões técnicas e, com o impacto dos resultados em Carioca, recebemos sinal verde para perfurar.

Na verdade, Guará é a mais fiel expressão do edifício formado pelas colônias microbiais, uma estrutura parecida com os recifes, e podem mesmo assim ser considerados. A este tipo de feição os sedimentólogos também costumam chamar de *buildup* carbonático. Guará, o 1-SPS-55, depois de perfurado, revelou uma coluna de óleo de cerca de 150 metros, mas o edifício de microbiolitos tem a altura equivalente a um prédio de 140 andares. Quando testado, sua produtividade ou capacidade de produção revelou um potencial para 40 mil barris por dia, uma verdadeira indecência, digna de Oriente Médio, uma vazão que nunca se viu na história deste país.

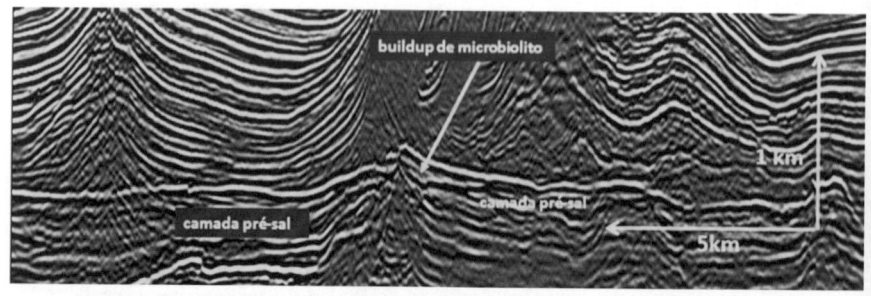

11. Detalhe de buildup *de carbonato (microbiolito) dentro da camada pré-sal (sag) em zoom de figura anterior.*

O Campo de Guará, depois rebatizado Sapinhoá, foi concluído em dezembro de 2008. Como toda regra tem exceção, nosso dominó vinha colapsando, no bom sentido, até Carioca, quando em dezembro de 2007 concluímos o poço denominado Caramba, no bloco BM-S-21, com resultado negativo. Caramba estava localizado em local extremamente estratégico, e seu sucesso poderia realmente levar o Brasil a ombrear com a Arábia Saudita. Revelou apenas uma pequena quantidade de óleo e sinalizou que os poços que a ExxonMobil perfuraria a leste como operadora em substituição à Petrobras tinham grandes chances de dar seco. Dito e feito, a ExxonMobil perfurou três poços consecutivos repletos de água salgada entre 2008 e 2009, e o Brasil viu adiada essa mudança de patamar no cenário mundial.

Em janeiro de 2008, a Petrobras concluiu a avaliação, isto é, o teste de formação, de outra acumulação supergigante, à altura de Tupi. O nome faz juz à dimensão do campo: Júpiter. Arrematado no leilão de número 3, em 2001, um ano após o leilão do Cluster, situado no bloco BM-S-24, esse poço bate o recorde de coluna de hidrocarboneto, outro edifício com centenas de metros cheio de óleo e gás, mas revela uma tremenda complexidade quanto ao fluido presente. A fração gasosa que predomina nessa coluna é composta predominantemente de dióxido de carbono (CO_2), uma notícia ruim, mas também tem, em menor proporção, condensado (petróleo muito fino, de alta qualidade) e gases leves e pesados como nas outras acumulações, uma notícia boa, e, por último, a base da coluna constituída de óleo pesado, uma notícia ruim. Esse tipo de arranjo de fluidos trazia um novo desafio para o consórcio, constituído apenas pela Petrobras e a portuguesa Petrogal. Como produzir hidrocarboneto limpo (condensado e gás) e, sobretudo, como descartar tamanha quantidade de gás CO_2? O que fazer com o óleo viscoso e pesado presente? Se fosse algumas décadas atrás, esse gás iria para o espaço (seria desperdiçado pela queima no local de produção) e ninguém ficaria sabendo. Inadmissível, inapropriado, ilegal se livrar do CO_2 nessa quantidade nos dias de hoje, não é mesmo?

A notícia da descoberta de Júpiter foi liberada quando o poço ainda não tinha sequer atravessado toda a zona de hidrocarbonetos e causou frisson na mídia quando o diretor Estrella, atiçado por uma pergunta em entrevista, afirmou que Júpiter poderia tornar o Brasil autossuficiente em gás. Dias depois, o laboratório de análise de fluidos de teste do Cenpes abriu as câmaras de amostragem de Júpiter, revelou o elevadíssimo conteúdo em CO_2 e jogou um balde de água fria em nossas cabeças. A Petrobras emitiu a seguinte nota:

> Rio de Janeiro, 21 de janeiro de 2008 – PETRÓLEO BRASILEIRO S.A. – PETROBRAS comunica que o consórcio formado pela Petrobras (80% – Operadora) e Galp Energia (20%) para exploração do bloco BM-S-24, em águas ultraprofundas da Bacia de Santos, informa que o poço 1-BRSA-559-RJS (1-RJS-652) comprovou a ocorrência de uma grande jazida de Gás Natural e Condensado no pré-sal da Bacia de Santos. Este poço pioneiro, denominado Júpiter, está a uma profundidade final de 5.252 metros, estando localizado a 290 quilômetros da costa do estado do Rio de Janeiro e a 37 quilômetros a leste da área do Tupi, em lâmina d'água de 2.187 metros.
> A descoberta foi comunicada hoje à ANP, e está localizada em reservatórios com profundidade de cerca de 5.100 metros. A espessura do intervalo portador de hidrocarbonetos é de mais de 120 metros, sendo que a área desta estrutura pode ter dimensões similares às de Tupi.
> O Consórcio dará continuidade às atividades e investimentos necessários para a verificação das dimensões desta nova jazida, assim como das características dos reservatórios portadores de Gás Natural e Condensado, através da proposição de um Plano de Avaliação de Descoberta, o qual está sendo elaborado

e será encaminhado à ANP, conforme previsto no Contrato de Concessão.

Com o desenvolvimento e a produção dos campos de Tupi e de Guará, o vilão CO_2 passou a ser um bom parceiro porque foi desenvolvida tecnologia para o seu descarte na forma de reinjeção nos campos, visando a recuperação secundária de petróleo. O teor bem mais elevado em Júpiter deve acarretar um atraso em relação aos demais campos, mas não inviabiliza de maneira alguma o futuro desenvolvimento do campo, a julgar pelo sucesso dos poços que se seguiram naquela área, onde as reservas de petróleo, sem contar obviamente o CO_2, atingem a casa dos bilhões de barris.

O bloco BM-S-11, aquele do Campo de Tupi, no triênio 2007-2009 recebeu investimentos maciços e respondeu com outras duas espetaculares descobertas: Iracema e Iara. As duas localizadas a norte de Tupi, sendo Iracema tão próxima que até hoje motiva uma disputa judicial entre a ANP e a Petrobras sobre se está conectada com Tupi ou não. Não está: todas as evidências, tais como tipo de fluido, sistema de pressões, não continuidade lateral das rochas, dentre outras apontam para a definição de Iracema como um campo distinto de Tupi. A União tem interesse em juntar os dois campos por causa da tributação denominada Participação Especial, que é devida aos campos supergigantes. Englobando Iracema a Tupi, a União arrecada mais. Bastará o arbítrio internacional com o parecer de uma certificadora idônea para encerrar a questão, a favor da Petrobras. Iracema, igualmente contendo edifício com centenas de metros repleto de óleo, repetiu o desempenho quanto à produtividade da camada pré-sal e foi renomeada como Cernambi.

Já a descoberta de Iara, apesar de apresentar outra proeminente coluna de óleo, revelou problemas com a qualidade da rocha-reservatório, ou seja, nosso bravo microbiolito se encontra com os poros um tanto quanto obliterados, o que dificulta o fluxo de petróleo, causando resultados de produtividade não satisfatórios para o investimento estratosférico exigido pela exploração de petróleo em águas ultraprofundas. Iara vai dar muito trabalho para o consórcio nos anos vindouros, mas vai se mostrar normal, isto é, com boa produtividade no seu entorno, fora da área de concessão do leilão de número 2.

Na esteira de Carioca (depois denominada Lapa, em homenagem a um molusco e ao bairro boêmio, palco das nossas happy hours) e Guará (depois, Sapinhoá), foi perfurado no bloco BM-S-9 a locação Abaré-Oeste, outro tiro que se revelou subcomercial devido a uma pequena coluna de óleo com alto teor de CO_2, como em Júpiter. Abaré-Oeste se estende um pouco para o bloco BM-S-8 a oeste e atiçou a cobiça desse consórcio, também operado pela Petrobras, mas os dados do poço foram mantidos em segredo (para os parceiros, não para a ANP) por muitos anos, até a escolha da área do bloco a ser devolvida à ANP. Esse sigilo sempre é prudente, porque nesse negócio ninguém entrega nada de graça, nem mesmo os maus resultados.

O bloco BM-S-9 foi palco de perfuração de várias outras estruturas pequenas, por isso subcomerciais ou marginais (quase comerciais), mas todas as que foram perfuradas se constituíram em descobertas porque satisfaziam os critérios da ANP. Para se constituir numa descoberta basta conseguir provar por dois métodos diferentes a presença de óleo; por exemplo, através do registro das ferramentas especiais que medem as propriedades físicas da rocha (os perfis) e a presença de manchas ou impregnação de óleo dentro das amostras moídas pela broca, os indícios. Ou seja, uma coisa é se enquadrar nos critérios da ANP. Outra é a descoberta ser comercialmente viável. As pequenas estruturas que formavam o Complexo de Iguaçu apresentaram muito mais do que isso, mas as colunas de óleo são pequenas. Desiderio as denominou: Iguaçu, Abaré, Tupã e Iguaçu-Mirim.

Tudo ia bem no Cluster, exceto no BM-S-10, na geladeira por causa das complicações no teste de Parati, causadas pelo entupimento dos equipamentos durante as operações e pela demora para perfuração do segundo tiro, Macunaíma, e no BM-S-8, um bloco que não decolava por causa das vicissitudes causadas pelo evento do Enigmático.

No pré-sal do bloco BM-S-8, com a revolução no modelo geológico, tinha sobrado como de interesse apenas algumas tênues anomalias sísmicas no pós-sal e estruturas pequenas. Mas o bloco ainda podia surpreender positivamente se o reservatório da camada pré-sal contivesse uma boa quantidade de poros. Além disso, as estruturas tinham um risco maior por não serem capazes de aprisionar o óleo; em outras palavras, a altura do edifício microbial era muito baixa. Com tanto filé mignon a ser extraído nos outros blocos, o BM-S-8 ficou esperando até quase soar o gongo da ANP: o prazo final para definição da área a ser devolvida. Sem poço para servir de baliza, a devolução de 50% da área seria uma temeridade. Definitivamente o bilhete não era premiado nesse bloco. Tudo o que precisávamos era pressionar nossos gerentes para perfurar o quanto antes Bentevi, uma bela estrutura, porém pequena, mas cujo sucesso exploratório – uma simples descoberta, mesmo que não comercial – garantiria retenção dos outros 50% da área.

O bloco BM-S-8 tinha como responsáveis técnicos, desde sua aquisição, Luiz Antonio Gamboa como geofísico e a mim como geólogo. Gamboa estava para a nossa pequena equipe no início em 2001 como Syd Barrett para a banda Pink Floyd. Gamboa foi o artífice do modelo geológico do Enigmático, que trouxe de sua experiência com as anomalias que andou perfurando no pós-sal da Bacia de Santos. Era também um profundo conhecedor do arcabouço dessa bacia desde que fez um doutorado na prestigiada universidade de Columbia, em Nova York. Gamboa conhecia bem a lógica e a filosofia de trabalho dos gringos, era quem segurava a barra nos momentos mais delicados. Era um mestre na arte de montar uma apresentação, como salientar o que é importante, dizer no primeiro slide o fundamental e depois discorrer a argumentação. Quando o Enigmático caiu, em 2003, Gamboa foi o primeiro a chamar a nossa atenção para feições de *buildup* na camada pré-sal. Gamboa enfim foi o nosso guru durante os anos difíceis antes das descobertas. Vários geofísicos passaram pelo bloco e tiveram o privilégio de aprender um bocado com ele: Élvio Bulhões, Maria Cristina de Vito Nunes e Marco Antonio Carlotto.

Em maio de 2008, a Petrobras perfurou e concluiu o teste em Bentevi, no BM-S-8. Conseguiu extrair pouco mais de uma caneca de óleo em reservatório de baixa qualidade. Mas esse resultado foi suficiente para reter 50% da área do bloco e perfurar posteriormente duas novas estruturas, Biguá e Carcará. Biguá resultaria um pouco melhor que Bentevi, mas tipicamente subcomercial, enquanto que Carcará, em 2012, redundaria, como veremos, naquela que pode ainda vir a ser uma das mais importantes descobertas do pré-sal.

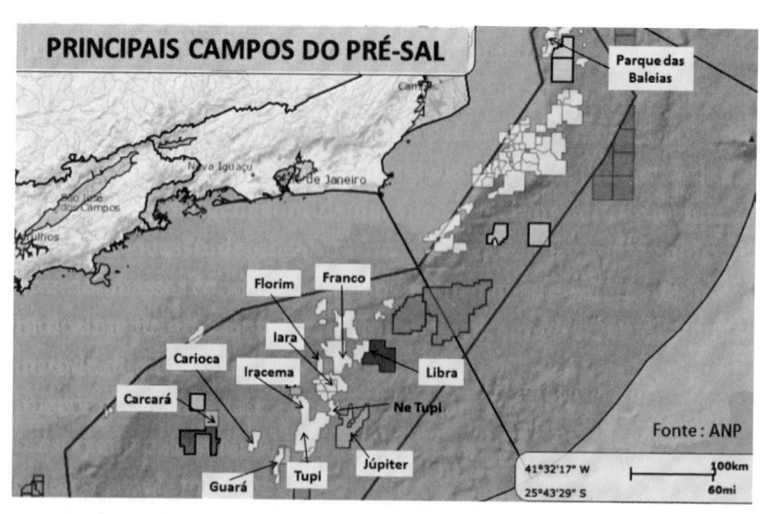

12. *Localização dos principais campos de petróleo no pré-sal.*

Após o resultado de Bentevi, a Shell colocou à venda no mercado internacional a sua participação em todo o bloco BM-S-8. Como reza o contrato dos consórcios, os parceiros têm preferência. A Shell não via grandes perspectivas para o bloco. Não acreditou em Biguá, e acertou; mas errou redondamente em Carcará, interpretando que se tratava de um vulcão e não um pináculo de microbiolito, como se mostrou anos depois. A Petrobras declinou da oferta porque já estava bem posicionada, com 66%.

Em julho de 2011, alguns meses antes do resultado de Biguá, a Shell finalmente consegue empurrar seus 20% para duas petroleiras brasileiras novíssimas, a Barra Energia e a Queiroz Galvão Oil & Gas. A Barra era comandada por Renato Bertani, e o braço petroleiro da Queiroz Galvão, por Lincoln Rumenos Guardado, ambos ex-geólogos da Petrobras. A Shell então, depois da Chevron, era a segunda *major* a abandonar o pré-sal. Voltaria anos mais tarde, em 2015, em grande estilo, ao comprar a BG.

Em janeiro de 2008, o Conselho de Administração da Petrobras, presidido pela então ministra da Casa Civil Dilma Rousseff, resolveu homenagear todo o grupo de exploração da Petrobras. Compunham o conselho nessa data os ministros Silas Rondeau e Guido Mantega, das Minas e Energia e Fazenda, respectivamente; o presidente da Petrobras, José Sérgio Gabrielli de Azevedo; os empresários Jorge Gerdau Johannpeter, Fábio Collletti Barbosa e Arthur Sendas, este último como representante dos acionistas minoritários; e o general de Exército Francisco Roberto de Albuquerque. Estiveram presentes também os seguintes integrantes da Diretoria Executiva: Guilherme de Oliveira Estrella, Paulo Roberto Costa, Nestor Cerveró, Maria das Graças Foster, Almir Guilherme Barbassa; e o presidente da BR e ex-presidente da Petrobras, o geólogo José Eduardo Dutra. Ao todo, vinte profissionais representaram cerca de oitocentos outros, os homenageados. Dos vinte, entre geólogos e geofísicos, estava um técnico de nível médio, Arcione Geraldo Pena, vulgo Tico-Tico.

Foram realizadas duas apresentações. A primeira ministrada pelo então gerente executivo de Exploração, o geofísico Paulo de Tarso Martins Guimarães, na qual foram expostos aspectos geológicos e o potencial petrolífero da nova fronteira. Durante a palestra dele, na parte em que descrevia a gênese da camada pré-sal, a ministra Dilma perguntara: "E na África, tem a camada pré-sal?". Pergunta certeira. "Sim, sra. Ministra, na África também tem pré-sal, mas ainda não se tem notícias de descobertas por lá." Na palestra do engenheiro José Formigli sobre os sistemas de produção que seriam instalados com investimentos da ordem de 200 bilhões de dólares, alguém do Conselho perguntara onde a Petrobras iria levantar esse dinheiro. Guido Mantega respondeu de pronto que o mercado internacional estava com muita liquidez, isto é, conseguir essa verba seria fácil. No mais, foi uma solenidade bonita.

Em menos de um ano, o mundo foi sacudido por uma recessão de proporções iguais às da crise de 1929, e a Petrobras teve que realizar em 2010 uma capitalização cavalar na Bovespa para obter recursos (a maior do mundo: 120 bilhões de reais, ou 70 bilhões de dólares, de acordo com a taxa cambial da época).

Seis anos depois, em 2014, dois diretores acima, Cerveró e Costa, foram parar na cadeia por falcatruas descobertas pela Operação Lava Jato; o representante dos acionistas, Arthur Sendas, foi assassinado, aparentemente por acidente, pelo motorista; José Eduardo Dutra, depois de sofrer depressão profunda, morreu de câncer em 2015; Dilma sofreu impeachment em 2016 por pedaladas fiscais; e Graça Foster, Gabrielli e Barbassa seriam ouvidos pelo juiz Sergio Moro em depoimentos na Operação Lava Jato.

Mas o ano de 2007 ainda não acabou. Os subterrâneos da exploração na Petrobras preparavam um golpe.

Batizando o petróleo

O primeiro nome é dado pela equipe de geólogos e geofísicos que identifica a **estrutura geológica** e vai ter o mesmo nome do **poço pioneiro** correspondente. Se o poço pioneiro faz uma descoberta importante e a nova acumulação é confirmada pelos poços de delimitação (ou de extensão), então a estrutura geológica passa a ser considerada um **campo de petróleo** com um novo nome, de um organismo da fauna marinha brasileira.

Seguem, por exemplo, os nomes originais dos poços principais (poços pioneiros) e os campos correspondentes renomeados da *estrutura geológica* da Bacia de Santos:

POÇO PIONEIRO	CAMPO
Tupi	Lula
NE de Tupi	Sépia
Carioca	Lapa
Guará	Sapinhoá
Júpiter	ainda não renomeado
Iara	tem três setores – Berbigão, Sururu e Atapu
Iracema	Cernambi
Franco	Búzios
Florim	Itapu
Carcará	ainda não renomeado

9

A DIÁSPORA

Em abril de 2007, um certo hotel de Mangaratiba, no litoral do estado do Rio de Janeiro, sediaum encontro de três dias entre uma centena de geólogos e geofísicos para realizar um *workshop* sobre o pré-sal. O tema central é a preditibilidade (tentativa de predizer) da ocorrência de rocha-reservatório ou microbiolito de boa qualidade, isto é, de acordo com as ideias de cada um, baseado nas análises dos dados disponíveis. O objetivo era tentar montar um modelo geológico que levasse ao aumento da nossa eficiência. Colegas de todo o Brasil envolvidos em projetos de locações ou prestadores de serviços, como especialistas em geoquímica, paleontologia, engenheiros de reservatório, de perfuração, petrofísicos, geofísicos de processamento sísmico e, principalmente, sedimentólogos (cuja expertise é carbonato ou rocha calcária) se debruçaram sobre testemunhos (amostras de rocha) de alguns poços e mergulharam em longos e profundos debates durante as palestras.

O Parque das Baleias (o Cluster capixaba) apresentava então suas armas, e a Bacia de Campos começava a ser vista com outros olhos. A Bacia de Santos, até aquela data, só revelara Tupi ao mundo, mas todos acreditavam que estava à beira do efeito dominó descrito no capítulo anterior. As palestras versaram sobre o *post mortem* dos poços até então perfurados. O *post mortem* é a explicação final, a resposta dos porquês. Por que tal poço se revelou seco, qual ou quais elementos do sistema petrolífero falharam, ou por que aquele outro deu comercial com o microbiolito exuberante etc. Vários poços e situações geológicas antigas foram revisitados. Também estavam na pauta relatos de excursões a análogos em terras brasileiras e estrangeiras.

O microbiolito ainda tinha muitas incógnitas a serem desvendadas. Estávamos entrando em uma nova etapa onde o grosso do investimento da Petrobras fora direcionado para a exploração; muitos poços pipocariam doravante, e nossa missão era acertar o máximo com o mínimo. Apesar de terem sido perfuradas no passado (em terra, na Bacia de Sergipe-Alagoas, e no mar, em Campos), as rochas da camada pré-sal em águas ultraprofundas tinham suas peculiaridades, e sua escala de ocorrência, seu potencial de produtividade e sua complexidade de fluido demandavam muito estudo e comparação com análogos. Análogos são situações parecidas que ocorrem em outras bacias do mundo cujas observações são utilíssimas para serem aplicadas na bacia em análise. Com esse intuito, o diretor Estrella mandou o povo ao campo, e simpósios como esse de Mangaratiba caíram de maduros. A Petrobras já promovia encontros anuais genéricos para o livre compartilhamento das ideias, mas o pré-sal exigia um universo próprio para ser bem estudado.

O encontro em Mangaratiba foi aberto pelo então gerente executivo da exploração Paulo Mendonça, o homem da mais alta hierarquia geológica da Petrobras na época (mas sempre abaixo do diretor Estrella), ressaltando muito mais a importância da *confidencialidade* dos temas que ali seriam tratados do que propriamente a consequência no avanço do nosso conhecimento. Havia um leilão a caminho, em novembro de 2007, e vastas áreas extremamente promissoras seriam oferecidas nas cercanias do Cluster. A Petrobras tinha que manter essa vantagem competitiva de maior conhecimento, de know-how. A Petrobras era a empresa mais capacitada para abocanhar as melhores áreas, e por isso todo o cuidado era pouco com os nossos parceiros, que poderiam se tornar concorrentes no leilão. Paulo Mendonça chegou ao ponto de afirmar que estava pensando inclusive em proibir esse tema no próximo Sintex (nosso tradicional congresso de exploração, que seria realizado em agosto daquele ano), a fim de evitar o risco de vazamento de valioso material técnico para as nossas concorrentes.

Mario Carminatti ainda era o gerente geral da Bacia de Santos, o terceiro na hierarquia da exploração, e permaneceu no encontro em tempo integral, anotando muito na última fila da plateia. Marcos Bueno e eu apresentamos os *post mortem* de Tupi e Parati, respectivamente, e Gamboa, o seu modelo de distribuição de feições sísmicas de construções carbonáticas ao longo da camada pré-sal, baseado em imagens que ele interpretava nas seções sísmicas.

Menos de dois meses depois desse evento, Paulo Mendonça vai até o escritório de Eike Batista, o megaempresário que recém tinha criado uma petroleira subsidiária de seu conglomerado, o Grupo X. A OGX, o braço *oil & gas* da holding, estava recrutando uma equipe de exploração, e PM era considerado chave para o seu projeto de alcançar o posto de "homem mais rico do mundo". Eike estava em alta em todas as esferas da República e encontrou em PM sua cara-metade em termos de entusiasmo e ambição. A narrativa da trajetória dos dois está magistralmente contada no livro da jornalista Malu Gaspar, *Tudo ou nada: Eike Batista e a verdadeira história do Grupo X*.

Poucos meses após o evento de Mangaratiba, PM se aposenta, mas antes faz várias despedidas internas com as diversas equipes de exploração, explicando sua atitude, deixando um mistério no ar sobre seu destino, apenas afirmando que "não iria trabalhar para gringo". PM tinha tanto prestígio na alta administração da Petrobras que chegou ao ponto de nomear seu substituto, o geofísico Paulo de Tarso Martins.

Ainda houve a despedida final numa fina churrascaria na Marina da Glória, a parte chique do Aterro do Flamengo no Rio de Janeiro. O pessoal da exploração da Petrobras compareceu em peso àquele almoço. PM ainda daria uma cantada em dois ou três profissionais para se incorporarem à sua equipe em algum misterioso empreendimento e saiu quase que ovacionado do recinto.

PM levou consigo para a OGX de Eike Batista um bom punhado de profissionais veteranos, alguns recém-aposentados, dentre eles o responsável e guardião do Portfólio de Exploração da Petrobras. O portfólio era a coisa mais estratégica que a Petrobras possuía naquele momento. Trata-se do inventário dos projetos ou dos poços que se tinha interesse de perfurar, logicamente incluídas as áreas a serem leiloadas em poucos dias.

No dia do leilão, os constrangidos e camuflados ex-funcionários da Petrobras, agora diletos cupinchas de PM, se esgueiravam pelos salões do Hotel Windsor na Barra da Tijuca, palco dos lances coordenados pela ANP, cuidando para não topar com os velhos camaradas.

Nesse final de ano, os acontecimentos se atropelaram. No início de novembro, imediatamente após o anúncio da então ministra Dilma sobre a reserva de Tupi e a dimensão do pré-sal, o então diretor-presidente da ANP, Haroldo Lima, avisou o presidente Lula que seriam leiloados 41 blocos do pré-sal nesse que seria o nono leilão. Lula determinou ao Conselho Nacional de Política Energética (CNPE) que retirasse os blocos da licitação. Segundo Malu Gaspar conta em seu livro, essa medida causou um desespero temporário na turma da OGX, preparada de garfo, faca e babador no pescoço para os filés da camada pré-sal.

O leilão aconteceu, e a OGX obteve vários blocos em águas rasas da Bacia de Campos. Derrotou a Petrobras com propostas que previam igual nível de investimento por bloco no futuro, mas com bônus em dinheiro à vista em valores exorbitantes. Eike partiu para o tudo ou nada a fim de honrar seus acionistas e a máquina financeira que ele havia mobilizado para bancar a OGX. Paulo Mendonça passou a ser visto como vilão dentro da Petrobras e virou arqui-inimigo do diretor Guilherme Estrella.

Alguns meses depois, na Petrobras, o substituto de Paulo Mendonça, Paulo de Tarso, tomou uma iniciativa infeliz ao defender a atitude de um dos geólogos "traidores" que ocupava cargo estratégico e agora integrava o séquito do português na OGX. Paulo de Tarso caiu em desgraça num piscar de olhos, e Mario Carminatti assumiu a poderosa gerência executiva de Exploração da Petrobras. Está nesse cargo até o presente (abril de 2018). Paulo de Tarso virou outro petronauta, apelido que se dá ao sujeito que fica gravitando esperando uma oportunidade em outra chefia. Antigamente, os petronautas "caíam para cima" e todos ficavam satisfeitos. Mas nos tempos do PT funcionava a boa e velha Lei de Newton. Antes de um colapso maior, o geofísico Paulo de Tarso se aposentou, migrou para a OGX e acabou como diretor de Exploração dessa companhia em 2012, com a ascensão de Paulo Mendonça à presidência da mesma. Eike nesta época estava em alta; bajulado por governantes e pela mídia, era o arquétipo do "novo empresário", de um Brasil que decolava.

Em dois ou três anos, um grupo formidável de geólogos e geofísicos migrou para as petroleiras concorrentes. A OGX foi a que captou mais gente no início, pagando, para os primeiros que ingressaram, no mínimo o dobro do salário que os geólogos e engenheiros recebiam na Petrobras, além de lotes de ações da sua petroleira. A saída desse pessoal não chegou a abalar o contingente de exploração na Petrobras, mas já preocupava a alta administração. Pressionada pelo mercado, a estatal teve que expandir o kit de benesses para os profissionais-chave em postos estratégicos e implantou uma política de contratação em massa. Chegaram a ingressar anualmente por concurso público uma centena e meia de técnicos, entre geólogos e geofísicos. Os novatos foram espalhados em todos os setores da companhia. A nossa pequena equipe recebeu em poucos anos uma dúzia deles.

A Petrobras, de acordo com as declarações públicas do presidente Gabrielli, iria dobrar de tamanho. "Nós vamos construir uma outra Petrobras", dizia ele, sendo "outra" no sentido de "uma segunda". Esse faraonismo que começou a grassar na intelligentsia econômica do governo foi uma das causas da tempestade perfeita pela qual passou a Petrobras no início do segundo mandato da presidente Dilma Rousseff.

A "traição" dos colegas, principalmente daqueles que migraram para a OGX, não fez a mínima diferença na qualidade e intensidade nos trabalhos que realizávamos no pré-sal. O prejuízo foi em termos de *inside information* que esses profissionais levaram e do desfalque de know-how que nos deram, pois de certa forma perdemos competitividade com a diáspora. Muitos deles participaram de reuniões importantes e tecnicamente sigilosas um dia antes de deixar a companhia. Exceto por Edmundo Marques, que trabalhou uns poucos meses conosco lá no início, em 2001, nenhum deles trabalhara diretamente com o pré-sal. A maioria tinha alto valor técnico e muitos deles saíram insatisfeitos, julgando-se subaproveitados em meio àquela profusão de descobertas. Depois do encontro de Mangaratiba, em abril de 2007, o que testemunhei foi uma movimentação não usual de uma meia dúzia deles nas nossas salas em busca de informações e dicas sobre macetes de geologia do pré-sal. Lembro de um deles sentando-se ao lado de Gamboa para colher detalhes do elegante modelo proposto em Mangaratiba.

Havia um acordo tácito entre a Petrobras e as multinacionais que eram nossas parceiras no Brasil de não assediarem para fins de contratação nossos geólogos e geofísicos. Mas nada impede a pessoa de se desligar num dia e procurar uma concorrente no outro, se não houver nenhuma cláusula de confidencialidade em seu contrato. O advento da OGX desequilibrou completamente o mercado. Não existe lei específica no Brasil regulamentando a quarentena nesse setor e, assim, a promiscuidade impera. Aquele velho e dileto colega que trabalhava nos projetos de poço comigo, uma semana depois poderia estar na plateia de um TCM (reunião do comitê técnico do consórcio) me fazendo perguntas embaraçosas em inglês.

A maioria dos geólogos e geofísicos saiu da Petrobras para a iniciativa privada em duas grandes levas: a primeira coincidente com a quebra do monopólio e regulamentação da Lei entre 1995 e 1997, e a segunda, entre 2007 e 2010, com a chegada de várias companhias para os aquecidos leilões do pré-sal. Havia novos atores nacionais de médio porte no pedaço, como OGX, Queiroz Galvão e Barra Energia, mas muitas nacionais de fundo de quintal foram fundadas com pretensão a rápido crescimento, sendo capacitadas pela legislação a integrar parcerias ou tão somente prestar consultoria às grandes. As estrangeiras tinham muita necessidade no assessoramento técnico e uma preocupação lógica em manter uma equipe tupiniquim para abrir as portas aos seus negócios no Brasil. Mesmo *majors* como ExxonMobil e Shell, há décadas atuando no Brasil, precisavam de uma equipe que falasse um bom português na área de exploração. A geologia durante esse período foi a profissão mais bem paga no mercado brasileiro para os recém-formados por causa da cadeia produtiva criada em consequência do advento do pré-sal. As verbas de royalties destinados a educação e pesquisa no setor irrigaram as universidades e institutos de pesquisa, que contrataram mais especialistas. É inegável que uma injeção de investimento dessa envergadura demandaria o uso de mão de obra altamente especializada, e não podemos pôr a culpa na saída de colegas que foram suprir esse mercado. Mas um bom período de quarentena para certas atividades é de bom-tom.

Paralelamente às grandes descobertas do triênio 2007-2009, a Petrobras fez convênios com universidades nacionais e estrangeiras, na Europa e nos Estados Unidos, parcerias com institutos de pesquisa como o Instituto Alberto Luiz Coimbra de Pós-Graduação e Pesquisa em Engenharia (Coppe), da UFRJ no Rio de Janeiro, e o Instituto de Pesquisas Tecnológicas (IPT) em São Paulo; promoveu temporadas de visitas com distintos consultores nacionais e internacionais, em geologia e também engenharia. Desenvolveu técnicas e métodos de perfuração que otimizaram as operações e diminuíram bastante o tempo de perfuração dos poços, sem prejuízo do fator segurança. Criou um grupo de trabalho multidisciplinar permanente no Cenpes, comandado pelo geólogo de reservatório Cristiano Sombra, para testar e colocar em prática procedimentos de perfuração e produção de ponta. Em pouco tempo, aquilo que era considerado um desafio – a grande espessura de sal a ser atravessada – tornou-se um aliado no que dizia respeito à estabilidade dos poços, isso porque o sal só apresenta alta mobilidade no subsolo quando submetido a altas temperaturas. No Cluster, os patamares de temperatura em geral favorecem o bom comportamento do sal. Contudo, os engenheiros de perfuração da Petrobras contornaram outros problemas causados pelo sal mediante estudos no Cenpes e convênios com instituições de pesquisas brasileiras.

A área de produção e escoamento dos campos do pré-sal em águas ultraprofundas começou a aumentar significativamente sua participação no orçamento da Petrobras com a encomenda de dezenas de FPSOs (Floating Production Storage and Offloading, ou Unidade Flutuante de Armazenamento e Transferência), os navios que captam e processam o petróleo, fazendo a separação óleo/gás, e o estocam para ser transferido aos grandes petroleiros que vão distribuir o ouro negro nas refinarias ou exportá-lo. Cada FPSO, uma verdadeira usina, maior do que o *Titanic*, tem a capacidade de estocar em média 2 milhões de barris e captar a produção diária de cerca de quatro a seis poços de alta vazão. São utilizados em locais de produção distantes da costa com inviabilidade de ligação por oleodutos ou gasodutos. É o sistema adotado para a captação de petróleo do pré-sal.

A informação e o conhecimento em exploração de petróleo dão o *start* e mantêm o funcionamento de uma engrenagem que envolve números no patamar de milhões e bilhões de seja lá o que for: petróleo, dólares, tonelagens de aço e embarcações, empregos etc. Aprimorar o conhecimento nessa especialidade significa ali adiante, em poucos anos, aumentar a eficiência e diminuir os custos. Em geologia, a maneira mais comum, mais simples e menos custosa de aprender é ir a campo, procurar pelo mundo (no caso da camada pré-sal) por coisas parecidas que a natureza permitiu que aflorassem à superfície para nossa admiração. Sendo assim, renovamos nossos passaportes e mundo afora fomos nós.

10

Viajar é preciso

A partir de 2007, a gerência de exploração da Petrobras acionou seus canais de excelência acadêmica e elaborou um plano de treinamento sem paralelo na estatal. Nos anos anteriores, imperava uma mentalidade tacanha nas altas esferas da companhia e uma filosofia mesquinha que favorecia a uns poucos apadrinhados, alguns até merecidamente, com a cobiçada pós-graduação no exterior. Os congressos internacionais eram disponíveis apenas para gerentes e escassos eleitos. As excursões a campo, mais democratizadas, se circunscreviam ao território nacional, pelo baixo custo. Isso mudou com o advento da gestão do diretor de exploração Guilherme Estrella e principalmente do novo gerente executivo, Mario Carminatti; este último, bem adestrado nos confins dos Pirineus espanhóis, sabia o valor da prática de campo.

Aos poucos, com a ajuda de colegas com trânsito internacional, foi montada uma carteira especial de treinamento no campo para quem trabalhava com o pré-sal. Foram escolhidos locais no Brasil e no exterior. É bom lembrar que esses locais não têm petróleo, possuem apenas rochas semelhantes, de diferentes idades, expostas ao ar livre, mas que muito se assemelham àquelas que se constituem nos verdadeiros reservatórios do pré-sal. Alguns desses locais, os mais antigos, quando na condição de soterrados no passado, podem ter tido a chance de portar hidrocarbonetos, mas atualmente, exumados, não revelam quaisquer indícios de sua presença.

A perfuração do 3-RJS-646, o poço de extensão do 1-RJS-628A (o poço descobridor de Tupi), marcou um divisor de águas, a partir do qual o estudo de análogos da camada pré-sal – mais especificamente, a procura de microbiolitos pelo mundo – foi priorizado. Mas bem antes, a partir de 2003, nosso grupo já vinha fazendo, por iniciativa própria, investigações com análogos, não exatamente desse tipo de rocha, mas do contexto geológico do grande ambiente sedimentar. Foram excursões no Recôncavo Baiano, que tem a fase rifte completa exposta ao ar livre; na Bacia emersa de Sergipe-Alagoas, onde ocorrem depósitos de coquinas que são concheiros, iguais aos bons reservatórios na Bacia de Campos; na Bacia do Paraná, para visualizar os reservatórios de arenito intercalados com derrames de lavas basálticas; e na Bacia de La Popa em Monterey, no México, para comparar a sequência evaporítica deformada (domos de sal) com o sal da Bacia de Santos.

Essas excursões foram muito úteis para auxiliar no mapeamento de todo o pacotão de rochas que ocorre entre o embasamento (o assoalho da bacia) e o *sag*, aquele outro pacote de rochas que foi popularizado como *camada pré-sal*. O *sag* está em toda a parte, digo, em toda a margem costeira brasileira, mas a composição dele varia conforme a distância das áreas fontes (aquelas áreas mais altas que circundavam o grande lago alongado do Oiapoque ao Chuí). Esse lago ou mar interior que foi crescendo – ou, mais precisamente, se alargando com a deriva da África em relação à América do Sul – foi palco, lá no meio dele (onde não havia energia suficiente para chegar qualquer fragmento de rocha erodida das terras altas circundantes), do surgimento dessas colônias de bactérias. Estas se proliferaram livres e floresceram sem predadores, visto que a alcalinidade da água era tão grande que não dava chance de outros organismos subsistirem.

Precisávamos procurar pelo mundo análogos desse ambiente e observar como essas colônias se comportavam no que toca à característica da estrutura interna delas e a variação na geometria dessas estruturas em superfície, tanto na sua distribuição horizontal quanto em profundidade – isto é, na vertical –, e se possível em todas as dimensões. Mas as colônias se solidificaram, foram preenchidas por vários materiais, foram soterradas, parcialmente dissolvidas pela circulação de fluidos mais ácidos; enfim, sofreram várias transformações no tempo geológico. Cabe ao geólogo decifrar todo esse passado e saber separar aquilo que lhe interessa. Para tanto fizemos um *tour* mundial que satisfaria a observação do ambiente na atualidade, antes do soterramento, bem como a observação de rochas tão ou mais antigas com o objetivo de verificar no que se transformaram e contar, enfim, a história geológica do sítio em questão. Conhecendo a história geológica de várias colônias microbiais, o geólogo vai formando um modelo próprio de história geológica para o Cluster da Bacia de Santos, pois compara as amostras e os testemunhos que já tem dos poços perfurados, compara a geometria dos edifícios microbiais que observa no campo com aquele que observa nas seções sísmicas, faz ensaios comparativos em laboratório de ambos os ambientes (poço e campo) e muito mais. No final, aperfeiçoa seu modelo geológico próprio, que tem a capacidade de indicar os melhores locais para se perfurar e produzir petróleo com altas vazões, bem como indicar o volume da reserva, ou a "cubagem da jazida".

Sem conhecer concretamente a rocha em seu habitat, os explorationistas de petróleo ficam às cegas. Desta forma, fomos em massa para o campo. Os grupos eram compostos basicamente por aqueles diretamente envolvidos com as descobertas, desde os que atuavam na linha de frente, como o nosso grupo, passando pelos prestadores de serviços que nos davam apoio em sedimentologia, geoquímica, paleontologia, engenharia de reservatório, geologia de poço, petrofísica, processamento sísmico, modelagens estruturais, além de geólogos e geofísicos novatos.

Os microbiolitos do pré-sal também podem ser chamados de *estromatolitos*, uma variedade que denota um caráter acamadado (disposição em camadas ou estratos). Os estromatolitos na verdade são considerados vestígios fósseis dos primeiros organismos vivos do planeta Terra. Essas bactérias, que através de seu metabolismo construíram esses espetaculares edifícios, são indiretamente responsáveis pela presença do ser humano, pois configuraram a biosfera atual, uma vez que forneceram grande parte do oxigênio da presente atmosfera por meio da fotossíntese numa época em que a superfície da Terra era um caldeirão fervendo. Já se encontraram fartas exposições deles na Austrália, datando de 3,5 bilhões de anos (Fig. 13) e, mais recentemente, abaixo do gelo da Groenlândia, com 3,7 bilhões de anos. De fato, podem sobreviver em condições extremas de temperatura, como pudemos observar nas fumarolas de atividade vulcânica nos parques turísticos do rifte queniano, uma das boas excursões que realizamos. Os microbiolitos ou estromatolitos foram os primeiros e provavelmente serão os últimos seres na Terra. Primeiro nos deram oxigênio e agora nos dão petróleo, que devolveremos na forma de dióxido de carbono.

13. *Microbiolito australiano de 3,4 bilhões de anos. Dimensões: 15 x 45 cm aproximadamente. Os organismos que sintetizaram essas rochas são os mesmos que edificaram a camada pré-sal e não se extinguiram.*

Dada essa transcendência no tempo e as condições adversas em que proliferam, o que não falta são belas exposições de colônias microbiais pelo mundo afora, inclusive no Brasil. Fomos a elas e as comparamos com o nosso pré-sal.

Cada excursão era cuidadosamente planejada. Depois de vários contatos com a instituição ou consultor, seja ele nacional ou internacional, nossos interlocutores realizavam com o orientador ou prestador do serviço uma excursão-piloto aos locais propostos a fim de adequar o plano com as necessidades da Petrobras. De uma forma geral havia duas modalidades: excursão para locais onde atualmente ocorre a formação dessas colônias microbiais e excursões a depósitos antigos, onde elas já tinham passado por longos processos de soterramento e exumação. Havia também os casos mistos. Serão aqui descritas algumas delas.

O primeiro lugar que mereceu a nossa atenção foi Omã, sultanato localizado na ponta da Península Arábica. Tínhamos a informação de que lá havia carbonatos microbiais produzindo óleo.

A capital de Omã é a aprazível Muscat, à beira do Golfo de Omã, uma prolongação do Golfo Pérsico, famoso por se localizar do lado direito da região petrolífera mais prolífica do mundo, um *trend* (um alinhamento) de campos de petróleo que corta a Arábia Saudita e o Iraque de norte a sul. O sultão Qaboos bin Said Al Said, que ocupa o trono desde 1970, tem prestígio popular porque, além de modernizar o país, fez muito para diminuir a desigualdade social com a renda de exportação de petróleo.

Na verdade, a situação geológica que se apresentava era um pouco diferente da nossa; tratava-se de grandes blocos de calcário microbial dentro do sal, isto é, totalmente imersos, mergulhados numa sequência evaporítica semelhante à nossa. Mas Omã era um destino tradicional dos carbonatólogos e havia uma *field trip* (excursão para o campo) já formatada com pelo menos um afloramento de microbiolito. A aventura exigia o acampamento de alguns dias em dois lugares totalmente ermos, um deles na beira de uma praia e outro no deserto. Conhecemos espetaculares exposições de montanhas de calcários, um belo afloramento de colônias microbiais onde pudemos examinar em três dimensões e chegamos ao ponto de mergulhar com pé de pato e snorkel a fim de visualizar os carbonatos que se formavam perto de nosso acampamento.

Meu grupo em Omã era da sétima missão naquelas plagas, ocorrida em fevereiro de 2010, e foi premiado com a participação do diretor Estrella, um entusiasta que incorporou o espírito da turma, mergulhou com invejável disposição física, mas não integrou a nossa equipe de futebol de praia, que pela primeira vez empatou com os árabes, jovens motoristas e cozinheiros, contratados a dedo pelo chefe da empresa que forneceu a logística. As turmas anteriores da Petrobras haviam ganho o tradicional jogo amistoso com folga, mas a nossa era majoritariamente composta por cinquentenários. Além do mais, o árbitro Estrella nos garfou uns dois gols para compensar a boa vontade dos anfitriões.

14. Microbiolito de Omã, 600 milhões de anos.

Fizemos outra viagem a Omã, alguns meses depois, dessa vez para participar de um seminário com parceiros do bloco BM-S-10, com foco na experiência deles no segmento de sistemas de produção.

Situada bem na ponta oeste da Austrália, em mais um lugar remoto, fomos a Shark Bay (Baía dos Tubarões), mais especificamente na Hamelin Pool, onde os microbiolitos estão sendo formados. O lugar é tão bonito e precioso que tem toda uma infraestrutura turística implantada. É o melhor análogo para o nosso *sag*, ou camada pré-sal. A semelhança é tamanha porque um campo submarino raso, de colônias em forma de cabeças (Fig. 15), eventualmente exposto pela maré baixa, convive com dunas de coquinas circundando a praia. As coquinas são semelhantes àquelas encontradas nos campos de Pampo, Badejo e Linguado, na Bacia de Campos. Fomos orientados por Lindsay Collins, da Curtin University, sediada na cidade de Perth, secundado pelo nosso colega Ricardo Jahnert, que cumpria doutorado nessa matéria. O geólogo Jahnert já conhecia de longa data essas rochas com sua experiência na Bacia de Campos e, depois dessa temporada na Austrália, passou a ser uma referência mundial.

15. Shark Bay (Austrália): concentrações de cabeças de microbiolitos já litificados e um tapete de colônias em formação. As cabeças têm de 30 a 50 centímetros de diâmetro.

Nossa turma teve que acampar duas noites num galpão com teto de zinco e chão batido que pertencia a dois jovens casais de fazendeiros. Numa das nossas saídas pela manhã cedo, um dos proprietários saiu noutra direção com uma espingarda no ombro. Perguntamos para onde ele estava se dirigindo. Respondeu que iria caçar canguru e perguntou se queríamos a especiaria como jantar. "*Why not?*", um de nós comentou. Na volta da nossa jornada à tardinha surpreendemos um esbelto exemplar do marsupial sendo carneado e fomos contemplados mais tarde com um churrasco dele. Felizmente tinha umas porções de ovelha que me salvaram. Canguru é muito ruim!

O kit da excursão incluía um sobrevoo num teco-teco sobre a baía, ocasião em que tivemos a sorte de apreciar um cardume de arraias passeando pelas águas cristalinas de Hamelin Pool.

As "cabeças" de Hamelin Pool têm o seu correspondente em duas pequenas lagoas perto do Rio de Janeiro: a Lagoa Vermelha e a Lagoa Salgada, nos municípios de Saquarema e Campos dos Goitacazes (respectivamente a 120 e 280 quilômetros do Rio de Janeiro). Esses sítios, verdadeiros museus a céu aberto, completamente abandonados, estão sendo gradativamente destruídos pela ação descontrolada das atividades humanas porque não têm qualquer proteção do poder público. Nossa investigação foi orientada pelo professor Crisogono Vasconcelos, um brasileiro que estuda a formação desses estromatolitos pelo Instituto Federal Suíço de Tecnologia de Zurique (ETH Zürich).

Crisogono mostrou para uma equipe multidisciplinar da Petrobras, na qual foram incluídos engenheiros de produção e de reservatório, os mecanismos de formação das colônias, as tais cabeças. Pudemos perceber *in situ* a formação inicialmente de uma massa laminada gelatinosa que é o produto do metabolismo das bactérias (Fig. 19). Crisogono fez uma analogia bem simples do que seria esse produto: "É como se fosse o nosso ranho, o muco produzido no interior do nosso aparelho respiratório". Na verdade

16. *Campos de microbiolitos na Lagoa Salgada, Rio de Janeiro.*

seria o subproduto da fotossíntese ou quimiossíntese, se realizado na zona afótica submersa, ou zona onde a luz natural não penetra. Observamos também as etapas de endurecimento e consolidação final em rocha graças a Crisogono, que bravamente entrou no lago e, enterrando um cano de acrílico, sacou um testemunho dessa evolução (Fig. 18). De fato, em poucos decímetros de profundidade a massa gelatinosa se mineralizava na forma de um duro carbonato de cálcio, um legítimo calcário, tal e qual o nosso pré-sal. Nas fotos da Lagoa Salgada do Rio de Janeiro pode-se observar o nosso campo de cabeças ou colônias de bactérias ou micróbios (Fig. 16) e o corte da "cabeça", que dá uma ideia da estrutura interna e da geometria dos poros e pode ser comparado com os genuínos microbiolitos do pré-sal e demais microbiolitos antigos mostrados adiante neste capítulo (Fig. 17).

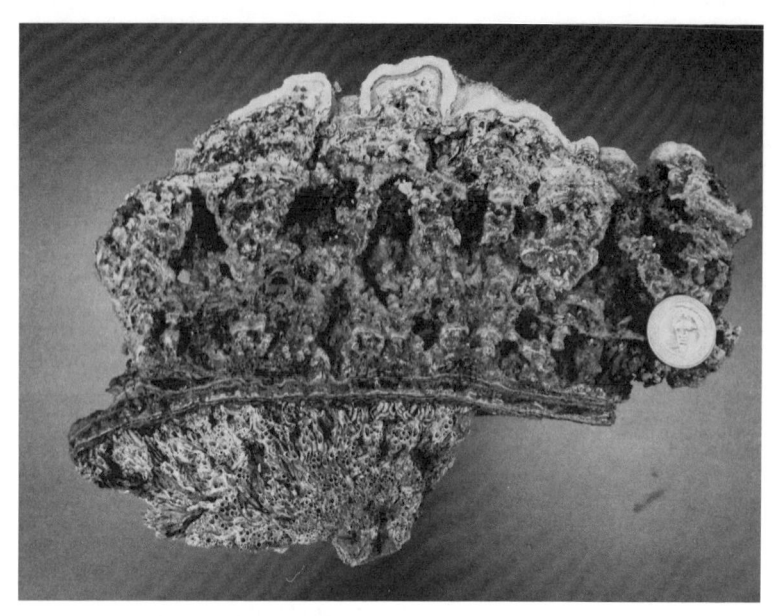

17. O microbiolito de Lagoa Salgada, Rio de Janeiro, litificado (petrificado). Nesta buraqueira é onde vai se alojar o óleo da camada pré-sal.

18. Crisogono em ação sacando um testemunho.

19. A colônia de bactérias ainda gelatinosa. No fundo, o campo de colônias.

Outro sítio clássico, onde edifícios, ou melhor, verdadeiras montanhas de microbiolitos estão notavelmente expostos é na Namíbia. Já existia uma excursão tradicional formatada para essa localidade conduzida por John P. Grotzinger, outro fera, tão renomado que é colaborador do Programa de Exploração de Marte mantido pela Nasa no que toca ao estudo da existência de vida naquele planeta. Consta que estes organismos podem subsistir em Marte. Mas Grotzinger não pôde estar presente na minha turma, que acabou orientada pelo não menos capacitado Peter Homewood, mais tarde contratado pela Petrobras como consultor especial para trabalhar no Rio de Janeiro. O análogo da Namíbia é importante porque tem um tamanho ou uma escala equivalente ao nosso pré-sal e é possível percorrê-lo, caminhar mesmo em cima dele por quilômetros, bem como examinar a distribuição das variações da textura e da estrutura das rochas verticalmente, isto é, uma colossal experiência em três dimensões, o que é muito importante para ajudar na elaboração de modelos geológicos que vão nortear a localização dos futuros poços.

20. Montanhas de microbiolitos na Namíbia. Equivalente ao Campo de Tupi a céu aberto.

21. Uma sucessão de "cabeças" perfiladas e empilhadas, as maiores têm de quatro a cinco metros de altura. Namíbia.

Na Chapada Diamantina, na região da cidade de Morro do Chapéu, na Bahia, é necessária a autorização, gentilmente concedida pelos proprietários da Fazenda Arrecife, para se visitar os portentosos afloramentos de microbiolitos estromatolíticos de idade pré-cambriana. Há cerca de 600 milhões de anos jazem ali colônias, hoje em dia totalmente silicificadas e por isso resistindo bravamente ao intemperismo. A excursão foi guiada pelo professor Cícero da Paixão Pereira, ex-funcionário da Petrobras e catedrático da Universidade Federal da Bahia. Cícero, com sua fala mansa, educação esmerada e grande sapiência, respondia a todos os nossos questionamentos. Nas primeiras noites, antes de um lauto jantar num pequeno restaurante italiano, Cícero ministrava suas palestras discorrendo sobre os modelos deposicionais dessas rochas, e durante o dia nós praticávamos a boa geologia de campo a ser aplicada no pré-sal da Bacia de Santos.

22. Afloramento de microbiolito tipicamente estromatolítico. Pré-Cambriano Superior (cerca de 600 milhões de anos). Chapada Diamantina, Bahia. Altura: 1 metro.

O último exemplo de excursão para estudo de análogos que escolhi para ilustrar aqui foi o de Salta, na Argentina. Um projeto bem montado por uma equipe da Petrobras, especialmente para os "clientes" do pré-sal, capitaneada por Gerson Terra e Guilherme Raja Gabaglia e em parceria com geólogos argentinos. Este foi o melhor exemplo que conheci para observar certos detalhes e a associação com outros ambientes deposicionais. Trabalhávamos à noite também utilizando as informações de poços perfurados na área. Essa viagem de campo é indicada também para os geólogos e engenheiros de reservatório que precisam de um conhecimento mais aprofundado do campo de petróleo a fim de tornar mais eficiente a recuperação ou extração do ouro negro. A viagem a Salta foi a minha última ida ao campo e me fez despertar ideias preciosas para desvendar o modelo deposicional de Carcará, uma estrutura muito peculiar do Cluster que a Petrobras vendeu para a Statoil em julho de 2016, conforme veremos adiante.

Salta é uma pequena cidade colonial fincada no pé dos Andes rodeada daquele fantástico complexo de rochas multicoloridas se desagregando em um solo aluvial que, aliado com um clima perfeito, produz um vinho de muito bom caráter. Salta é um lugar para se visitar antes de morrer.

Existem outros sítios muito bons que não arrolei aqui, visitados ou não por equipes da Petrobras, distribuídos por todos os

23. Detalhe das maiores cabeças em Salta, Argentina.

continentes. Uma viagem dessas proporciona tanta informação e base de discussão que ninguém volta dela pensando do mesmo jeito. O contato direto com uma coisa parecida com seu objeto de estudo, além de aprofundar o conhecimento, age como um bálsamo de confiança sobre os nossos espíritos e, claro, consequentemente melhora a produtividade no trabalho.

O alto custo para transportar, alimentar, abrigar e educar o profissional em missão de campo no exterior vira uma ninharia frente ao posterior retorno em eficiência e "óleo no tanque". Na volta ao escritório um relator é nomeado para confeccionar um relatório, com livre participação dos demais, que será arquivado na Biblioteca Central da Petrobras. Em geral nomeávamos um novato para essa tarefa. Uma palestra é apresentada para a comunidade envolvida no escritório. As viagens de campo eram também oportunidades para despertar temas interessantes naqueles indivíduos de olho em programas de pós-graduação no Brasil ou no exterior, um luxo que poucas empresas bancam.

11

O Marco Regulatório

Em 2008 a Petrobras vinha em plena colheita dos frutos dos primeiros leilões do regime de exploração por concessão de áreas, regulamentado em 1997. Já havíamos realizado tremendas descobertas no espaço de apenas quatro anos. Os campos de Tupi, Carioca, Júpiter, Guará, Iracema e Iara. A área do Parque das Baleias, o Cluster capixaba, já exibia toda a sua exuberância. Essas acumulações juntas devem totalizar, por baixo, uns 25 bilhões de barris como reservas, o suficiente para abastecer o Brasil por 25 ou trinta anos. Hoje em dia, 2018, este número ainda é válido porque o pré-sal ainda não produz com suas comportas totalmente abertas nesses campos, isto é, produzimos até hoje uma percentagem muito baixa desse número. Essas reservas são estimativas minhas, não provadas. Ainda não foram incorporadas porque necessitam de mais perfurações para serem certificadas, ainda não podem ser oficialmente divulgadas. Mas trata-se de uma velocidade de descobertas que não tem paralelo na história da exploração mundial de petróleo. Nós vínhamos evoluindo aceleradamente no conhecimento do sistema petrolífero do pré-sal, em especial acerca da rocha-reservatório (o microbiolito); isto é, nós éramos literalmente detentores do mapa da mina.

O pré-sal não era propriamente um bilhete premiado, mas a Petrobras tinha desenvolvido tecnologia própria *in house* capaz de botar o dedo em uma seção sísmica e afirmar: aqui tem óleo, em tal quantidade e vai produzir com alta vazão; aqui o risco é maior; aqui não vamos perfurar de jeito nenhum. Essa vantagem tecnológica vinha majoritariamente de um algoritmo desenvolvido pelos especialistas em processamento e interpretação de sísmica capaz de indicar o filé mignon das colônias microbiais. Essa excepcional equipe de tratamento de dados sísmicos da exploração era protagonizada pelo geofísico Carlos Alves da Cunha Filho e assessorada por André Romanelli. A Petrobras também foi pioneira na avaliação do potencial de produtividade dos microbiolitos por meio de perfil de ressonância magnética, uma novíssima ferramenta idealizada pelas companhias de serviço que caiu como uma luva para a equipe de petrofísicos responsáveis por avaliar e caracterizar a qualidade dos reservatórios. As sedimentólogas do Cenpes também inovaram no uso de tomografia para perscrutar a estrutura interna dessa rocha. Além disso, em relação a experiência, infraestrutura instalada, convivência com fornecedores e tecnologia de ponta na engenharia de águas ultraprofundas, a Petrobras não tinha rivais que pudessem colocar em atividade em tempo recorde, e de forma racional, sistemas de produção na forma de FPSOs, os tais supernavios estocadores. Essas vantagens vinham de longe. Tinham sido adquiridas pela gloriosa campanha de exploração e produção na Bacia de Campos, que junto com a campanha de exploração e produção da Bacia do Recôncavo se tornou uma bacia-escola que abasteceu o Brasil, sob a "estufa" do regime do monopólio, durante quase trinta anos.

Os arautos do neoliberalismo no Brasil, essa doença infantil do capitalismo, apregoam que o pré-sal foi descoberto graças ao regime de concessão de áreas implantado pelo presidente Fernando Henrique Cardoso. É tão certo que a Petrobras iria chegar ao pré-sal na Bacia de Santos sozinha, por meio da perfuração do poço Tupi, como afirmar que a Terra é redonda. O que mais lamentávamos cada vez que um poço no pré-sal revelava uma coluna de óleo de centenas de metros era: "Por que não estamos 100% neste bloco? Será que dá pra dar um *goodbye* pra esses gringos?". Já vimos nas páginas anteriores que parceria ou consórcios com *majors* em áreas de concessão são um estorvo. É claro que há um certo ganho mútuo na convivência com um sócio em uma *joint venture*, mas a Petrobras já vinha na ponta da tecnologia em águas profundas, ganhando prêmios internacionais mesmo antes do pré-sal. O regime de monopólio nunca engessou a empresa, pelo contrário: fez a Petrobras chegar no pré-sal rapidamente porque conhecia o chão em que pisava havia mais de cinquenta anos.

O novo Marco Regulatório do Petróleo no Brasil foi promulgado em 22 de dezembro de 2010, mas sua origem e gestão começou naquela reunião no Cenpes no início de novembro de 2007, relatada em capítulo anterior, quando Lula decidiu mudar a lei do petróleo, depois que tomou conhecimento do pré-sal, um gesto que poucos estadistas da nossa história praticariam. Uma iniciativa da envergadura de um Getúlio, de um Juscelino. As discussões em torno da nova legislação se centraram numa premissa básica ditada pelo governo: o pré-sal é um bilhete premiado, não é justo nem para a Petrobras, nem para o povo brasileiro continuar a exploração desse bem estratégico sob o regime de concessões, que possibilitava a prospecção, produção e apropriação – inclusive na camada pré-sal – por parte de empresas estrangeiras. O governo então constituiu uma comissão ministerial em 17 de julho de 2008, coordenada pelo Ministério das Minas e Energia, para apresentar sugestões de mudanças institucionais e regulatórias para a exploração e produção de petróleo e gás natural na camada pré-sal. A Petrobras obviamente tinha assento nessa comissão.

A criação da tal comissão repercutiu na nossa equipe. Tivemos que acompanhar *pari passu* o desenvolvimento das discussões porque sempre havia uma demanda técnica por parte dela. A Petrobras constituiu comissões próprias multidisciplinares e definiu um mapa da área de ocorrência da potencial zona produtora do pré-sal, que vai de Santos até o norte do Espírito Santo, o chamado polígono do pré-sal (Fig. 3). Em função da sua forma, esse polígono ficou conhecido informalmente como Picanha Azul. Azul, porque o gerente executivo já era Mario Carminatti, ou estava na iminência de sê-lo, um gremista fanático. Várias apresentações foram realizadas em todo o Brasil a fim de esclarecer ao corpo gerencial da empresa o que era o pré-sal e o que se discutia em Brasília.

A fisionomia da nova lei se desenhava, e em meados de 2009 a ANP destacou uma pequena equipe composta por três jovens geólogas assessoradas por um veterano geólogo, ex-funcionário da Petrobras, familiarizado em acompanhamento e avaliação de poços, para conhecer o Cluster. Durante uns três meses apresentamos a eles todos os resultados dos poços envolvidos e os adestramos nas manhas para mapear as áreas adjacentes. A ideia era escolher um local para perfurar um poço sob encomenda da ANP nas cercanias do Cluster. Esse poço seria chave para balizar as demandas do novo Marco Regulatório, como veremos mais adiante.

Já tínhamos um levantamento preliminar dessas áreas adjacentes por causa da nossa preparação para o leilão de número 8 (que acabou suspenso por uma liminar de um sindicato) e o de número 9, que o CNPE havia alterado com a retirada das oportunidades no pré-sal, conforme relatado anteriormente. Quando o Marco Regulatório foi publicado, as negociações com a ANP quanto à posição do poço já estavam adiantadas, e finalmente se escolheu uma das maiores estruturas ou oportunidade exploratória, em outras palavras, um potencial campo de petróleo nas proporções de Tupi. O nome dele era Franco.

Franco se localiza alguns quilômetros a nordeste do bloco BM-S-11. Escolhemos de comum acordo com a ANP um ponto no ápice da estrutura, teoricamente um dos melhores locais para se obter um grande sucesso.

O que diz a nova lei, o novo Marco Regulatório? Ele veio no bojo de quatro Projetos de Lei que foram aprovados integralmente, sem emendas importantes, num *tour de force* conduzido pelas lideranças da base aliada do governo no Congresso. São eles:

PL número 5.938, que
dispõe sobre a exploração e a produção de petróleo, de gás natural e de outros hidrocarbonetos fluidos sob o *regime de partilha* de produção, em áreas do pré-sal e em áreas estratégicas,

altera dispositivos da Lei nº 9.478, de 6 de agosto de 1997, e dá outras providências.

Resumidamente: nas licitações ou leilões de áreas para exploração de petróleo dentro do polígono de ocorrência da camada pré-sal (a Picanha Azul), a Petrobras teria participação mínima não inferior a 30% na proposta ganhadora, mas podendo concorrer em consórcios onde participa com mais de 30% ou mesmo individualmente. Além disso, Petrobras seria obrigatoriamente a operadora em qualquer circunstância. Isso significa que a Petrobras seria sempre detentora de pelo menos 30% de participação de todos os lotes leiloados e também a operadora – a empresa que compra os equipamentos, executa o projeto etc. Essa lei ainda garantia a contratação direta da Petrobras pela União, dispensando licitação, nos casos que o CNPE julgasse conveniente e estratégico. Quer dizer, na teoria, o governo poderia sistematicamente, sem muitas delongas, instituir o monopólio da exploração do pré-sal pela Petrobras. (Isso de certa forma já estava em curso, com a escolha da estrutura de Franco a ser perfurada pela estatal; a ANP não fizera licitação para escolher a operadora deste poço.) Os contratados assumiriam riscos, mas, se houvesse descoberta comercial, teriam direito a ressarcimento dos investimentos. O julgamento da licitação identificaria a proposta mais vantajosa segundo o critério da oferta de maior excedente em óleo para a União; isto é, em caso de descoberta comercial, depois de descontados todos os investimentos, o lucro, em óleo, seria dividido entre a União e o consórcio. Levaria aquele consórcio que oferecesse mais óleo para a União. *A União poderia contratar a Petrobras, sem licitação, para comercializar o seu óleo.* Por ocasião da assinatura do contrato, o consórcio vencedor deveria pagar um bônus à vista estipulado em edital. A parcela dos royalties de petróleo ficou genericamente citada, prevendo-se regulamentação posterior.

PL número 5.939:
Autoriza o Poder Executivo a criar a empresa pública denominada Empresa Brasileira de Administração de Petróleo e Gás Natural S.A. – PETRO-SAL, e dá outras providências.

Resumidamente: a Petro-Sal seria o braço operacional da União, isto é, faria a gestão dos contratos de partilha de produção celebrados pelo MME, participando dos consórcios e dos comitês operacionais, com poder de voto e veto e de realizar a gestão dos contratos para a comercialização do petróleo e gás natural da União, podendo contratar a Petrobras, dispensada a licitação.

PL número 5.940:
Cria o Fundo Social – FS, e dá outras providências.

Resumidamente: tem a função de constituir poupança pública de longo prazo com base nas receitas auferidas pela União, oferecer fonte regular de recursos para o desenvolvimento social, na forma de projetos e programas nas áreas de combate à pobreza e de desenvolvimento da educação, da cultura, da ciência e tecnologia e da sustentabilidade ambiental e mitigar as flutuações de renda e de preços na economia nacional, decorrentes das variações na renda gerada pelas atividades de produção e exploração de petróleo e de outros recursos não renováveis. Posteriormente seria especificada uma percentagem desses recursos para a área da saúde.

PL número 5.941:
Autoriza a União a *ceder onerosamente* à Petróleo Brasileiro S.A. – PETROBRAS o exercício das atividades de pesquisa e lavra de petróleo, de gás natural e de outros hidrocarbonetos fluidos de que trata o inciso I do art. 177 da Constituição, e dá outras providências.

Resumidamente: esta é a Lei da Cessão Onerosa. A Petrobras teria direito à titularidade de cinco bilhões de barris situados nas áreas adjacentes ao Cluster mediante ressarcimento à União (e daí o termo "cessão onerosa") do preço de custo desse volume. O preço de custo seria arbitrado por certificadoras internacionais contratadas pelas partes, Petrobras e ANP, instituição escolhida pela União para representá-la, prevendo-se reavaliações periódicas desse custo, conforme as oscilações no mercado do preço de insumos e principalmente da reavaliação dos volumes contidos nas áreas cedidas, sabendo-se que só com o avanço das perfurações as reservas vão ficando bem conhecidas. Por fim a Petrobras faria juntamente com a União uma engenharia financeira para quitar esse valor à vista. Em outras palavras, a Petrobras teria o direito de comprar da União 5 bilhões de barris no subsolo, mas o preço dessa reserva seria definido por certificadoras internacionais.

A PL 5.941, esta última, foi a que suscitou uma grande tarefa por parte tanto da Petrobras como da ANP: a definição por consenso do valor de extração de cada barril de petróleo no pré-sal, no entorno do Cluster. Não confundir o preço desse barril com o preço da commodity petróleo em si, que custava na época cerca de 70 dólares. O preço em questão equivale à divisão de todo o investimento aplicado nas jazidas até a exaustão pelo volume de petróleo produzido, o que, estimava-se, poderia variar de 5 a 10 dólares por barril. Ocorre que uma diferença de apenas 1 dólar por barril resulta em 5 bilhões de dólares, daí a importância na acuracidade das certificações. Eram duas definições a serem feitas: quais estruturas no entorno do Cluster ainda não licitadas perfaziam esses cinco bilhões de barris como reserva esperada e qual o investimento necessário em dólares para extrair este montante. A tendência normal, humana, seria de a Petrobras puxar esse valor para baixo, ao passo que a ANP empurraria para cima. Em outras palavras: à Petrobras interessaria pagar o mínimo possível pelos cinco bilhões de barris, e à ANP, representante do governo, interessaria vender bem caro essa reserva.

A Lei da Partilha ainda especifica o papel dos órgãos governamentais envolvidos, quais sejam (em grifo os mais importantes):

Papel do MME: 1) planejar o aproveitamento do petróleo e gás natural; 2) ouvida a ANP, propor ao CNPE blocos para partilha; 3) propor ao CNPE os parâmetros técnicos e econômicos dos contratos (critérios para óleo lucro / percentual mínimo do óleo lucro; participação mínima da Petrobras; critérios e percentuais máximos para custo em óleo; *conteúdo local mínimo; bônus de assinatura*); 4) estabelecer diretrizes para a ANP relativas a licitações, minutas de editais e de contratos; 5) aprovar as minutas de editais e de contratos; 6) Estabelecer requisitos e aprovar as cessões de direitos, ouvida a ANP.

Papel do CNPE: definir 1) *ritmo de contratação dos blocos e o conteúdo nacional*; 2) *blocos para contratação exclusiva e blocos para licitação*; 3) parâmetros técnicos e econômicos dos contratos; 4) alterações (para mais) na definição da área chamada pré-sal; 5) *áreas a serem classificadas como estratégicas*; 6) política de comercialização do petróleo e gás natural da União.

Papel da ANP: 1) promover estudos visando subsidiar o MME na delimitação dos blocos para partilha; 2) elaborar minutas de editais e de contratos; 3) *promover as licitações*; 4) *analisar e aprovar os planos de exploração e produção e programas anuais de trabalho relativos aos contratos de partilha*; 5) *regular e fiscalizar*; 6) compatibilizar e uniformizar as normas aplicáveis sob diferentes regimes.

Papel da Petro-Sal: 1) gestão dos contratos de partilha de produção celebrados pelo MME, *participando dos consórcios e dos comitês de gestão, com poder de voto e veto*; 2) não assumirá riscos e não fará investimentos (não possuirá ativos; não aufere receitas com a partilha); 3) *gestão dos contratos para a comercialização do petróleo e gás natural da União, podendo contratar a Petrobras, dispensada a licitação;* 4) analisar dados sísmicos; 5) representar a União nos procedimentos de individualização da produção.

É preciso esclarecer que o regime de concessão de áreas permaneceu. Todos os contratos foram mantidos, inclusive aqueles das áreas no pré-sal. O que mudou foi o tratamento para a área de pré-sal, a partir da data da nova lei, inserida no polígono da Picanha Azul, que vai de Santa Catarina ao Espírito de Santo em águas profundas e ultraprofundas. Trocando em miúdos, as principais novidades foram:

> Regime de Partilha: qualquer consórcio ganhador teria a Petrobras como operadora e com o mínimo de 30% de participação nos leilões dentro da Picanha Azul;
> Cessão Onerosa: a União venderia 5 bilhões de barris no subsolo para a Petrobras pelo preço a ser determinado por certificação internacional;
> Criação da Petro-Sal, uma estatal para gerir os contratos sob o regime de partilha e traçar as diretrizes nos comitês operacionais de cada consórcio.
> Criação de um gigantesco Fundo Social.

O poço de Franco então teve uma dupla função: sinalizar parâmetros para a escolha de áreas da Cessão Onerosa e auxiliar na avaliação do potencial remanescente das adjacências das grandes descobertas, visando futuras licitações, uma vez que balizou por si só um volume apreciável em face do excelente resultado, que revelou cerca de 300 metros de coluna de óleo de boa qualidade em excelente reservatório, embora ainda não testado.

Em 18 de outubro de 2009, uma pequena comissão constituída por mim, pelos geofísicos Marcos Bueno (que mapeou o Campo de Tupi) e Álvaro Arouca (que trabalhava na área do Parque das Baleias, no Espírito Santo), e pelo geólogo Wagner Castro, coordenador e interlocutor nomeado pela Petrobras, embarcou para Dallas, no Texas, a fim de se encontrar com técnicos da certificadora DeGolyer & MacNaughton. Nossa missão era municiá-los com dados e informações sobre o pré-sal no entorno do Cluster visando a cubagem (cálculo do volume) da reserva remanescente e assim direcionar a escolha das áreas que englobariam os 5 bilhões de barris da cessão onerosa que tocava à Petrobras. A certificadora tinha encontros paralelos com o nosso pessoal de engenharia de produção para valorar o preço de extração do barril de petróleo. Portanto, em última análise, a DeGolyer & MacNaughton iria sugerir o valor que a Petrobras desembolsaria à União.

Fomos recebidos pelos certificadores com entusiasmo e congratulações acerca das nossas descobertas e muita curiosidade sobre como tínhamos obtido aquele sucesso. Explicamos que fora uma consequência natural da nossa experiência de décadas na margem costeira brasileira, principalmente as conquistas na Bacia de Campos, onde já conhecíamos e produzíamos no pré-sal, embora em outra camada: nas coquinas, localizadas abaixo dos microbiolitos. Ficamos durante uma semana fazendo apresentações e dissecamos para eles os poços-chave já perfurados dentro do Cluster e nas adjacências.

A ANP, por sua vez, contratou a certificadora Gaffney, Cline & Associates.

Fizemos outra missão a Dallas em março de 2010, em face do resultado do teste de Franco, o que motivou a recalibração dos parâmetros utilizados pela DeGolyer. Por fim, de posse dos resultados da nossa certificadora, enviamos à ANP uma sugestão das áreas que a Petrobras considerava suficientes para perfazer os cinco bilhões de barris a que tinha direito de comprar exclusivamente. Priorizamos a megaestrutura de Franco, que tinha o porte de Tupi, outras estruturas menores e umas tantas outras prolongações de campos já descobertos, como Tupi, Guará e Iara. Essas prolongações, com exceção de Iara, não tinham tanto petróleo, mas eram importantes para não serem futuramente colocadas em leilão, o que acarretaria em conflito (ou unitização) com o consórcio vencedor.

Finalmente foi definida a área da Cessão Onerosa pelo governo, com vitória da ANP no que tocava o custo de extração do barril de petróleo: 8,51 dólares, bem acima daquele que a DeGolyer estipulara, mas com vitória da Petrobras, e eu diria da sua equipe de exploração, na definição das áreas: o cobiçado Campo de Franco, a estrutura de Florim (bem menor do que Franco), dois apêndices de Tupi, ao sul e ao norte, e os entornos de Guará e Iara. Ficou de reserva, caso nos anos vindouros não se confirmassem reservas de cinco bilhões de barris nas áreas citadas, a estrutura de Peroba.

O futuro mostrou que as áreas acima ultrapassavam em muito os cinco bilhões de barris, o que gerou o chamado "excedente da Cessão Onerosa", que foi – por meio de uma reunião do CNPE, presidida pela então presidente Dilma Rousseff, em 24 de junho de 2014 – 100% cedido para a Petrobras sob regime de partilha. Foi editada uma resolução, mas não deu tempo para ser assinado o contrato até o presente, porque Dilma foi deposta e o TCU melou a resolução, pedindo vistas.

Voltando a 2010, no final de setembro a Petrobras protagonizou a maior capitalização do mundo através de Bolsa de Valores, captando 120 bilhões de reais, o equivalente a 70 bilhões de dólares ao câmbio da época. Esse montante seria destinado a um ambicioso plano de desenvolvimento do pré-sal que almejava quase triplicar a produção da empresa num orçamento que beirava os 200 bilhões de dólares para os próximos vinte anos.

A Cessão Onerosa foi uma forma de compensar a Petrobras pelo esforço de mais de cinquenta anos para chegar ao pré-sal, e hoje sabe-se que o excedente – isto é, aquele petróleo que estava lá embaixo, embora não soubéssemos que estava – perfaz um volume da ordem de 9 a 15 bilhões de barris. Espero que, quando o dileto leitor estiver lendo estas linhas, esta questão tenha se resolvido a favor da Petrobras e da sociedade brasileira; isto é, que a União já tenha assinado esse contrato, passando esse volume a quem o merece.

O Marco Regulatório, principalmente a Lei da Partilha (inspirada na experiência da Noruega, que é a nação majoritariamente beneficiária do petróleo extraído no Mar do Norte), foi criado para alavancar a indústria nacional, fortalecer a Petrobras e, sobretudo, tirar o Brasil do subdesenvolvimento através do investimento massivo em educação com os recursos do novo Fundo Social criado.

Mas o Marco Regulatório também municiou o governo com um ás de ouro na manga, possibilitado pela perfuração de Franco: a existência de outra estrutura supergigante pertinho de Franco. Tratava-se de Libra, a bola da vez para o primeiro leilão sob o regime de partilha, que ficou automaticamente valorizadíssima e com a qual o governo esperava captar um bônus bilionário para ajudar a tapar rombos do orçamento. Se Franco é bom, Libra poderia ser até melhor.

12

O SÉCULO DO BRASIL

O que conseguiram fazer hoje é dizer ao mundo que o século XXI é do Brasil e que não vamos jogá-lo fora. Vamos transformar o Brasil em potência mundial a partir do pré-sal.

(Discurso do presidente Lula em 28 de outubro de 2010, na inauguração da produção comercial de óleo na área de Tupi, no FPSO *Cidade de Angra dos Reis*.)

Esta poderia ser uma boa epígrafe para este livro. As pessoas poderiam encará-la hoje em dia de várias formas, cada uma percebendo-a para si com um tom diferente: ironia, esperança, desapontamento, tristeza e, ainda, júbilo. Todo acontecimento, todo fato histórico tem que ser analisado no contexto da época. Vou tentar fazê-lo aqui.

O Campo de Tupi foi descoberto em meados de 2006. Trata-se de um campo de petróleo sob um mar tão profundo que exigiria uma tecnologia própria, de ponta, para ser alcançado e colocado em produção num nível tecnológico equivalente a um projeto espacial da Nasa, a agência espacial norte-americana. A Petrobras já tinha recebido da OTC em 2001 e 2007 dois Distinguished Achievement Award (o "Oscar" da indústria do petróleo), prêmio internacional que consagra tecnologias *offshore* (no mar). O primeiro prêmio foi concedido para a companhia, e o segundo, para o engenheiro Marcos Assayag. A OTC é a renomada Offshore Technology Conference, o maior evento do mundo dedicado à área de exploração e produção de petróleo no mar. A OTC é apoiada por treze gigantescas instituições associativas norte-americanas no âmbito da engenharia e da geociência. (Em 2014, a Petrobras receberia o terceiro prêmio, como operadora que produzia mais de 700 mil barris por dia na camada pré-sal.) No curto prazo de quatro anos, a Petrobras colocara em produção definitiva o pré-sal da Bacia de Santos, sem contar que já produzia comercialmente no Parque das Baleias, no litoral do Espírito Santo – uma coisa inimaginável, por exemplo, no Golfo do México, dominado por Shell e ExxonMobil.

Os arautos do neoliberalismo no Brasil, ou melhor, aqueles supostos especialistas que criticavam o recém-criado Marco Regulatório, dizem que essa façanha foi conseguida graças às parcerias estrangeiras trazidas pelo regime de concessão instituído na gestão FHC. Eu diria que foi *apesar* delas. Fui testemunha de vários questionamentos e entraves colocados pelos parceiros em reuniões técnicas. A Petrobras, como os prêmios acima comprovam, sempre esteve na vanguarda da operação em águas profundas sozinha – ou melhor, acompanhada de instituições de pesquisas nacionais. Sócio na indústria do petróleo só é bom quando paga a parte que deve em dinheiro; fora isso, é uma permanente pedra no sapato.

A inauguração do FPSO *Cidade de Angra do Reis* foi palco de um evento pitoresco de nossa parte – digo da nossa equipe de exploração. A grande sacada para delimitar a Picanha Azul – o polígono de 150 mil quilômetros quadrados que enfeixa a ocorrência da camada pré-sal – foi quando percebemos a persistência de sinais conspícuos na medição da radiação natural dos primeiros metros do microbiolito. Em perfil (o equivalente ao "eletrocardiograma do poço"), tratava-se de uma zona onde o registro das curvas de radioatividade natural oscilava na forma de nove picos. Esses nove picos apareciam em todos os poços do pré-sal, de Santa Catarina ao Espírito Santo. A esse tipo de feição, quando repetitivo ao longo de uma bacia sedimentar, os geólogos chamam de *marco*; no caso, um *marco radioativo*, porque ele sinaliza um *horizonte estratigráfico*, isto é, uma superfície através da qual se nivela toda uma bacia, porque equivale a um momento em que houve um evento geológico. Serve para o geólogo se situar em qualquer parte da bacia a fim de auxiliar no projeto de perfuração de novos poços. Um outro marco importante, por exemplo, é produzido pela base do sal, a superfície que limita a entrada no pré-sal. Acontece que este não era um marco qualquer, pois podia ser seguido ao longo de duas bacias (Santos e Campos). Simplesmente representava a grandeza da camada pré-sal, uma extensão formidável de rara ocorrência no mundo.

Na primeira vez em que dispusemos lado a lado os perfis de vários poços em uma mesa de trabalho para examinar em detalhe esse fenômeno, reparamos que os nove picos se assemelhavam a nove dedos. Um certo geólogo comentou: "É o marco Lula", numa clara alusão à ausência do dedo mínimo na mão esquerda do então presidente. Pronto, o nome pegou e já deve ter sido pronunciado com frequência em congressos internacionais e, quiçá, artigos científicos.

A cerimônia no grande navio onde seria comemorado o início da extração comercial do Campo de Tupi se avizinhava e alguém levantou a ideia de aproveitar a oportunidade para fazer uma comunicação ao estadista, invocando o marco como uma homenagem. Carminatti encampou a ideia e determinou que se elaborasse uma placa com a devida alusão ao aleijão a ser entregue ao presidente. Eu não gostava do termo "marco Lula", evitava-o, sempre me referia como "nove picos", porque achava-o inadequado, antiético, mesmo na intimidade das nossas salas, e fiquei muito surpreso com a falta de sensibilidade das pessoas com esse tipo de proposição. Acompanhei a elaboração do design da placa e integrei a nossa comitiva representando a exploração junto com os geofísicos Marcos Bueno e Lemuel de Paula.

Chegamos ao aeroporto de Jacarepaguá, no Rio de Janeiro, às seis da manhã do dia 28 de outubro de 2010. Viajamos uma hora e meia de helicóptero. Fomos os primeiros a chegar e os últimos a sair do FPSO. A trupe presidencial, escoltada pelo presidente da Petrobras José Sérgio Gabrielli, os diretores Guilherme Estrella e o discreto Paulo Roberto Costa e o então governador Sérgio Cabral, chegou lá pelas dez da manhã. Executivos das parcerias do bloco também estavam presentes. Lembro que soubemos da morte do ex-presidente da Argentina, Nestor Kirchner, pouco antes da chegada de Lula. Um argentino, gerentão da BG, sócia nossa em Tupi, deselegantemente soltou impropérios de baixo calão sobre ele.

Na hora de entregar a placa, houve um princípio de jogo de empurra entre Estrella e Carminatti, do tipo, "começa você", "não, tem que ser você" – um flagrante constrangimento para decidir quem introduziria a homenagem alusiva ao defeito físico do presidente. Estrella empunha o microfone para uma plateia de quarenta pessoas na sala de recepção da plataforma, repleta de fotógrafos, e habilmente inicia a cerimônia dizendo que os geólogos da Petrobras estavam ali "para homenagear a sua história como metalúrgico e carinhosamente decidiram denominar Marco Lula pelos nove dedos" etc. Lula, a um metro de distância, ouvia atentamente o arrazoado e fez uma leve inclinada com a cabeça para trás quando Estrella finalmente mencionou os nove dedos. Chegou a dar uma espiada no toco da sua mão esquerda sob uma tempestade de aplausos. Estrella passou a palavra para Carminatti, que detalha a explicação geológica do marco, e Lula, na sequência, faz um inspirado discurso que finaliza afirmando: "Alguém jogou a minha mãozinha de nove dedos lá embaixo 118 milhões de anos atrás, e eu fico feliz pela lembrança e, pelo contrário, em vez de magoado fiquei muito feliz de vocês terem lembrado desses nove dedos aqui, que ajudaram a construir um pouco da história que estamos vivendo agora".

Correu tudo bem, eu não estava com a razão, o homenageado não ficara constrangido, mas até hoje prefiro chamar o fenômeno geológico de "nove picos". A solenidade foi gravada pelo pessoal do cerimonial do Palácio do Planalto e pode ser vista no YouTube. É só buscar "Marco Lula do Pré-Sal".

A Petrobras até o momento do discurso de Lula, cujo excerto encabeça este capítulo, já tinha descoberto cerca de 30 bilhões de barris em reservas *não provadas* (que necessitam de perfuração de poços delimitatórios para serem comprovadas). E viria a descobrir outros 30 bilhões nos cinco anos seguintes, contando com o excedente da Cessão Onerosa. Quer dizer: em dez anos, descobriu o equivalente a um Tupi por ano. Um estoque capaz de abastecer sozinho o mundo por dois anos seguidos. Um belo número, mas muito longe ainda das *reservas provadas* do Oriente Médio e da Venezuela, 800 e 300 bi, respectivamente, segundo o BP Statistical Review of World Energy de 2017. Portanto, o pré-sal é uma descoberta fantástica pelo volume de óleo que vem incorporando rapidamente e pela extensão territorial da rocha-reservatório, mas ainda não arranha os árabes e venezuelanos porque, em primeiro lugar, precisa provar estas reservas e, em segundo, porque precisa continuar descobrindo novas reservas nesse ritmo.

"Vamos transformar o Brasil em potência mundial a partir do pré-sal." Era um bom slogan, aproveitando a moda do Brasil mundo afora, sobretudo depois da edição para a América Latina e Ásia da revista *The Economist* que estampou na capa o Cristo Redentor decolando, em novembro de 2009.

Dilma Rousseff não esteve na comemoração da extração do primeiro óleo de Tupi porque estava em plena campanha para seu primeiro mandato. Não fosse o escândalo de corrupção e de tráfico de influência envolvendo sua ministra da Casa Civil, Erenice Guerra, teria vencido já no primeiro turno a eleição presidencial. Sua legenda foi catapultada pelo PAC (Plano de Aceleração Econômica lançado pelo governo em janeiro de 2007 com o objetivo de acelerar o crescimento econômico do Brasil, principalmente com investimentos massivos em infraestrutura), do qual Lula a proclamava "mãe", e por discursos invocando a soberania que o pré-sal traria ao país, alavancando a economia e a educação de qualidade, esta última com a aplicação do Fundo Social. O projeto de alavancagem econômica de Dilma, com o qual ela pretendia levar o país a um novo patamar e diminuir a desigualdade social, era calcado nas reservas do pré-sal.

O Brasil tinha que evitar a "doença holandesa", o mal que valoriza a moeda nacional com a entrada de uma enxurrada de petrodólares em função da simples exportação de petróleo bruto. O plano era agregar valor à commodity com a implantação de um complexo industrial petroquímico e naval e a exploração e produção de petróleo com equipamentos fabricados aqui. O plano começou a ser implementado antes mesmo de sua eleição.

Dilma involuntariamente começou o desmonte da Petrobras logo que assumiu, no afã de baixar na marra a inflação e os juros da taxa Selic (a taxa básica de juros da economia no Brasil). De 2011 até 2013 (inclusive), a Petrobras tinha bancado cumulativamente 72,65 bilhões de reais, o equivalente a 31,4 bilhões de dólares, subsidiando o preço do diesel e da gasolina, e no ano eleitoral de 2014 essa cifra cumulativa subiria a 114,6 bilhões de reais ou 49,6 bilhões de dólares.*

Em fevereiro de 2012, Dilma nomeou Graça Foster para a presidência da estatal. Graça era uma velha amiga e colaboradora de Dilma, tendo ocupado vários cargos de alto escalão na área de energia, inclusive a presidência da BR e uma importante diretoria na Petrobras. Portanto, tinha grande prestígio no âmbito da indústria do petróleo, e com o novo cargo foi guindada, em 2013, à décima oitava posição como mulher mais poderosa do planeta, segundo a revista *Forbes*. Dizem que Dilma a indicou devido à sólida confiança mútua e com a tarefa de sanear a área internacional da estatal, tradicionalmente repleta de compadrios e corrupção. Graça precisava fazer a "faxina", palavra que Dilma subliminarmente emitia quando passou a tomar conhecimento das indicações dos quadros técnicos produzidos pelas alianças espúrias do PT para poder governar. Graça tentou, tanto é que acumulou a diretoria da Área Interna-

---

* www1.folha.uol.com.br/mercado/ 2014/03/1426076-subsídio-a-energia-
-já-atinge-os-r-63-bi.shtml, em 16/03/2014.

cional até sua saída em fevereiro de 2015, no calor do escândalo da Operação Lava Jato. Saída essa que ocorreu por ela ter tido a coragem de anunciar baixas contábeis bilionárias relativas às refinarias em construção. Uma malta de gerentes foi parar na cadeia por corrupção, protagonizada pelos ex-diretores Paulo Roberto Costa (de Abastecimento), Renato Duque (de Serviços) e Nestor Cerveró (da Área Internacional). Todos eles assumiram entre 2003 e 2004. Duque e Costa saíram em 2012, sendo que Cerveró perseverou na BR Distribuidora entre 2008 e 2014.

Foi uma roubalheira sem limites baseada em aditivos de contratos fraudulentos, superfaturamento de preços, criação de cartéis entre as empreiteiras, licitações fraudulentas, cobrança de comissões indevidas, de propinas que chegavam a 3% sobre o valor de contratos bilionários. Um emaranhado de crimes que levaria à pena de morte na China ou ao suicídio no Japão. Todo o desvio desse dinheiro à guisa de alimentar campanhas eleitorais dos partidos aliados do governo ou do próprio PT, além de um troco para o bolso de cada um, é claro. Vários outros gerentes menores também foram pegos com a mão na botija e até hoje há desdobramentos dessa operação. Dilma nomeou para o lugar de Graça Foster o ex-presidente do Banco do Brasil Aldemir Bendine, que assumiu com um discurso moralizador, mas seria em breve igualmente preso por ter recebido 3 milhões de reais da empreiteira Odebrecht.

Falou-se muito sobre irregularidades na compra da refinaria de Pasadena, no Texas, negociada à revelia da filial da Petrobras America Inc. (PAI), uma operação estranha e aparentemente danosa à Petrobras, mas aquilo foi um troco (800 milhões de dólares) perto da roubalheira e do prejuízo causado pela paralisação das obras da refinaria do complexo do Comperj, em Itaboraí, no Rio de Janeiro, e da refinaria Abreu e Lima, em Pernambuco, em fins de 2014, devido à Operação Lava Jato. Além da paralisação, os aditivos fraudulentos nessas obras, bem como as propinas cobradas, produziram baixas contábeis que chegaram a 50,8 bilhões de reais em 2014 (17 bilhões de dólares), conforme valores já auditados*. Para completar a tempestade perfeita, no segundo semestre de 2014 o preço do barril do petróleo despencou de 100 para 45 dólares. Em resumo, em apenas dois anos, o desfalque na Petrobras, conforme avaliado pela operação Lava Jato, aliado ao subsídio no preço dos combustíveis chegou à cifra de 35,2 bilhões de dólares; de quebra, a estatal acumulava uma dívida de 120 bilhões de dólares.

O país inteiro mergulhou no redemoinho capitaneado pela Petrobras. Donos das principais empreiteiras do país passaram a admirar o sol nascendo quadrado. Em agosto de 2016, Dilma foi deposta por um Congresso quando o baixo clero – a ala onde vicejam os deputados corruptos –, a mando do supervilão Eduardo Cunha, então presidente da Câmara dos Deputados, oscilava para o voto em favor do impeachment.

A nova ordem comandada por Michel Temer, um político medíocre e altamente comprometido com tudo o que se possa imaginar de ruim para o país, coloca na Petrobras um preposto, Pedro Parente, para iniciar seu desmonte com a "eficiente" tarefa de sanear a legendária estatal através da venda de ativos a preço de banana, dentre eles o promissor Campo de Carcará, objeto do próximo capítulo.

A Petrobras não quebra porque tem um tripé mais alicerçado do que as pirâmides do Egito: um corpo técnico de primeira linha, uma descomunal infraestrutura instalada do poço ao posto, e que nunca falhou, e *a quarta reserva de óleo provada do mundo* (vide quadro; situação em 2015), perdendo por pouco para a ExxonMobil, BP e PetroChina (fora da lista a saudita Saudi Aramco e a venezuelana Petroven). Em breve ela pode chegar ao topo, basta incorporar as reservas do Campo de Franco (rebatizado como Campo de Búzios). E se incluir o excedente da Cessão Onerosa, pode abrir uma vantagem de bilhões de barris.

---

* www.valor.com.br/empresas/4017554/petrobras-perde-r-62-bi-com-corrupcao-e-tem-prejuizo-de-r-216-bi, em 22/04/2015.

Empresa	Petróleo (milhões de barris)	Gás natural (bilhões de pés cúbicos)	Esse gás em Barris de Equivalente em Petróleo (milhões)	Resultado total em BEP
ExxonMobil	13.232	60.210	11.440	24.672
BP	9.077	44.197	8.387	17.474
PetroChina	9.025	77.879	14.797	23.822
Petrobras	8.774	10.450	1.986	10.760
Chevron	6.262	29.437	5.593	11.855
Gazprom	5.800	663.600	126.084	131.884
TOTAL	5.605	32.206	6.119	11.724

Fonte: S&P Global Market Intelligence

24. Lula na comemoração da extração do primeiro óleo comercial de Tupi (agora, Campo de Lula), no FPSO Cidade de Angra dos Reis, 28 de outubro de 2010.

25. FPSO onde ocorreu a cerimônia citada.

13

Pega, mata e come

> *Carcará*
> *Lá no sertão*
> *É um bicho que avoa que nem avião*
> *Tem o bico volteado que nem gavião...*
> *Carcará*
> *Pega, mata e come*
> *Carcará*
> *Num vai morrer de fome*
> *Carcará*
> *Mais coragem do que Home...*
>
> Canção composta por João do Vale e
> notabilizada por Maria Bethânia

Em algum lugar no passado recente, o então presidente da Petrobras José Sérgio Gabrielli afirmou que toda vez que acontecia uma descoberta significativa de um campo de petróleo os geólogos lhe apresentavam mapas que mostravam uma reserva que ia encolhendo à medida que se perfuravam os poços de delimitação, mas que com o pré-sal era diferente: as reservas não só se confirmavam como aumentavam, e muito.

De fato, todas as descobertas nas quais a Petrobras foi operadora na Bacia de Santos até outubro de 2010, quando descobriu o Campo de Libra, sob encomenda da ANP, foram revelando reservas cada vez maiores com o avanço da delimitação por poços de extensão. Acredito que as atuais reservas já perfeitamente delimitadas ainda estejam subestimadas, uma vez que os engenheiros de produção da estatal têm a tradição de muita cautela nessa avaliação, utilizando um fator de recuperação mínimo, muito pessimista. O *fator de recuperação* é um número que expressa a percentagem de óleo que pode ser extraída do total acumulado pela natureza lá embaixo. Por exemplo, se um campo de petróleo possui "1 bilhão de barris de óleo equivalente *in place*, com fator de recuperação de 23%", isto é traduzido como "lá embaixo estão naturalmente armazenados um volume de óleo mais um volume de gás equivalente a 1 bilhão de barris, mas somente 23% desse volume, 230 milhões de barris, são passíveis de serem extraídos". Ou seja, a partir de certo ponto, o óleo não tem energia suficiente porque o reservatório perde pressão ao longo da produção e chega um momento em que nem os recursos de elevação artificial dessa pressão – como injeção de gás ou água – são efetivos; aquele que permanece lá embaixo para sempre é chamado de óleo remanescente. E são *77% do total do campo* que não serão extraídos. O fator de recuperação verdadeiro de uma jazida só é conhecido ao final do tempo de vida útil de um campo de petróleo, quando ele atinge o limite da sua economicidade, além do qual sua diminuída produção começa a dar prejuízo. Pois bem, como nossos campos do pré-sal são muito novos, ainda longe da exaustão (pois devem durar entre vinte e trinta anos), este valor de fator de recuperação deve aumentar, a julgar pelo histórico das bacias brasileiras. Os engenheiros da Petrobras não estão errados, apenas seguem a filosofia de proteger financeiramente a companhia contra surpresas desagradáveis no futuro. Mas como tudo no pré-sal é fora da curva, eu tenho certeza de que o fator de recuperação desses campos vai ser muito maior, quiçá o dobro daquele utilizado pelos nossos cautelosos engenheiros de produção.

Um outro parâmetro muito considerado na exploração de petróleo é o chamado *fator de chance*. Nada mais é do que a chance de se encontrar uma descoberta comercial em termos de percentagem. A viabilidade comercial é um parâmetro variável com o contexto econômico, principalmente o custo dos insumos (poços e logística) e do barril de petróleo. A área da Bacia de Santos, a grosso modo, apresentava até 2013 o seguinte histórico de sucesso concernente a descobertas independentes, excluídos poços de delimitação e prolongamentos da Cessão Onerosa:

Cluster (antigos BM-S-8/9/10/11): cinco descobertas comerciais (campos de Tupi, Iracema, Carioca, Guará e Carcará); onze descobertas subcomerciais (estruturas de Iara, Abaré-Oeste, Iguaçu, Abaré, Tupã, Iguaçu-Mirim, Guará-Sul, Parati, Macunaíma, Biguá e Bentevi). Com exceção das estruturas de Biguá e Bentevi, com uma coluna de óleo pequena ou baixa permeabilidade, os demais poços subcomerciais podem vir a ser comerciais com o advento de novas tecnologias no futuro, especialmente a área de Iara, que tem um volume de óleo equivalente *in place* muito grande (2 a 4 bilhões, segundo comunicado oficial da Petrobras). Isso perfaz um fator de chance de 100% para descobertas genéricas (independentemente do volume encontrado) e apenas 30% para descobertas comerciais. Contudo, todas as acumulações do bloco BM-S-9, por exemplo, poderiam um dia se tornar comerciais se as acumulações de Iguaçu, Abaré, Tupã, Iguaçu-Mirim, Guará-Sul e Abaré-Oeste pudessem ser aproveitadas conjuntamente com um sistema itinerante de navio captador de petróleo, por exemplo, uma tecnologia que já existe, mas que só se viabilizaria com o preço do barril de petróleo estando acima de 100 dólares, provavelmente. Então o fator de chance num outro contexto poderia passar de 30% para 75%.

Antigos blocos BM-S-21/22/24: uma descoberta comercial (Júpiter) e quatro poços secos (Caramba, no bloco 21, e três poços no bloco 22, onde a ExxonMobil foi operadora);

Cessão Onerosa: três descobertas comerciais (campos de Franco, Florim e Entorno de Iara);

Partilha: uma descoberta comercial (Campo de Libra).

Das 24 estruturas independentes perfuradas entre 2005 e 2013, há nove descobertas comerciais atualmente, o que daria quatro tiros certeiros em dez (ou 40% de chance), mas que podem no futuro se converter em sete descobertas comerciais a cada dez perfurações (ou 70% de chance).

Havia dois blocos do Cluster com problemas: o BM-S-10, onde Parati estava na "geladeira" e Macunaíma se mostrou subcomercial, quase seco; e o BM-S-8, onde Bentevi tinha um problema insolúvel com a qualidade do reservatório e Biguá, uma reserva minúscula. O BM-S-10 acabou sendo devolvido para a ANP, depois da reanálise de Parati, e o BM-S-8 mereceu mais uma chance, pois continha, pelo menos, mais duas estruturas ainda não perfuradas.

No final de 2010 perdemos o nosso guru, Luiz Gamboa, que, aposentado, foi trabalhar para a australiana Karoon. Em compensação ganhamos um geofísico que já tinha trabalhado com ele nesse bloco, Marco Antônio Carlotto, que vinha de um mestrado na Universidade Federal do Rio Grande do Sul. Gamboa, depois de uma curta temporada na Karoon, passou para a Queiroz Galvão, nossa parceira no BM-S-8. Também reforçaram a nossa equipe a geofísica Maria Cristina de Vito Nunes e o geólogo Felipe Medeiros.

Carlotto, Felipe e eu analisamos a fundo as duas oportunidades remanescentes no bloco BM-S-8. Gamboa já tinha feito um mapeamento delas, tendo inclusive indicado um local para o primeiro tiro naquela mais atraente. Carlotto fez um ajuste final nos mapas, fizemos uma análise das feições sísmicas comparativamente entre tudo o que havíamos perfurado no pré-sal e alguns análogos no mundo, cubamos o potencial da estrutura, alcançando um volume confortável para viabilizar economicamente o projeto, modificamos a posição proposta por Gamboa e denominamos o poço pioneiro de *Carcará*, um pássaro bem mais aguerrido que os anteriores (Biguá e Bentevi).

O bloco BM-S-8 claudicava porque não tinha nenhuma descoberta significativa. O prazo para a devolução definitiva da área estava chegando ao fim. A Shell abandonara-o, bem antes, quando se estava na iminência de perfurar Biguá, uma estrutura com estilo de *trapeamento estratigráfico*, uma situação de grande risco para a retenção de hidrocarbonetos, mas sabíamos, pelas modelagens geoquímicas e pelo próprio resultado deste poço e de Bentevi, ambos com algum óleo, que o bloco ainda tinha potencial; faltava achar uma situação em que o microbiolito estivesse mais exuberante. Bentevi fora concluído em maio de 2008 e Biguá, em novembro de 2011.

Carcará se mostrava tão exuberante em seção sísmica que se creditava essa característica à existência de um vulcão exatamente naquela área. Fora essa a aposta da Shell. Olhando com outros olhos para Carcará, com a experiência já adquirida no Cluster, conseguimos incontinenti em uma TCM a aprovação do nosso projeto ou locação em todos os fóruns da companhia e da parceria. A sorte estava lançada para a verificação da última chance do BM-S-8, praticamente na última grande oportunidade do Cluster. Havia, e ainda há, uma outra estrutura, denominada Guanxuma, a oeste, mas cuja análise de risco e volume ficava bem aquém da nossa escolha.

Um detalhe interessante foi a advertência da Shell pouco antes do início da perfuração de Carcará, sobre a possibilidade de ocorrer pressão anormalmente alta nesse poço. Mesmo fora do consórcio eles estavam preocupados, reflexo do mega-acidente do poço de Macondo no Golfo do México, em abril de 2010, que quase levou a BP à bancarrota em face das multas e do passivo ambiental que causou. Com esse aviso, a Shell agiu com prudência para se eximir de responsabilidades, uma vez que foram partícipes do bloco. De fato, nas cercanias da locação havia um histórico desse fenômeno: o próprio poço de Parati se encontrava nesse território.

Perfuramos a grande camada de sal e penetramos cuidadosamente na camada pré-sal. Como de praxe, após perfurar cerca de cem metros, fizemos descer até o fundo as ferramentas especiais para obter os registros e realmente medimos uma pressão bem acima do normal; mas o mais importante era: a bela feição que nas seções sísmicas sugeria um vulcão na verdade se tratava de uma colossal colônia de organismos microbiais cheinha de óleo, da melhor qualidade, melhor do que tudo o que se havia encontrado no pré-sal porque mais leve e desprovido dos inconvenientes gases CO_2 e H_2S (ácido sulfídrico, altamente corrosivo). Continuando com a perfuração, apareceram mais trezentos metros com hidrocarboneto até a broca bater num basalto muito duro, impermeável, mas com algumas fraturas, muito comuns nesse tipo de rocha, ainda impregnado de óleo.

A anomalia de pressão alta numa acumulação de petróleo pode ter várias causas, mas na situação de Carcará só restavam duas possibilidades. Poderia ser devido ao prolongamento geológico (um ramo de uma anomalia regional maior que ocorre nessa porção da bacia, mas que não se estende por todo o Cluster, apenas finda nessa parte norte dos blocos BM-S-8 e BM-S-10), ou devido a uma grande coluna de óleo localizada exatamente na estrutura de Carcará. Ocorre que nos anos seguintes mais dois poços foram perfurados para a delimitação do campo e ambos confirmaram estarem submetidos ao mesmo regime hidráulico do poço pioneiro, isto é, igualmente pressurizados em excesso. A confirmação desses poços, testados, com produtividades fantásticas constatadas, já garantia o gigantismo de Carcará. Como nenhum dos poços até o momento encontrou, e talvez jamais encontre, o contato óleo/água da acumulação, é bem provável que exista muito mais óleo *in place* do que se possa calcular.

Mas Carcará revelou mais surpresas. O microbiolito está intensamente silicificado, um fenômeno natural em que complexas reações químicas causadas pela percolação de fluidos promovem a remoção de carbonato de cálcio e a substituição deste por sílica (uma variedade de quartzo). Normalmente esse fenômeno se traduz como uma espécie de mal que prejudica a qualidade do reservatório em função da obliteração dos poros, mas em Carcará aconteceu o inverso. A silicificação, de uma maneira geral, melhorou o reservatório.

Estudei a fundo esse fenômeno em Carcará aproveitando o manancial de dados que o primeiro poço produziu; comparei com todos os poços do Cluster e de outras bacias, pesquisei na literatura acadêmica. Disponibilizei as minhas conclusões para um projeto maior que envolveu dezenas de técnicos. O projeto foi concluído e contribuiu bastante para a continuação da exploração desse *play* no resto da bacia.

A Petrobras, como já foi dito, inexplicavelmente abandonou o bloco por uma ninharia. Perdemos não só a chance de um ganho financeiro fabuloso para as próximas décadas, mas a chance de continuar na vanguarda do know-how deste tipo de acumulação. Eu digo inexplicavelmente porque não são válidas as justificativas de falta de recursos e de tecnologia para vencer a pressão alta para uma empresa do porte da Petrobras. Pelo contrário: esse nível de pressão otimizaria o desenvolvimento do campo porque dispensaria a perfuração de poços injetores – uma enorme vantagem. Além disso, pode surpreender com o tempo, com um fator de recuperação muito acima da média do pré-sal, devido justamente à pressão elevada. A pressão anormalmente alta tem grande chance de se tornar uma aliada, inclusive no mais elevado retorno de capital.

Analisemos a nota da Petrobras sobre a venda de Carcará:

Rio de Janeiro, 29 de julho de 2016 – PETRÓLEO BRASILEIRO S.A. – A Petrobras informa que seu Conselho de Administração aprovou, em reunião realizada em 28 de julho, a venda de sua participação no bloco exploratório BM-S-8, para a Statoil Brasil Óleo e Gás LTDA. Esta transação é fruto de um processo competitivo e representa um avanço material na parceria estratégica entre as duas empresas, que já possuem Acordos de Cooperação com foco em desenvolvimento tecnológico na área de E&P offshore.

Esta operação faz parte da política de gestão de portfólio da Petrobras, que *prioriza investimentos em ativos com maior potencial de geração de caixa no curto prazo e com maior possibilidade de otimização de capital e de ganhos de escala, devido à padronização de projetos de desenvolvimento da produção*. A Petrobras tem obtido vantagens competitivas relevantes no desenvolvimento do pré-sal brasileiro, com a aplicação extensiva de projetos semelhantes e equipamentos padronizados. O preço base negociado para a participação no BM-S-8 é de 2,5 bilhões de dólares. A primeira *parcela, correspondente a 50% do valor total (1,25 bilhão de dólares), será paga no fechamento da operação. O restante do valor será pago através de parcelas contingentes relacionadas a eventos subsequentes, como, por exemplo, a celebração do Acordo de Individualização da Produção (unitização).* O BM-S-8 está localizado na Bacia de Santos, e é atualmente operado pela Petrobras (66%) em parceria com a Petrogal Brasil S.A. (14%), Queiroz Galvão Exploração e Produção S.A (10%) e Barra Energia do Brasil Petróleo e Gás LTDA (10%). Neste bloco ocorreu uma descoberta no prospecto exploratório denominado Carcará. Adicionalmente, a Petrobras e a Statoil estão negociando um Memorando de Entendimento, onde outras iniciativas de cooperação estratégica serão avaliadas, com o objetivo de uma atuação de longo prazo.

Os grifos são meus para uma rápida análise do mau negócio. O primeiro grifo mostra como a Petrobras dá um giro de 180 graus na tradicional política de exploração que visa o longo prazo bem como o pioneirismo e a vanguarda absolutos em águas ultraprofundas, quando afirma que no momento só interessa "ativos com maior potencial de geração de caixa no curto prazo" e, pasmem, "devido à padronização de projetos de desenvolvimento da produção". A Statoil, que comprou Carcará, sim, vai padronizar um projeto de longo prazo quando colocar em produção em conjunto o prolongamento de Carcará, a norte do bloco – isto é, fora da concessão –, que abocanhou no leilão de outubro de 2017. Ela vai fazer a tal da "unitização", que é o acerto com a ANP e os parceiros de blocos envolvidos. O segundo grifo é para ressaltar o preço de banana, ainda por cima recebendo à vista apenas 50%. Ora, apenas esse prolongamento de Carcará para fora do bloco BM-S-8, que a Statoil comprou em parceria com a ExxonMobil e a portuguesa GALP, tem um volume estimado em 600 milhões de barris de reserva de acordo com o anúncio que a Superintendente de Definição de blocos da ANP, Eliane Petersohn, fez em 25 de outubro de 2016.

Sendo assim, como o maior volume de Carcará já está descoberto e dentro do BM-S-8, pode-se estimar uma reserva, por baixo, de uns dois bilhões de barris. A Petrobras tinha 66% de participação. Numa conta rápida, estimo que a Petrobras vendeu por 2,5 bilhões de dólares algo que valeria 50 bilhões de dólares, descontados os custos de extração (8 dólares por barril). Suponhamos que os 50 bilhões venham ao longo de 25 anos, o tempo de vida útil médio de um campo gigante; a Petrobras teria sido paga por apenas um ano e três meses de produção plena do campo. É como se você vendesse um terreno seu para uma incorporadora que vai construir um prédio com 25 apartamentos e você recebesse apenas um. E agora imaginem que, depois de pronto o prédio, o mercado esteja bombando para o vendedor; é o que pode acontecer com Carcará na hipótese de o barril de petróleo voltar aos 100 dólares e/ou o fator de recuperação de Carcará, devido à alta pressão, for muito maior do que se imaginava.

A Petrobras não perdeu apenas Carcará, vai perder a decantada competitividade afirmada na nota acima quando a ANP colocar em leilão outras áreas, ao norte de Carcará, provavelmente com o mesmo "problema" de pressão alta. (A propósito, todas as estruturas com nome de árvores brasileiras foram cunhadas pela nossa equipe à época do leilão número 8, suspenso em 2007 pela ação judicial dos sindicatos.)

A Petrobras perdeu também Guanxuma, uma outra estrutura (um possível novo campo de petróleo), que embora não tenha o potencial volumétrico de Carcará, pela estatística que apresentei no início do capítulo, teria grandes chances para se constituir em um campo comercial.

Quando houve o processo para a venda desses ativos, eu já estava cedido para a área internacional, nos anos de 2014 e 2015, e não acompanhava mais os assuntos do pré-sal. Acredito que o debate interno na estatal sobre a dispensa dessa jazida tenha sido acirrado, tendo colocado em campos opostos a equipe da Exploração e a de Engenharia de Desenvolvimento, que tradicionalmente estabelece prioridades baseando-se na tecnologia corrente, ou no custo/benefício de curto prazo, nas dificuldades de infraestrutura a ser instalada, entre outros grandes empecilhos. A Petrobras tinha tentado se desvencilhar de algumas carnes de pescoço, sem sucesso. Enfim, tudo indica que o motivo maior foi a pressa para amortizar a enorme dívida da estatal e uma expectativa de muitas indenizações futuras derivadas do impacto que as falcatruas descobertas tiveram nos mercados financeiros nacionais e internacionais.

A análise de Carcará foi o meu canto de cisne, mas sobretudo outro divisor de águas sobre a minha concepção da origem do pré-sal, o elo final que fechou meu entendimento do seu sistema petrolífero. Uma ideia que vou expor no próximo capítulo.

Vinha se tornando mais ou menos corriqueiro por esta época o vazamento de informações frescas poucas horas depois do conhecimento por parte de nossa equipe de resultados dos poços bons que eram notadamente veiculadas na coluna de Ancelmo Gois, no jornal *O Globo*, do Rio de Janeiro. Logo que examinei os registros elétricos do poço, comentei com algumas pessoas que a reserva de Carcará poderia vir a se equiparar àquela de Guará (rebatizada de Sapinhoá). Não é que o colunista estampou esse comentário no dia seguinte? Claro que não mencionou a fonte da informação. Não deu tempo de eu emitir um comentário-teste definitivo com um informe falso que pudesse levar à indicação do informante porque fui remanejado para a área internacional. Mas tenho minhas sérias desconfianças...

14

O LEGADO DO PRÉ-SAL

O legado do pré-sal envolve fundamentalmente duas modalidades: o legado econômico de aproveitamento pela nossa sociedade desse imenso patrimônio natural e o legado acadêmico-científico dessas descobertas. Analisemos primeiramente este último do meu ponto de vista, uma vez que o legado acadêmico-científico é múltiplo e diferente para cada especialista envolvido com exploração de petróleo.

Em setembro de 2007, quando o pré-sal já era uma realidade dentro da Petrobras, mas ainda não tinha sido anunciado para o mundo, eu e mais cinco colegas fomos contemplados com uma viagem de serviço à Itália: um congresso em Perugia e uma excursão pela região central e pela costa do Mar Adriático. Entre o congresso e a excursão fizemos uma escala na Cidade Eterna para visitar a Universidade de Roma III e nos reunir com os orientadores da viagem de campo. Passamos um fim de semana numa ensolarada Roma. Caminhamos a pé do Coliseu ao Vaticano. Admirando os magníficos prédios centenários da Corso Vittorio Emanuele II, reparei que as pedras talhadas das paredes de muitos deles eram parecidíssimas com as rochas da camada pré-sal, os nossos microbiolitos. Fotografei uma das paredes italianas para comparar com os testemunhos retirados de nossos poços (Fig. 26). Uma semelhança espantosa. A pedra romana é um travertino, provavelmente vindo de Tívoli, outra cidade milenar poucos quilômetros a leste de Roma.

Tal similaridade fica mais evidente quando se pesquisa na literatura não só pela semelhança nas imagens, mas também na

26. Tijolo de travertino revestindo um prédio em Roma. Semelhante ao microbiolito do pré-sal.

composição química e nas estruturas internas. Acontece que os travertinos têm origem eminentemente inorgânica, são carbonatos de cálcio precipitados em fontes de águas termais respondendo a uma reação química entre ácidos e bases, ao passo que os microbiolitos são formados pelo metabolismo de bactérias, isto é, têm uma origem inequivocamente orgânica, cabalmente provada nos dias de hoje como pudemos perceber em ambientes modernos como Shark Bay, na Austrália, e as lagoas Vermelha e Salgada, no Rio de Janeiro. A única semelhança na origem de ambos é que se formam em ambiente fortemente alcalino (de pH alto).

Corta para junho de 2012. Outra viagem internacional a trabalho, dessa vez para Houston, Texas. Conferência especial da American Association of Petroleum Geologists (AAPG), com foco exclusivo em "microbiolitos versus travertinos, semelhanças e diferenças". Muitos papas do assunto estavam presentes. Depois de três dias de apresentações, a mais importante das conclusões, aparentemente um consenso pelo menos entre os expoentes de cada corrente de opinião: o fator biológico é comum para a formação dos dois tipos de rocha; as condições físico-químicas do meio são fatores externos inorgânicos, mas as bactérias desencadeiam o processo tanto na água quente de fontes termais quanto nas frias águas da Lagoa Salgada, por exemplo.

Qual a importância disso para o pré-sal? Toda. Pode ser mais uma dica para se encontrar acumulações como as de Carcará, onde um componente do tipo fumarolas vulcânicas funciona como fonte de águas quentes e forma aqueles frondosos edifícios que se observam em seções sísmicas. Em outras palavras, a atividade vulcânica seria um fator de catalização do processo de formação das colônias. De fato, o vulcanismo explosivo ou fissural (que não forma o clássico cone pelos quais os vulcões são comumente identificados) é largamente distribuído em toda a seção pré-sal da Plataforma Continental Brasileira, não exatamente na camada pré-sal, mas logo abaixo dela. O vulcanismo teria um outro papel nesse grande quadro: seria a fonte primordial para a sílica que participa na composição da rocha, às vezes substituindo quase todo o espaço original ocupado pelo carbonato de cálcio dissolvido. As coisas começam a se integrar porque a atividade vulcânica também pode ser responsável pela pressurização dessas áreas.

De acordo com esse modelo, o imenso tapete microbial que se desenvolveu na margem costeira brasileira no período Cretáceo Superior estaria repousando sobre um ambiente infernal vulcânico onde só as cianobactérias sobrevivem, e os lugares mais quentes poderiam ser os responsáveis pela formação dos melhores reservatórios de petróleo.

O Cretáceo Superior (entre 100 e 65 milhões de anos atrás) é caracterizado pela imensa deposição de carbonatos por todo o mundo, carbonatos ou calcários de todos os tipos. Mesmo que a maioria dos calcários seja proveniente da carapaça de organismos vivos, cujo constituinte é carbonato de cálcio, é preciso uma poderosa fonte de cálcio nos oceanos. Esta fonte não se explica pela erosão das rochas dos continentes, mesmo somada à quantidade de cálcio na biosfera nessa época; tem que haver uma fonte interna do planeta. As fumarolas, as fontes de água quente, os vulcões submarinos ou correlatos podem fornecer esse material excedente desde o interior da Terra. Em resumo, a maior parte do cálcio formador dos calcários tem origem na própria bacia. O mesmo se poderia dizer do cloreto de sódio dos oceanos. De onde vem tanto cloro?

A origem dos carbonatos ou dos calcários microbiais do pré-sal tem um forte componente inorgânico; tudo o que as bactérias fazem é mobilizar o material em solução nas águas alcalinas e atuar como detonadores e catalizadores sob forte influência termal e de nutrientes, se o vulcanismo for acompanhado de emanações de metano (o chamado gás seco, CH_4). Os elementos e compostos químicos que temperam essas águas para propiciar a formação dos carbonatos são fornecidos pela atividade vulcânica generalizada em toda a nossa margem continental.

O processo de abertura do Atlântico Sul separando duas grandes massas continentais expôs as entranhas da Terra, interferiu radicalmente no relevo da crosta, mudou dramaticamente o clima e introduziu no ambiente da biosfera materiais endógenos, criou um inferno e o resultado foi impresso no que encontramos agora bem preservado pelo soterramento da camada pré-sal. Os maiores recifes ou *buildups* de microbiolitos devem estar alinhados de acordo com as grandes fissuras por onde esses novos compostos químicos são expelidos do interior da Terra. A salinização dos oceanos pode estar envolvida nesse processo.

No capítulo anterior, fiz um balanço do sucesso das perfurações do pré-sal na Bacia de Santos. Pode-se notar que, à exceção dos três poços da ExxonMobil e de Caramba, que contêm algum óleo, o fator de chance no que tange à presença de hidrocarboneto (o suficiente para caracterizar uma descoberta, segundo os critérios da ANP) alcançaria quase 90%.

O Cluster espantou o mundo da geologia do petróleo com a altura da coluna de óleo nas estruturas dos campos gigantes do pré-sal na Bacia de Santos. Tupi, Guará, Carioca, Iracema, Júpiter, Franco e Iara, por exemplo, têm exatamente a quantidade de óleo que cabe neles. Uma estrutura geológica capaz de armazenar petróleo é como uma colmeia, dessas naturais, que se encontram no campo, nas matas, às vezes até no quintal de uma casa. O petróleo migra das profundezas da bacia através de falhas e fraturas e, quando encontra a "colmeia", começa o enchimento dos favos (no caso, os poros das rochas) de cima para baixo, expulsando a água existente. Como foi dito anteriormente, é necessário que essa colmeia ou estrutura esteja selada, isto é, revestida em toda a sua lateral e no topo com material impermeável – que no caso da camada pré-sal é o próprio sal, o melhor isolante que existe –, mas este não reveste a base da colmeia por onde está entrando hidrocarboneto. O petróleo migra simplesmente porque ele está em um meio aquoso, onde não se mistura, não é quimicamente incorporado e em relação ao qual é menos denso, ou seja, é o empuxo ou a força de flutuação que o faz se movimentar. No momento em que a colmeia se enche e não há mais espaço nela, a frente de óleo desliza ao longo do contato óleo/água e vaza para a superfície, a menos que encontre outra colmeia no caminho. A extensão do sal em área é muito grande, mas tem um limite. É além desse limite, ou nos locais onde o sal é muito delgado, que o petróleo consegue vazar para a seção pós-sal e então até a superfície. Na Bacia de Santos, a extensa e espessa camada de sal consegue segurar uma grande quantidade de petróleo; já na Bacia de Campos, onde o sal não é tão espesso e encontram-se várias "janelas" no sal em seu interior, muito do petróleo que conseguiu ultrapassar preencheu estruturas do pós-sal, cujos principais reservatórios não são calcários microbiais, mas arenitos ditos turbidíticos.

Pois bem, *todas* as estruturas gigantes do pré-sal da Bacia de Santos estão cheias "até o *spill point*" (ponto de derramamento), isto é, não cabe mais óleo. Ocorre que a "colmeia" não fala, não tem como se comunicar com a fonte geradora de petróleo para parar a migração e dizer, "pessoal, chega, não cabe mais ninguém, parem de mandar óleo, a próxima molécula que vier vai ser mandada para fora e se não tiver mais lugar pra cima será fatalmente devorada pelas bactérias no seu caminho ou evaporada na atmosfera". Isto significa que há óleo vazando há milhões de anos, e não é pouco. Esse óleo é encontrado em manchas na superfície dos oceanos que podem ser detectadas por satélite, um excelente método usado pela indústria petrolífera em áreas de fronteira exploratória, como usamos na Bacia de Santos. Muito do óleo vazado degrada-se logo que atinge o leito marinho e é denunciado justamente por colônias de micro-organismos que dele se alimentam, as chamadas *pockmarks*. É um vazamento relativamente lento que hoje está em equilíbrio com o meio ambiente, mas é constante e no tempo geológico pode ter liberado um volume de petróleo imenso, centenas de Tupis. Seria necessário uma super-rocha-geradora para produzir tanto hidrocarboneto durante tanto tempo. As *pockmarks* são facilmente detectadas em sísmica e se espalham por toda a Plataforma Continental Brasileira.

A teoria da origem orgânica do petróleo postula a maturação, através do incremento de pressão e temperatura, sobre uma camada de folhelho rico em matéria orgânica. Folhelho é a rocha formada pela compactação da argila depois de soterrada, mas quando esta se deposita, normalmente vem acompanhada de muita matéria orgânica. O próprio processo de maturação causa uma sobrepressão que expulsa o hidrocarboneto. Esta matéria orgânica teria sido depositada em ambientes marinhos ou lacustres muito calmos em coincidência com períodos de anoxia (déficit em oxigênio) nas águas, o que evita a oxidação do material. Várias são as limitações dessa teoria para explicar a produção de grandes volumes de petróleo e não acabe aqui prolongar esta discussão, apenas registrar que não fecha no pré-sal da Bacia de Santos o "balanço de massas", ou seja, não existe gerador de folhelho ou de qualquer outro tipo de rocha-mãe capaz de gerar trilhões de barris de petróleo como ocorreu na área relativamente pequena do Cluster.

Desta forma, reputo como séria e legítima a teoria inorgânica da origem do petróleo ou "teoria abiogênica abissal da origem do petróleo", em função da quantidade de petróleo que já descobrimos no pré-sal, pela quantidade de óleo remanescente a ser descoberta, pela quantidade de óleo perdido durante dezenas de milhões de anos, de um lado, e de outro pelos experimentos já realizados em laboratório por pesquisadores da escola russo-ucraniana e também pelo sucesso que já se verificou na busca de petróleo baseado nesta teoria.

São várias as teorias inorgânicas, sendo a principal a que advoga a origem do petróleo como algo que acompanhou a própria formação da Terra a partir da acreção (ou incorporação) de matérias da nébula solar (um "nevoeiro" de partículas cósmicas) e posteriormente diferenciação estrutural e química em camadas concêntricas com um núcleo central muito denso rodeado por um manto, e este pela crosta (menos densa) e mais externamente pela biosfera (atmosfera + hidrosfera). Em outras palavras, a Terra seria um amálgama de material onde os mais densos se concentraram no seu interior. Os últimos estágios de acreção teriam sido acompanhados pelo choque e incorporação de condritos, que são meteoritos muito ricos em carbono que até hoje caem na terra. Os condritos contribuiriam como fonte de carbono. No estágio atual, o petróleo estaria acumulado na parte superior do manto e poderia migrar até as bacias sedimentares através de grandes fissuras que atravessam a crosta ou mesmo através de microfraturas, mas num processo contínuo há bilhões de anos.

Não é à toa que Titã, a lua de Saturno, possui oceanos de metano líquido, e eles definitivamente não tiveram origem orgânica. Mas aqui na Terra o sítio preferencial de acumulação seriam as bacias sedimentares não por possuírem elas próprias rochas-geradoras, mas por se constituírem por si só de um imenso reservatório cuja base se aproxima do manto externo. A rocha-geradora propriamente dita seria neste contexto considerada um rico reservatório dentro de um reservatório maior, a própria bacia. De fato, estas são os reservatórios da moda atualmente nos Estados Unidos, os tais *shale gas/oil*, explorados através do fraturamento hidráulico (*oil fracking*), um processo de extração de gás e óleo que literalmente explode o subsolo, causando pequenos sismos e poluição no meio ambiente.

Na verdade, a matéria orgânica de fato produz hidrocarbonetos, prova disso são as usinas de produção de metano tendo como matéria-prima lixo orgânico. Além disso, é fato que todo petróleo contém os *marcadores biológicos*, uma espécie de traço de organismos, substâncias inequivocamente orgânicas que contaminam o ouro negro e são facilmente identificáveis através de espectrômetros de massa. Os marcadores biológicos, a que tanta importância os geoquímicos dispensam, são como carteiras de identidade falsas do petróleo.

Os grandes mananciais do Oriente Médio, as areias betuminosas de Athabasca, no Canadá, a faixa do rio Orinoco, na Venezuela, os velhos poços de petróleo do Texas que estão sendo realimentados por óleo novo, o Campo de White Tiger, no Vietnã, os campos de gás da Sibéria são alguns exemplos de enormes acumulações de petróleo que fazem renomados cientistas questionarem a teoria da geração orgânica. O "petróleo" produzido em laboratório através do craqueamento de matéria orgânica a altas pressões e temperaturas, que para muitos serve como prova cabal da teoria orgânica, é em composição muito diferente daquele que se encontra no subsolo. Por outro lado, pode-se também produzir combustível em laboratório de forma inorgânica com a combinação de monóxido de carbono com hidrogênio, como os nazistas fizeram para abastecer suas tropas durante a Segunda Guerra Mundial.

O que causa espécie é a ditadura da teoria orgânica do petróleo, generalizada em todas as companhias de petróleo do Ocidente, inclusive na Petrobras. Todo e qualquer projeto de exploração é obrigado a se submeter a modelagens de geoquímica baseadas nesses conceitos, que, via de regra, são calibradas depois das descobertas; isto é, elas, as modelagens, sobrevivem pela retroalimentação de parâmetros fornecidos pelas descobertas, mas usando uma metodologia equivocada, na medida em que se baseiam em conceitos que podem ser falsos.

Nada contra os geoquímicos brilhantes que desenham e executam esses modelos e efetivamente auxiliam quando apontam as rotas de migração, mas uma área de fronteira como foi o pré-sal não pode ser calcada nesses métodos indiretos. A melhor aplicação geoquímica é pela análise dos *seepings* (vazamentos naturais de petróleo no fundo do mar) ou pelas imagens de satélite que mostram o óleo boiando na superfície do mar, os chamados *slicks*, a evidência direta de uma fonte de petróleo nas profundezas da crosta terrestre.

A ditadura da origem orgânica é tão arraigada na indústria do petróleo que às vezes penso em uma séria teoria de conspiração das Sete Irmãs no sentido de alimentar este equívoco, cuja consequência, fosse verdadeiro, seria irradiar a permanente ideia do pico de produção e do irremediável esgotamento das reservas mundiais. Uma forma de valorizar a commodity, visto que, se a teoria inorgânica de origem do petróleo for verídica, ele seria um insumo infinito, pelo menos na escala de tempo das civilizações. Tratar o petróleo como fonte de energia fóssil finita alimenta a especulação no valor da commodity, estimula a indústria armamentista norte-americana (na medida em que é uma desculpa perfeita para invocar a temível "segurança nacional" e perpetuar o imperialismo econômico e militar).

As teorias de origem inorgânica do petróleo são fascinantes, têm uma lógica científica coerente, abrem um horizonte e um leque de possibilidades incríveis para a exploração. Toda grande companhia de petróleo deveria investir, uma migalha que fosse, em equipes de pesquisa nesse sentido. Recomendo ao jovem geólogo ou à jovem geóloga que tiver esse vírus inoculado na sua mente – o que aconteceu comigo tardiamente com as descobertas no pré-sal – que aprofunde seus conhecimentos. Apesar de informalmente subestimadas, as teorias inorgânicas de origem do petróleo têm adeptos, embora muito poucos, em qualquer grande companhia de petróleo.

O legado econômico do pré-sal vou tentar avaliar em estimativas que me atrevo a fazer, depois de décadas de experiência, qualitativamente, como é do feitio do bom geólogo. À discussão sobre o legado social, sobre todo o cipoal das legislações e sobre o papel da Petrobras eu ponho um fim aqui, apenas declarando minha total posição a favor da Petrobras *enquanto estatal* e da volta do monopólio sobre o pré-sal. Neste livro busquei ilustrar a competência da empresa com a trajetória da descoberta do pré-sal; essa é a finalidade principal deste relato. Petróleo é estratégico, é assunto sério, não é para amadores, e a Petrobras tem cumprido seu papel melhor do que qualquer empresa privada, também sujeita às maldições das falcatruas que nos afligem nos dias de hoje. A Petrobras não pode ser condenada por causa de meia dúzia de canalhas que a tomaram de assalto (operação Lava Jato). Se for justo que toda esta riqueza tem que ser aproveitada para diminuir a desigualdade social, então que seja através de um monopólio estatal, e não privado e estrangeiro.

Já temos uma ideia do que é o pré-sal ou camada pré-sal. É uma rocha calcária de origem microbial que se desenvolveu *in situ* entre 118 a 113 milhões de anos atrás, como se fosse o gramado de um campo de futebol, que se estende na Plataforma Continental, de Santa Catarina até Alagoas, na época um mar interior de águas rasas. Este gramado cresceu com maior exuberância em alguns locais. Uma camada de sal, substância extremamente impermeável, de espessura variável desde poucos metros até dois quilômetros, cobriu esse calcário. Com o tempo o petróleo migrou das profundezas da bacia sedimentar até os espaços porosos ocupados por água dentro desses calcários formados por colônias de bactérias e ali permaneceu contido pelo sal.

A pergunta de um milhão de dólares é: onde ficam e quanto de petróleo armazenam essas áreas com colônias de bactérias com maior exuberância? A princípio, são todas as áreas que se assemelham àquelas onde se situam as grandes descobertas da Bacia de Santos; e o quanto de hidrocarboneto armazenam é algo que vai depender do somatório do produto de duas dimensões: área multiplicada por altura de cada acumulação. Neste momento, todas as companhias de petróleo, incluindo prestadoras de serviços e consultores autônomos, decerto têm seu palpite, um número. O ponto de partida para alcançar este número é a aquisição de um mapa da base do sal, o mapa da mina, de toda a Margem Continental ou Plataforma Continental Brasileira. É claro que se necessita de uma infinidade de outros dados para se perfurar um poço pioneiro, mas sem esse mapa é impossível. Ele é tão importante que cada companhia prefere fazer o seu.

Os dados sísmicos que são a fonte primária para a confecção dos mapas são obtidos por companhias de serviços especializadas que operam sofisticada tecnologia, como já vimos. Essas companhias agem por conta própria ou sob encomenda de uma grande petroleira. Não importa se sob encomenda ou conta própria, as campanhas de aquisição só são autorizadas mediante licença ambiental e comunicação à ANP, que, segundo a legislação vigente, deve receber esses dados até sessenta dias após a conclusão da aquisição. Da mesma forma, a legislação exige a entrega de todos os dados de poços exploratórios perfurados. A ANP já possui um acervo de mais de seis petabytes (6 milhões de gigabytes) de dados técnicos gerados nas atividades de prospecção petrolífera em todo o território nacional. Os dados ficam sob total confidencialidade, mas após cinco anos de aquisição tornam-se públicos todos os dados sísmicos e, após dois anos, todos os dados de poço. A ANP cobra pelo acesso a esses dados, exceto de universidades e instituições de pesquisa.

Eu não disponho de mapas especiais, sequer do mapa da base do sal, mas depois de treze anos participando de intensa atividade de exploração no pré-sal dou uma simples espiada no mapa de ocorrência dele, o chamado "polígono sob o regime de partilha", e faço a seguir elucubrações acerca do potencial remanescente desta riqueza, em termos de reserva provável.

A área do polígono de ocorrência da camada pré-sal tem aproximadamente 150 mil quilômetros quadrados. Um terço dessa área já foi prospectado com as descobertas do Cluster, além de Franco, Libra e o Parque das Baleias, no litoral do Espírito Santo. Pela minha estimativa, o volume recuperável da parcela da Petrobras, incluindo a Cessão Onerosa (sem contar a quota dos parceiros), atingiria 32 bilhões de barris. Para as estruturas satélites do Cluster, como Peroba e Pau-Brasil, além de outras ainda não colocadas em leilão, estimo uma reserva provável de 15 a 25 bilhões de barris e adoto uma média de 20 bilhões de barris. Logo, para toda a região prolífica da Bacia de Santos (o chamado Platô de São Paulo), tocariam 52 bilhões de barris de "óleo equivalente" (óleo mais gás equiparados como se o gás fosse líquido). Essa área do platô equivale a um terço de toda a área da Picanha Azul. Do Platô de São Paulo para o norte do polígono, há dois polos de exploração do pré-sal que se situam mais ou menos sob os campos de Marlim e Albacora, mais a descoberta do Campo de Pão de Açúcar, na Bacia de Campos, e a área remanescente do Espírito Santo. Vamos estimar por baixo em 5 bilhões de barris o somatório de Campos e Espírito Santo. Chegamos à cifra de 57 bilhões de barris. Agora resta-nos chutar um número para o resto da área do polígono, que perfaz uns 70 mil quilômetros quadrados. Vamos adotar uns 13 bilhões, considerando que a exploração do pré-sal apenas se inicia na fértil Bacia de Campos e que se encontrem no caminho do Platô de São Paulo até o Parque das Baleias alguns campos que somados equivalham a um Campo de Libra ou Franco, por exemplo. Assim, chega-se a 70 bilhões de barris, um número ainda pessimista porque o pré-sal, apesar de não ser propriamente um bilhete premiado, em se perfurando, dá. Quero dizer que tradicionalmente a evolução, a continuidade da exploração, mesmo com resultados desfavoráveis, ganha eficiência pelas lições aprendidas até o limite do esgotamento das áreas prospectáveis.

Desses 70 bilhões de barris que ainda estão "dormindo" na camada pré-sal, no máximo 2 bilhões foram "acordados" até o momento. Mas estes 70 bilhões são apenas um número mínimo. Os programas ou softwares que simulam a comercialidade de um projeto me perguntam: "Qual é o máximo?". Bem, o máximo só Deus sabe, eu respondo. Contudo, não consigo rodar o programa sem esse número. Então o programa me faz outro tipo de pergunta: "Me dê um número limite, a partir do qual é impossível". Eu faço um esforço, aumento o fator de recuperação de 23% para 33%, uso uma porosidade da rocha-reservatório média um pouco maior, trabalho com a estatística de sucesso atualizada e considero que posso descobrir, além do previsto anteriormente, de novo um Campo de Libra ou Franco a mais. Pronto, fechei em 100 bilhões de barris, um número bem redondo para facilitar o andamento dos cálculos. Um resumo do que foi estimado acima, em termos de reserva não provada (em bilhões de barris de óleo equivalente).

Volume já descoberto	Cluster, Franco, Libra, Parque das Baleias	32
Entorno do Cluster	Peroba, Pau-Brasil e outras a descobrir	20
RJ e ES, remanescente	pré-sal da Bacia de Campos e ES	5
Restante Picanha Azul	Cerca de 70.000 km^2 indistintos	13
Perspectiva otimista	Melhora do fator de recuperação e porosidade das rochas e mais um campo.	30
Total	Máximo possível	100

A estimativa acima não considera áreas fora da Picanha Azul e por isso pode não ser o verdadeiro "máximo". A propósito, a

O BRASIL, COM E SEM PRÉ-SAL, FRENTE ÀS RESERVAS MUNDIAIS DE ÓLEO PROVADAS (BILHÕES DE BARRIS)

Quadro 1. O Brasil, com e sem pré-sal, diante das reservas mundiais de óleo provadas. Brasil a = reservas provadas oficiais do Brasil; Brasil b = reservas possíveis com o pré-sal. Estimativa baseada no BP Statistical Review of World Energy, junho de 2017.

UERJ (Universidade Estadual do Rio de Janeiro) divulgou, através dos professores Hernani Chaves e Cleveland Jones, uma estimativa baseada num método utilizado pela norueguesa Statoil que alcança 176 bilhões de barris recuperáveis.*

O gráfico acima coloca o Brasil frente ao mundo em dois cenários: atual, conforme as reservas provadas oficiais de 12,4 bilhões de barris de óleo (sem o gás) e considerando as reservas incorporadas do pré-sal (acrescentando os 100 bilhões por mim estimados). Vemos que mesmo este novo manancial apenas arranha as reservas *provadas* dos grandalhões. Uma ideia do trabalhão que temos pela frente, pois temos que *provar* esses 100 bilhões a mais.

---

* agenciabrasil.ebc.com.br/economia/noticia/2015-08/estudo-do-inog-
-uerj-diz-que-pre-sal-pode-conter-pelo-menos-176-bilhoes-de

Continuemos com o exercício. Passemos agora a falar em dinheiro. Vamos calcular o valor dessa reserva. Só necessitamos de dois preços: o preço do custo de extração de 1 barril de petróleo e o preço de venda desse barril. Numa ponta, calculemos quanto vamos gastar para produzir 100 bilhões de barris em trinta anos e, na outra, quanto eu ganharia se simplesmente exportasse a commodity, sem refino, sem valor agregado. Apenas para se estimar o *valor* da commodity na superfície dentro dos navios-tanque, adotemos 50 dólares para o preço de venda de um barril, um valor pessimista, porque a commodity atualmente passa pela fase da baixa no seu ciclo, e para o custo de extração desse barril adotemos 10 dólares, um preço acima da média do que vem se verificando na exploração do pré-sal (abaixo de 7 dólares por barril, devido à alta produtividade da região).* Sendo assim, podemos auferir, de novo, por baixo, apenas exportando, um faturamento bruto (sem incidência de impostos, mas já descontado o custo de extração) de 4 trilhões de dólares em trinta anos, tempo estimado para exaurir os reservatórios.

Um número que por si só justificaria a encampação das reservas doravante por parte da União através da Petrobras. Esperneiem os neoliberais, os testas de ferro de multinacionais. O Brasil não é uma economia desenvolvida que prescinda de proteção, de cuidado com seu patrimônio mineral. Nações subdesenvolvidas ou em desenvolvimento têm que proteger esse capital. As grandes petroleiras norte-americanas são equivalentes às nossas estatais. A economia americana é tão forte que a permanência de sua vitalidade depende da abertura total para os mercados, mas o Brasil ainda não é uma potência econômica. As multinacionais vão pagar royalties, sim, mas vão exportar todo o óleo que extraírem, ao passo que a Petrobras agrega valor, refinando e fomentando polos petroquímicos.

Na crise de 2008/2009, o Citibank quebrou. O presidente norte-americano Barack Obama teve que injetar mais de um trilhão de dólares nessa instituição. O governo norte-americano trata como

---

* Petrobras à Agência Reuters, 10 de agosto de 2017.

estatais essas grandes empresas – por que nós não podemos cuidar bem das nossas? Senão, vejamos esta pérola que garimpei:

> A dimensão estratégica do controle sobre as jazidas minerais e petrolíferas pode ser ilustrada com o recente caso da tentativa de aquisição da empresa petroleira norte-americana Unocal Corporation, detentora de reservas consideráveis de petróleo e gás na América do Norte e Ásia, pela empresa estatal chinesa CNOOC (China National Offshore Oil Corporation), em 1995. A reação à oferta de compra da estatal chinesa foi a adoção de algumas medidas legislativas, impulsionadas pelo Partido Republicano, no Congresso norte-americano, para impedir a venda das reservas energéticas a uma empresa estrangeira. O argumento dos republicanos se baseava na ideia de segurança nacional. Juntamente com os representantes do Partido Democrata, foi aprovada, na Câmara dos Deputados, a Resolução nº 344, de 30 de junho de 2005, que determinava a necessidade de o presidente da República analisar as implicações econômicas e de segurança nacional presentes na oferta chinesa.
>
> Além disto, os opositores à compra pelos chineses passaram a utilizar a Exon-Florio Amendment, uma emenda aprovada em 1988 ao Defense Production Act de 1950, que autoriza o Poder Executivo a rever todo investimento estrangeiro nos Estados Unidos que possa ser considerado prejudicial aos interesses nacionais. Uma série de projetos de lei sobre o tema foram apresentados, e foi aprovada, em 26 de julho de 2005, uma emenda ao Energy Policy Act, proposto pelo presidente George W. Bush em 2001, determinando ao Departamento de Energia que conduzisse uma investigação sobre as políticas energéticas chinesas.
>
> A multinacional Chevron entrou na disputa, recebendo a aprovação oficial do governo dos Estados Unidos. Apesar de a oferta da CNOOC ter sido a maior já oferecida por uma empresa estrangeira para a compra de uma companhia norte-americana

(cerca de 18,5 bilhões de dólares, maior que a oferta de 16,5 bilhões de dólares feita pela Chevron), os aspectos determinantes na aquisição da Unocal foram políticos, não econômicos. A empresa estatal chinesa, diante da reação da opinião pública e do sistema político norte-americanos, retirou sua oferta em 2 de agosto de 2005 e, no dia 10 de agosto, os acionistas da Unocal votaram pela aceitação da oferta da Chevron.

O caso Unocal é a demonstração evidente de que o discurso norte-americano de defesa do livre mercado não é acompanhado pela prática. Os interesses estratégicos do Estado norte-americano prevaleceram sobre os mecanismos ditos de mercado. No setor petrolífero, nem a principal potência econômica do mundo abre mão da garantia da sua soberania.*

Bem, isto é um assunto para um outro livro, não este.

Mas, afinal de contas, quando o petróleo vai acabar? Quando ingressei na Petrobras, em 1979, o petróleo iria acabar em quarenta anos. Passaram-se os quarenta anos e o prazo foi prorrogado em mais quarenta. Exercícios de futurologia na área do petróleo são uma temeridade. As reservas ora vão acabar em quarenta anos, ora não têm fim. O famoso pico de produção, a partir do qual o declínio seria acelerado, ninguém mais se atreve a estimar, está adiado *sine die*. A grande crise causada pela falta de petróleo no mercado não veio e nem virá, pelo mesmo motivo que a Revolução Industrial do século XIX, com o advento dos motores a vapor e a mecanização no campo, não causou a grande fome: isto é, o surgimento de novas tecnologias. A ciência levou o homem a achar petróleo a mais de dois mil metros de profundidade do mar e sabe-se lá aonde vai nos levar ainda. Além do pré-sal, o Brasil ainda tem uma enorme fronteira a ser explorada para hidrocarboneto (no caso, gás), já conhecida. Falta, por ora, tecnologia para extraí-la; trata-se do hidrato de gás na Bacia de Pelotas. Uma acumulação não convencional de gás que pode abastecer o mundo. Portanto, o petróleo não acaba.

---

* BERCOVICI, Gilberto. In "A Exploração do Petróleo e os Recursos Naturais por Empresas Estatais", em 12/10/2015, www.conjur.com.br.

Qual é a proporção do pré-sal frente ao consumo e às reservas mundiais? As reservas *provadas* de petróleo no mundo atingiram a marca de 1,7 trilhão de barris em 2016 (BP Statistical Review of World Energy de junho de 2017), e o consumo médio, em torno de 92 milhões de barris por dia (na verdade, trata-se da produção diária). Ora, 1,7 trilhão é uma reserva para sustentar o mundo por 51 anos, caso não se encontre uma gota a mais de óleo novo e também não se incorpore nenhum barril de reserva provável para reserva provada, o que é impossível. Como normalmente o volume provável é no mínimo o dobro do provado e a matriz energética mundial está mudando rapidamente para as fontes de energia renovável, então aí é que o petróleo não se esgotará mesmo. Assim, comparando maçãs com bananas, o pré-sal sozinho abasteceria o mundo por apenas três anos, de novo, considerando os 100 bilhões calculados acima, que seriam reservas prováveis e não provadas. A diferença de uma para outra é que as *provadas* são delimitadas pelos poços de extensão e dão mais segurança para o cálculo. Portanto, o pré-sal não transforma o Brasil numa Arábia Saudita.

Se o pré-sal não transforma o Brasil numa Arábia Saudita, por que essa cobiça pelo nosso ouro negro? Porque a imensa maioria das reservas mundiais é de propriedade de estatais. As Sete Irmãs detêm uma ninharia frente a essas, como mostra o quadro em capítulo anterior. A saudita Saudi Aramco e a venezuelana Petroven, juntas, possuem 35,3% da reserva mundial. É nesse ponto que o nosso pré-sal faz a diferença.

Depois de tanto esforço, de tantas histórias de sucesso, de tantos benefícios à coletividade, não tem sentido entregar para a iniciativa privada, e predominantemente estrangeira, um bem tão estratégico, e também tirar a primazia da Petrobras para a exploração do pré--sal. A estatal nunca deixou de abastecer de combustíveis as mais remotas regiões do Brasil. A política energética brasileira deveria retomar o projeto que norteou o desenho do Marco Regulatório de 2010, que incentivava o desenvolvimento de uma indústria nacional ao procurar agregar valor a essa matéria-prima.

Epílogo

Trabalhei como geólogo de exploração no pré-sal da Bacia de Santos de janeiro de 2001 até fevereiro de 2014. Em março desse ano fui transferido para a subsidiária da Petrobras em Houston, que atua principalmente no Golfo do México norte-americano, uma bacia que já é considerada madura, com declínio de produção.

Uma das maiores jazidas do Golfo do México, o Campo de Thunder Horse*, operado pela BP em parceria com a ExxonMobil, tem reserva provada de 1 bilhão de barris de óleo. Lá as *majors*, em águas ultraprofundas, brigam de foice por jazidas com potencial de 300 milhões de barris, que é o volume mínimo comercial quando o preço do barril está custando 100 dólares mais ou menos. A reserva de Thunder Horse se equipara com o Campo de Carioca (ou Lapa), o menor campo do pré-sal atualmente em produção.

Os Estados Unidos consomem 20 milhões e produzem "apenas" 12 milhões de barris por dia. Seus campos de óleo em reservatórios convencionais estão se esgotando no Texas e na Califórnia. O Alasca é o pré-sal deles, mas ainda está longe do nosso potencial. A Costa Leste dos Estados Unidos, uma Plataforma Continental como a nossa, seria o grande trunfo deles para o futuro, se esse futuro não for "melado" pela proteção ambiental ferrenha sob a qual ainda está submetida. Os americanos consomem sozinhos quase um Campo de Tupi por ano (considerando uma reserva de 8 bilhões

---

* Originalmente chamado de Crazy Horse (Cavalo Louco), seu nome foi substituído em respeito a um guerreiro nativo norte-americano de mesmo nome, cujos descendentes invocaram razões de crime de sacrilégio religioso.

de barris). O advento do *shale gas/oil*, reservas não convencionais onde os hidrocarbonetos são extraídos por fraturamento do subsolo por uma miríade de pequenas empresas, deu um alento a eles, mas esse *play* só é comercial com preço do barril acima de 60 dólares e é uma calamidade para o meio ambiente. É por esses motivos que o governo norte-americano trata suas grandes empresas privadas como estatais quando precisam.

Entre a minha saída para os Estados Unidos em 2014 e a minha volta ao Brasil em janeiro de 2016, a Petrobras passou do Paraíso ao Inferno. Não é tema deste livro a análise desse processo, mas alguma coisa tive que contextualizar no relato aqui apresentado. O cenário bipolar radicalizado que se implantou no país não é um ambiente bom para discussão franca sobre o que é melhor para a nossa sociedade em termos de política energética.

Contudo, o governo que assumiu com a queda de Dilma Rousseff sequer coloca isso em discussão, simplesmente parte para a venda de tudo, muda a legislação para subsidiar a exploração estrangeira, com a retirada de tributos, com consequências óbvias na queda de arrecadação, promovendo o sucateamento da nossa indústria, além de tomar outras medidas que ferem a soberania nacional.

A Petrobras esteve várias vezes ameaçada, na alça de mira de governos entreguistas, mas não vai acabar pela mão deles, porque é um símbolo nacional, perigoso de ser profanado, além do que a opinião pública tem consciência de que a sua privatização ou esquartejamento não pode ser justificado pela roubalheira de diretores corruptos indicados por interesses políticos.

Deixem a Petrobras cumprir seu papel constitucional, trabalhar como uma empresa autônoma, sem usá-la como *instrumento político do governo*; se bem gerida, ela pode sim ser um instrumento de desenvolvimento da economia nacional.

Há quase quarenta anos, quando comecei minha carreira, só um doido poderia imaginar que um dia o Brasil fosse capaz de produzir mais do que o México, ou a própria Venezuela. Somos o sétimo maior consumidor de petróleo do mundo e o décimo maior produtor (o quinto, se não contarmos os países do Oriente Médio). Com o pré-sal, temos a autossuficiência garantida provavelmente até o fim da era do petróleo.

Há um dito popular que afirma que "o cavalo não passa encilhado duas vezes", ou seja, pronto para ser montado. O Brasil ainda pode montar este "cavalo encilhado" se souber agregar valor a esta commodity, e para isso a Petrobras deveria voltar a adotar a estratégia de empresa de energia, fomentando pesquisa em biocombustíveis e outras fontes renováveis, porque a matriz energética do mundo está se modificando rapidamente.

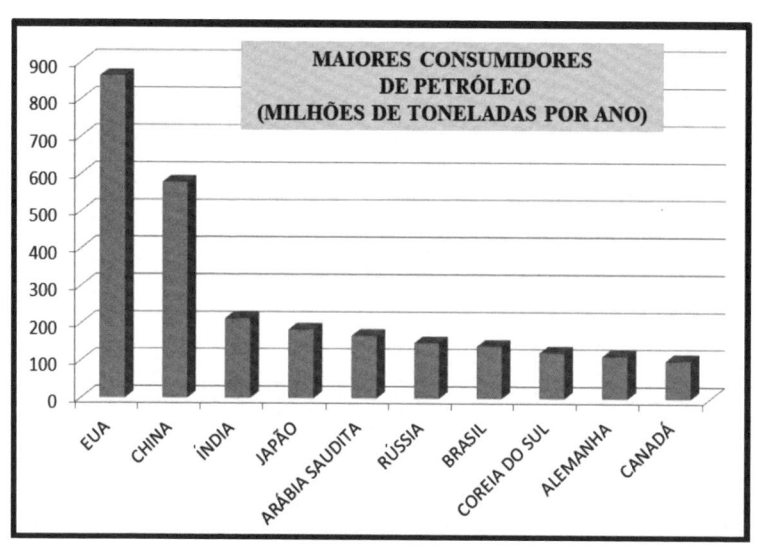

Quadro 2. Fonte: BP Statistical Review of World Energy, junho de 2017.

Este livro não pode ser fechado sem uma ressalva importante: a exploração na Petrobras não se resume apenas ao pré-sal. Paralelamente, alguns bons resultados aconteceram na seção pós-sal, como o Campo de Barra em 2010, na Bacia de Sergipe-Alagoas, onde de 2008 a 2013 fez-se treze descobertas ao serem perfurados dezesseis

MAIORES PRODUTORES DE PETRÓLEO LÍQUIDO (MILHÕES DE BARRIS POR DIA)

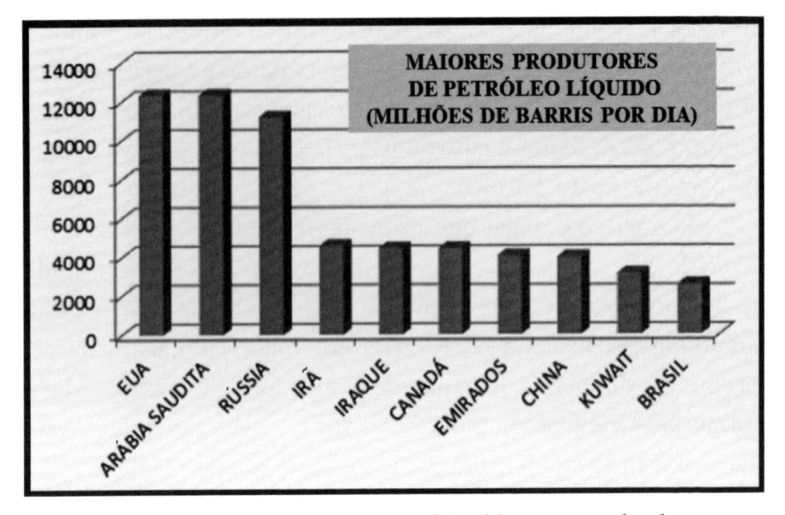

Quadro 3. Fonte: BP Statistical Review of World Energy, junho de 2017.

poços em águas profundas.* Várias outras bacias, não somente na Margem Continental Leste, mas também na Margem Equatorial (que vai da costa do Rio Grande do Norte até a do Amapá), embora não possuam propriamente um pré-sal como em Santos e Campos, têm reconhecido potencial, e a Petrobras vem investindo nessas áreas.

Em junho de 2016, me aposentei. Exceto por um estágio na Prefeitura de Porto Alegre, quando estudante, a Petrobras foi o meu único emprego em geologia. Sou um produto 100% estatal. Frequentei excelentes escolas públicas desde o jardim de infância. A ditadura implantada em 1964 destruiu esse patrimônio. Acho que a sociedade poderia começar a lutar para recuperá-lo de olho na preservação das conquistas garantidas pelo Marco Regulatório instituído em 2010, violentado na gestão do governo que derrubou a presidente Dilma Rousseff com a retirada da obrigatoriedade da Petrobras como operadora nos leilões do pré-sal.

---

* g1globo.com/se/Sergipe/noticia/2013/09/descoberta-pode-tornar--sergipe-maior-fronteira-petrolífera-do-país.html

O importante é que a Petrobras fechou o ano de 2017 produzindo em torno de 2,8 milhões de barris de óleo equivalente por dia, sendo 57% vindos das camadas do pré-sal.

Agradecimentos

O meu muito obrigado vai para:

Leandro Belarmino Moreira, que cedeu as seções sísmicas da WesternGeco do grupo Schlumberger: Oilfield Services que ilustram a Bacia de Santos;

Mário Reinaldo Gageiro Kieling, por ter me apresentado a Leandro;

Meus irmãos, Iuri Pinheiro Machado e Ricardo Pinheiro Machado, pela leitura crítica do texto;

A L&PM Editores, especialmente o PM, pelo incentivo, e a Caroline Chang, que me auxiliou admiravelmente a adaptar o texto para o leigo.

Ana Patrícia Laier, por ter me entrevistado na Associação dos Engenheiros da Petrobras (Aepet) e ter divulgado o material no YouTube, em agosto de 2016. Acho que foi ali que tudo começou.*

---

* Entrevista gravada na Aepet – Associação dos Engenheiros da Petrobras, veiculada no canal do YouTube desta associação sob o título: "A importância da Petrobras como operadora do pré-sal".

Bibliografia recomendada

Para entender a Terra. Press, F.; Grotzinger, J.; Siever, R.; Jordan, T.H.; 4. ed. Trad. Rualdo Menegat. Porto Alegre: Bookman, 2006.
Primorosa edição, fartamente ilustrada, sobre Geologia Geral em linguagem acessível ao leigo. Um livro para despertar uma vocação.

Petróleo & gás natural: como produzir e a que custo. Bret-Rouzaut, N.; Favennec, J.P. 2. ed. Trad. Rivaldo Menezes. Rio de Janeiro: Synergia, 2011.
Tudo sobre petróleo: geologia, perfuração, produção, segurança, legislação, meio ambiente, em linguagem simples.

Fundamentos de engenharia de petróleo. José Eduardo Thomas (Org.). 2. ed. Rio de Janeiro: Interciência, 2004.
Outro belo apanhado sobre petróleo escrito por engenheiros brasileiros que ensinavam na Universidade Petrobras.

A tirania do petróleo: a mais poderosa indústria do mundo e o que pode ser feito para detê-la. Antonia Juhasz. Trad. Carlos Szlak. Rio de Janeiro: Ediouro, 2009.
As maldades da indústria petrolífera perpetradas pelas majors. Interessante relato de como tudo começou.

Em busca do petróleo brasileiro. Pedro de Moura e Felisberto Carneiro. Rio de Janeiro: Fundação Gorceix, 1976.
Em um só livro, toda a história da exploração de petróleo no Brasil, até o "Relatório Link", contada por dois pioneiros. Inclui farta documentação.

Petróleo. Reforma e contrarreforma do setor petrolífero brasileiro. Fabio Giambiagi e Luiz Paulo Vellozo Lucas (Org.). Rio de Janeiro: Elsevier, 2013.
Um apanhado detalhado sobre a "Lei do Petróleo" regulamentada em 1997, decorrente da quebra do monopólio por Emenda Constitucional

em 1995. Apesar de cunho neoliberal, uma boa fonte de consulta sobre os leilões do pré-sal, por exemplo.

O Dia do Dragão: ciência, arte e realidade no mundo do petróleo. Giuseppe Bacoccoli. Rio de Janeiro: Synergia, 2009.

Interessantes relatos de um geólogo da gloriosa geração da década de 1960 que levou às grandes descobertas da Bacia de Campos. O autor traça um painel fiel do ambiente interno da Petrobras e dos meandros do processo exploratório.

Planeta Terra: um lugar perigoso para se viver. Almério Barros França. Curitiba: CRV, 2016.

Uma ficção magistralmente elaborada por um ex-geólogo da Petrobras que intercala a história da Terra com a sua história na exploração de petróleo na Petrobras. Um livro recomendado apenas para maiores de dezoito anos.

Tudo ou nada. Eike Batista e a verdadeira história do Grupo X. Malu Gaspar. Rio de Janeiro: Record, 2014.

De como o excesso de intrepidez não é recomendável na indústria do petróleo, ou uma história do início ao fim (sem o meio) de uma companhia de petróleo.

APÊNDICES

1. Geologia básica
para entender o pré-sal

A geologia é a ciência que estuda a história da Terra. É uma ciência nova, que foi estabelecida com solidez somente em meados do século XIX, mais ou menos na altura em que Charles Darwin (1809-1882) elaborava o revolucionário *A origem das espécies*. Charles Lyell (1797-1875), escocês e seu amigo, considerado um dos mais brilhantes e pioneiros geólogos, colaborou muito para a revolucionária teoria da evolução. Esta época é marcada também por uma aceleração no desenvolvimento da física e da química, dois ramos das ciências exatas que podem ser considerados os pilares da geologia moderna e que levaram ao desenvolvimento de artefatos que possibilitaram a investigação da constituição e estrutura da Terra.

A geologia poderia ser considerada também uma ciência exata porque todos os fenômenos naturais que envolvem a evolução do nosso planeta são controlados por fatores materiais, mensuráveis. Não existe algo como o dedo de Deus na ocorrência dos terremotos, na erupção dos vulcões. As causas da formação das montanhas, dos rios, dos oceanos, dos desertos e das geleiras não são subjetivas. Contudo, a quantidade de fatores que agem combinados para a ocorrência desses fenômenos resulta numa complexidade tão grande que muitas questões escapam do nosso controle, de tal forma que pode-se considerar, sim, a geologia como uma ciência não exata, jovem, cujo cânone, conceitos e métodos ainda estão em fase de desenvolvimento, daí a profusão de interpretações e estimativas de seus praticantes, principalmente quando as tradicionais técnicas científicas de experimentação não podem ser aplicadas.

No século XIX, com a Revolução Industrial, a explosão populacional e a enorme divisão e diversidade de atividades econômicas advindas, a demanda por recursos naturais, em especial energéticos, cresceu tanto que a geologia se especializou em inúmeras subdivisões. Vamos então tratar de apenas uma delas: a geologia do petróleo, e vamos focar nas bases dessa disciplina para entender o pré-sal. Sendo uma ciência ainda nova e não exata, a geologia periodicamente é sacudida por uma revolução na mudança de direção do conhecimento e da investigação às vezes mais radical do que a própria dialética propugna. Velhos e até novos conceitos são reduzidos a escombros em poucos anos. Quando acontece uma mudança de paradigmas dessa ordem, a geologia do petróleo é afetada, produzindo dentro dela novas revoluções.

Comecemos por uma revolução que ocorreu nos anos 1960: a Teoria da Tectônica de Placas. Desde a época da viagem de Darwin no *Beagle*, em 1831, intrigava a comunidade científica a correspondência ou a semelhança entre fósseis encontrados na África e na América do Sul. Dinossauros com mesmo DNA pereceram quase que simultaneamente em lagos existentes nesses dois continentes tão distantes, separados pelo Oceano Atlântico.

Já em meados do século XX, com o surto de investigação do fundo dos oceanos, foi constatada a existência de faixas de anomalias magnéticas mais ou menos Norte–Sul, isto é, paralelas às costas leste e oeste do Brasil e da África, respectivamente. Essas anomalias estão registradas dentro das rochas que formam o assoalho oceânico. São inversões dos polos magnéticos norte e sul que ocorrem em períodos que variam muito, de poucos milhares de anos até quase um milhão de anos. Pois essas inversões ficam registradas na maneira com que minerais com propriedades magnéticas se orientam de acordo com o campo magnético terrestre vigente na ocasião em que se formam ou se cristalizam, isto é, quando passam do estado líquido (quando ainda são magma) para o estado sólido (quando viram rocha). Esses minerais ricos em ferro se alinham tal qual uma agulha de bússola de acordo com o campo magnético terrestre. Essas faixas de anomalias magnéticas então formam pares positivos-negativos de polo norte e sul, e são datadas. A análise da distribuição desses pares da costa da América do Sul à África revelou que as faixas ficavam cada vez mais novas quanto mais se avançava na direção do meio do Oceano Atlântico até idades bem recentes, coincidindo com uma cordilheira de montanhas submarinas, a Cordilheira ou Dorsal Meso-Oceânica (Fig. 27). Mais adiante vamos entender melhor a importância da descoberta dessas anomalias. Mas que rochas são essas que quando se resfriam e se solidificam apresentam essa propriedade magnética? São justamente as rochas que compõem a maior parte do fundo oceânico: basaltos, muito parecidos com aqueles que formam a bela Serra Gaúcha.

Qualquer fenômeno geológico, como tudo na natureza, é consequência da combinação de outros fenômenos. A investigação

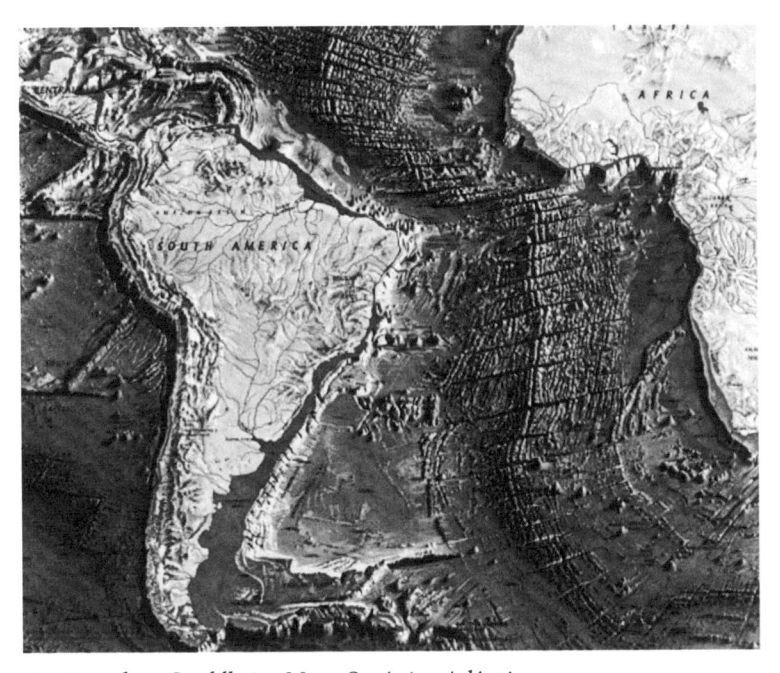

27. Dorsal ou Cordilheira Meso-Oceânica Atlântica.

do fundo oceânico revelou também a dinâmica da formação desse assoalho: a Dorsal Meso-Atlântica, uma colossal cordilheira submersa que atualmente "rasga" ao meio o Oceano Atlântico; composta por um alinhamento montanhoso vulcanicamente ativo, é a fenda por onde saem esses basaltos que há cerca de 130 milhões de anos estão se formando.

Na verdade trata-se mesmo de lava, ou magma, ajustada às condições de superfície da crosta terrestre. O magma ascende até o fundo submarino por essa grande fenda e ocupa um novo espaço ao se solidificar no assoalho, ou melhor, um novo assoalho oceânico basáltico. Imaginem a força tremenda necessária para atravessar a crosta terrestre, expulsar essa massa e inclusive empurrar lateralmente todo o assoalho já previamente formado e os continentes adjacentes. Tal força é gerada pelas chamadas *correntes de convexão* que atuam desde o núcleo do interior da Terra (Fig. 28). Podemos imaginar o interior da Terra como uma massa de água em ebulição dentro de uma chaleira. Estando o núcleo, a região da base da chaleira, em contato direto com o fogo, a massa de água mais quente – e por isso mais leve – sofre um fluxo ascendente até esfriar um pouco e, mais pesada, retornar de volta à base da chaleira. Apesar de o núcleo da Terra ser considerado sólido, em virtude das enormes pressões ali verificadas, acredita-se que a energia térmica liberada por minerais radioativos seriam a fonte primordial dessa energia.

A esta altura o leitor pode estar se perguntando – mas, afinal, de que material é feito o interior da Terra se o núcleo é sólido e o magma é líquido? Se imaginarmos a Terra como um bolo esférico e cortarmos este bolo bem ao meio, vamos distinguir basicamente quatro partes, sendo da parte mais externa para a mais interna: 1) Crosta: constituída de rochas rígidas ou quebráveis, com uma espessura que varia de 30 a 70 quilômetros; 2) Manto: constituído de rochas em estado líquido, o famoso magma, com espessura de até 2,9 mil quilômetros; 3) Núcleo Externo: constituído basicamente por ferro e algum níquel também em estado líquido, bastante espesso,

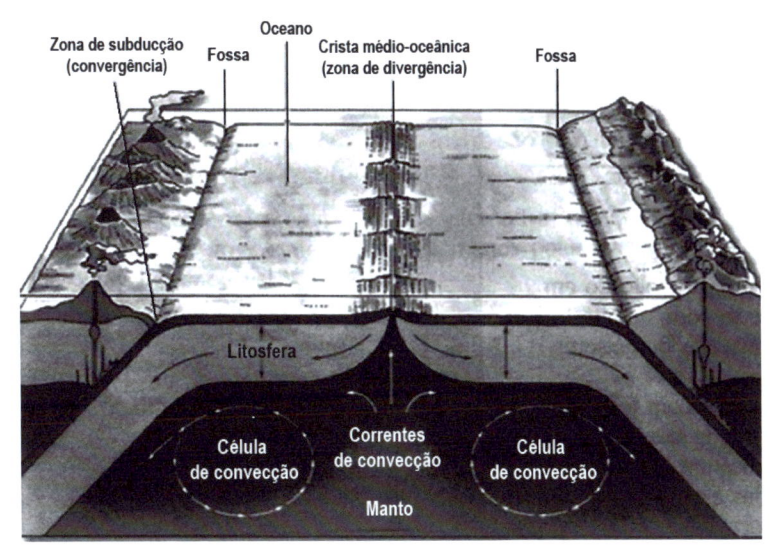

28. *Correntes de convexão e Cordilheira Meso-Oceânica.*

em torno de 2.250 quilômetros e; 4) Núcleo interno: constituído por ferro e níquel no estado sólido com espessura em torno de 1,2 mil quilômetros. Não é à toa que tanto ferro do núcleo externo em movimento provoque um poderoso campo magnético. Nosso bolo então tem um recheio de merengue leve (manto), passando a um recheio mais pesado de chocolate amargo (núcleo superior), voltando a um núcleo propriamente dito sólido, mas muito mais espesso e denso do que a crosta, delgada e à mercê das tais correntes de convexão que ocorrem no manto.

As placas tectônicas, então, nada mais são do que fragmentos de crosta terrestre à deriva, como jangadas, mas controladas pelas correntes de convexão. Tremendos eventos geológicos ocorrem na borda ou no limite dessas placas, provocados quando elas se chocam, se quebram e se dividem.

Voltando à Dorsal Meso-Oceânica (a tal fenda que rasga o Oceâno Atlântico de norte a sul): como ela se encaixa nesse contexto da tectônica de placas? Ela é, nada mais nada menos, do que o limite leste da chamada Placa Sul-Americana ou o limite oeste da Placa Africana. Assim, fica mais fácil de entender por que essas anomalias magnéticas são dispostas em faixas paralelas à costa dos continentes e obviamente também paralelas à Cordilheira Meso-Oceânica. E, mais importante, cada anomalia magnética (normal-positiva ou invertida-negativa) formada na Placa Africana tem seu par correspondente formado na Placa da América do Sul.

Para acomodar todo este basalto que se forma, que vai se cristalizando e definindo seu caráter magnético de polo normal ou invertido (positivo ou negativo), alguma coisa está acontecendo na outra extremidade dessas placas. A oeste, o Brasil avança na direção dos Andes à razão de alguns centímetros por ano, o que é simplesmente a causa da formação dessa grande cordilheira, repleta de vulcões. Os Andes são levantados pelo choque entre a Placa Sul-Americana contra outra grande massa de rochas, a chamada Placa de Nazca, ao passo que a leste a Placa Africana se choca com outras placas dando origem a várias cadeias montanhosas, dentre elas, o famoso Himalaia.

Entre 550 e 160 milhões de anos atrás, não existia o Oceano Atlântico, e claro que também não existia a Cadeia Meso-Oceânica. Pois a América do Sul, a África, juntamente com os demais continentes e terras do hemisfério sul, Antártida, Austrália e Índia, eram todos um único continente conhecido como Gondwana, em cima do qual reinaram os dinossauros que testemunharam toda essa confusão até o fim do Cretáceo, há aproximadamente 67 milhões de anos, quando foram bruscamente extintos pelos efeitos climáticos da colisão de um supermeteoro com a Terra, na Península de Yucatã, no México. Podemos agora arranjar cronologicamente as coisas, depois de tomar conhecimento desses eventos. Conhecemos também o mecanismo interno que propicia o arranjo e a movimentação dos continentes. A Teoria da Tectônica de Placas se ajusta como uma luva para explicar a atual distribuição de continentes e vai nos ajudar a explicar neste momento a formação das rochas do pré-sal, a famosa camada pré-sal propriamente dita, a casa, o lar em que todo um manancial de petróleo habita.

A Terra tem a idade aproximada de 4,5 bilhões de anos, medida através de registros radiométricos de um mineral denominado zircão, encontrado em rochas australianas. A Teoria da Tectônica de Placas é considerada comprovada e consegue explicar a maior parte da evolução da crosta terrestre. Na realidade, seu postulado básico foi lançado no início do século XX, com a Teoria da Deriva Continental, do alemão Alfred Wegener (1880-1930), um geofísico visionário que intuiu essa movimentação, mas não teve condições de explicá-la com a tecnologia da época.

A Deriva Continental de Wegener, mais tarde comprovada pela Tectônica de Placas, pode ser ilustrada por um simples exercício de jardim de infância. Basta pegar um mapa-múndi impresso numa folha de papel, posicioná-lo em cima de uma mesa com tampo preto e recortar cuidadosamente a América do Sul e a África. Em seguida, vamos tentar emendar com fita adesiva a borda leste da América do Sul com a borda oeste da África. Observaremos quase que um perfeito encaixe e uma configuração muito semelhante a uma parte do antigo continente Gondwana. Agora vamos novamente separar um continente do outro, cortando com uma tesoura exatamente ao longo dessa "cicatriz" e vamos afastar em cima da mesa um continente do outro, a América do Sul à esquerda e a África à direita, rotacionando lenta e levemente um e outro no sentido horário e anti-horário, respectivamente. À medida que progride o movimento, vemos o aumento da superfície escura da mesa, abaixo.

Muito bem, vamos às analogias: 1) a fase de união dos dois continentes graças à fita adesiva representa uma parte do continente Gondwana há cerca de 140 milhões de anos; 2) a cicatriz na qual a tesoura entrou em ação representa a fragmentação do continente Gondwana, com o consequente surgimento de uma cadeia Meso--Oceânica no lugar desta cicatriz; 3) o afastamento dos continentes é acompanhado pelo descobrimento da superfície negra da mesa, que representa a criação de assoalho oceânico de natureza basáltica, ou pela solidificação do magma que aflora do interior da Terra; 4) como último ato podemos, com tiras de esparadrapo branco a cada 2 centímetros de separação, estampar na mesa faixas paralelas à cicatriz representando anomalias magnéticas positivas, sendo as anomalias magnéticas negativas representadas pelas lacunas entre as tiras de esparadrapo.

A descoberta dessa conjugação entre os pares de anomalias magnéticas foi a primeira prova séria da existência da Tectônica de Placas. Lembro que esse exercício é apenas uma alegoria e que as anomalias magnéticas são insípidas, incolores e inodoras, isto é, invisíveis a olho nu e identificadas apenas por meio de uma varredura do fundo do oceano por magnetômetros embutidos em navios e milhares de análises de amostras em laboratório. *Voilà*! O leitor pode agora explicar a uma turminha de jardim da infância a Teoria da Tectônica de Placas.

Vamos agora detalhar o que exatamente aconteceu nesse momento crucial de fragmentação de Gondwana, ou o início da separação da América do Sul e da África, antes mesmo da formação da Cordilheira Meso Oceânica. Todos os grandes eventos geológicos que envolvem movimentação de enormes massas de rocha (cujos motores são forças internas do planeta e a própria força da gravidade) são denominados *eventos geotectônicos*. O termo *tectônico* vem do grego e significa construção. Em nosso caso, vamos passar a descrever a evolução da separação entre esses dois continentes, que passa pela formação de uma *bacia sedimentar*.

Uma bacia sedimentar é uma grande feição geomorfológica: quer dizer, uma forma de bacia doméstica com proporções planetárias, de grande envergadura. Várias podem ser as causas da formação de uma bacia sedimentar. Uma delas é o surgimento de uma depressão inicial, quando uma trama de fraturas se desencadeia na crosta terrestre em virtude de deslocamentos anômalos do manto que podem ou não estar relacionados com as correntes de convexão.

Essas anomalias concorrem para um fluxo de calor e afinamento da crosta que, se distendendo, provoca grandes fraturas que se deslocam lateralmente, individualizando blocos que, afastando-se entre si, criam espaços, verdadeiros buracos ou pequenas sub-bacias captadoras de resíduos provenientes do intemperismo e da erosão das zonas mais altas, que circundam essas depressões.

Essa fase inicial de formação da bacia é denominada *fase rifte*, com a formação do chamado *rift valley*. A fase rifte dura em torno de 20 milhões de anos, período suficiente para acontecer uma subsidência de até 10 quilômetros. Mas essa subsidência – isto é, o aumento da grande depressão ou buraco – é acompanhada pela deposição de sedimentos ou resíduos que com o soterramento ou o peso de novos sedimentos causam a consolidação de rochas sedimentares. Assim, os sedimentos soltos, ditos friáveis, transportados para o buracão, aos poucos são cobertos ou soterrados por novas camadas de sedimentos. Tudo isso ocorre em meio subaquático. Um imenso lago alongado ocupa esse buraco. Eventualmente o lago seca, passando a um regime fluvial (rios) e até desértico. Sempre haverá espaço para acumulação de sedimentos e posterior consolidação de rochas sedimentares porque a subsidência é contínua. O adjetivo *sedimentar* no termo *bacia sedimentar* então está relacionado a essa captação de resíduos, mais propriamente denominados *sedimentos*.

Chegamos ao ponto de fazer aqui um parêntese e descrever os três principais tipos de rocha que formam a crosta terrestre: 1) *rochas ígneas*, criadas diretamente a partir do resfriamento e da solidificação do magma de origem normalmente mantélica (do manto superior). As rochas ígneas podem ser eruptivas (ou vulcânicas), quando se resfriam rapidamente em contato com a atmosfera ou com um substrato aquoso (oceano ou lagos, por exemplo), ou plutônicas, quando se formam em grandes profundidades, dentro da crosta terrestre; 2) *rochas sedimentares*, criadas a partir da erosão de rochas preexistentes de qualquer tipo. As rochas sedimentares são inicialmente formadas na superfície da crosta terrestre. Os resíduos ou sedimentos erodidos pelo intemperismo normalmente são transportados pela água, vento ou gelo e finalmente depositados nas já citadas bacias sedimentares, conforme vimos. Com o progresso da sedimentação, uma camada se depositando em cima da outra, ocorre o soterramento e consolidação da rocha sedimentar. As rochas sedimentares podem também se formar por meio da precipitação química, ou como produto do metabolismo de organismos marinhos, como é o caso dos calcários, que são rochas derivadas desses esqueletos marinhos. Neste caso, normalmente não necessitam de transporte; 3) *rochas metamórficas*, criadas pela transformação dos tipos anteriores em ambientes submetidos a altas pressões e temperaturas capazes de mudar a composição e a estrutura dos minerais. São normalmente formadas no interior da crosta, a grandes profundidades. As bacias sedimentares contêm predominantemente rochas sedimentares com alguma ocorrência de rochas ígneas eruptivas ou vulcânicas. Rochas metamórficas são muito raras em bacias sedimentares, e são mais comuns em bordas de placas de colisão; juntamente com as ígneas, perfazem o maior volume da crosta terrestre. O assoalho das bacias sedimentares, contudo, é constituido por rochas muito velhas, muito duras, normalmente ígneas e metamórficas. O termo técnico para esse assoalho é *embasamento* ou *embasamento cristalino*.

Voltamos ao rifte, esta grande feição geológica, uma depressão alongada no terreno, limitada por grandes fraturas, que com o tempo já pode ser caracterizada como uma bacia sedimentar. O rifte formado então rasga o supercontinente de Gondwana de sul a norte, mas ainda não separou definitivamente os dois continentes. Aos poucos a subsidência ou evolução do rifte fica mais lenta e forma-se um grande lago com sedimentação siliciclástica (à base de areia e argila) nas bordas e carbonato no centro. É nessa ocasião que se forma a rocha-reservatório do pré-sal. O lago torna-se muito alcalino (o contrário da acidez), um ambiente muito hostil a organismos vivos, exceto um certo tipo de bactéria: a cianobactéria. Essas vão formar extensas colônias que com o tempo se solidificam como calcário.

O grande lago cuja formação o rifte oportunizou fica bem raso e estabelece-se uma sutil comunicação com o grande oceano que existia ao sul. As entradas esporádicas do mar salinizam o grande lago, e a combinação com um clima extremamente árido possibilita a precipitação de vários tipos de sal (predominando cloreto de sódio), ou os chamados *evaporitos*. Assim, camadas de sal se formam sobre as colônias de cianobactérias. Não se sabe qual o motivo, mas há uma nova aceleração na razão de subsidência, que em certos locais propicia espessas camadas de evaporitos. Estima-se que a deposição ou precipitação de 2 a 4 quilômetros de sal na Bacia de Santos ocorreu durante 500 mil anos – muito rápido, se comparado com a idade da Terra.

A subsidência quase cessa, e se estabelece mais ou menos no centro do rifte, seguindo esse mesmo lineamento sul-norte, o vulcanismo generalizado formador da cadeia Meso-Oceânica. Nesse local a crosta atinge seu afinamento máximo. Através da fenda da grande cordilheira o magma extrude e se solidifica rapidamente em basaltos, pelo resfriamento. Ocorre o chamado *espalhamento do fundo oceânico* em ambos os lados e a consequente formação de uma nova crosta terrestre denominada *crosta oceânica*. A crosta anterior, sobre a qual se estabeleceu o rifte, denomina-se *crosta continental*. A crosta continental é como se fosse uma legítima colcha de retalhos, muito antiga, formada por praticamente todos os tipos de rocha, ao passo que a crosta oceânica é bem nova e constituída praticamente de uma única rocha: basalto. Com o espalhamento do fundo oceânico ocorre a deriva continental, e vimos que a prova disso está impressa no magnetismo remanescente dos minerais encontrados nos basaltos. Mas não acaba aqui a evolução da bacia que começou como um rifte. Com o tempo ocorre o resfriamento da base da crosta continental rifteada e, estando ela mais pesada (porque fica mais densa), volta a sofrer subsidência. A bacia continua sua evolução, mas agora mais lentamente. Durante cerca de 100 milhões de anos (até o presente), cerca de 4 a 5 quilômetros de espessura de sedimentos serão depositados. Reparem que essa é uma taxa de sedimentação muito menor do que na época do rifte. *Sedimentação* é um termo que se usa para a acumulação continua de resíduos (sedimentos) uns sobre os outros.

A esta altura podemos já descrever um perfil dessa bacia, conforme pode ser visualizado na seção sísmica da figura 4: 1) Seção pré-sal: mais antiga, formada durante a fase rifte, composta por sedimentos fluviais e lacustres depositados em ambiente dito continental, terminando com um imenso lago salgado de caráter alcalino que vamos detalhar mais adiante; 2) Seção evaporítica: termo adequado para o sal em geologia, representando o proto-oceano Atlântico, formado através de inúmeras ingressões marinhas rapidamente evaporadas e dando origem a uma espessa camada de sal; 3) Seção pós-sal: representada por sedimentos já depositados em ambiente francamente marinho; isto é, já estava estabelecida totalmente a separação Brasil-África, e, com a evolução da deriva continental, ficam caracterizadas a oeste da cordilheira Meso-Oceânica uma enorme bacia alongada norte-sul (isto é, na costa leste da América do Sul) e outra enorme bacia correspondente a leste da cordilheira, ou a oeste da costa africana.

A formação de uma bacia por meio de um rifte é muito comum, e atualmente podemos observar *in loco* esse fenômeno no leste da África desde Moçambique, passando pela Tanzânia, pelo Quênia e pela Etiópia e bifurcando-se a oeste e leste formando o Mar Vermelho e o Golfo de Aden, respectivamente. Tal bacia começou a se formar do mesmo jeito descrito acima há cerca de 25 milhões de anos e deve evoluir para uma fragmentação interna do continente africano, com o surgimento de um novo oceano, uma nova crosta oceânica etc. Atualmente ali se localizam os grandes lagos africanos: Tanganica, Vitória, Malawi, entre outros. Essa bela região africana é alvo de muita pesquisa e estudo de campo, às vezes até por equipes de geocientistas da Petrobras. Encontra-se ainda em pleno estágio de rifteamento, e o grande lago alcalino (palco de deposição das rochas formadoras do nosso pré-sal) ainda não foi formado, embora traços de sua origem pipoquem aqui e ali.

Como veremos mais adiante, é importante conhecer toda a história de uma bacia sedimentar petrolífera (isto é, que contém muito petróleo) para poder acertar com alguma segurança a localização das grandes acumulações. Encontrar ou explorar petróleo é ciência e arte: mas, quanto mais conhecimento do seu habitat, da sua origem, da sua migração, da sua "carreira", melhores os resultados.

A esta altura alguns leitores mais perspicazes já deverão estar pensando que, se o grande continente Gondwana foi quebrado e no local dessa quebra se desenvolveu um *rift valley* – isto é, iniciou-se a formação de uma bacia sedimentar – e este rifte vai ser dividido por uma cordilheira meso-oceânica que cria assoalho de basalto tanto para oeste como para leste, então um segmento de rifte migra junto com a placa sul-americana para oeste e outro segmento migra junto com a placa africana para leste. Certíssimo, mas a bacia como um todo evolui de uma fase rifte, agora segmentado em direções opostas, para uma fase final que costuma se chamar de *sag*. *Sag* é um termo emprestado do chifre do gado típico do Texas, nos Estados Unidos. A forma ou o perfil desse chifre é muito parecida com a forma da camada que se deposita sobre o rifte. *A chamada seção* sag *é nada mais nada menos do que a famosa camada pré-sal, que contém as nossas grandes acumulações de petróleo,* facilmente visualizável nas figuras 4 e 10. Então temos vários eventos ocorrendo de forma simultânea, vertical e lateralmente: os continentes se distanciando, e uma bacia em evolução. A *seção sag*, ou o grande lago formador do *sag*, ainda não pode ser considerada marinha, mas assim será logo que as primeiras incursões de um oceano preexistente, ao sul, comecem. Enquanto o oceano não ingressa, as águas do lago se tornam extremamente alcalinas, de tal forma que só um organismo sobrevive – as cianobactérias, que edificam um tapete contínuo de colonias calcárias que vai de Santa Catarina até Alagoas, no Brasil, e do sul de Angola até Cabinda, na África.

Quando o mar ingressa paulatinamente ao sul, propicia a deposição da camada de sal. Logo após, em no máximo 1 milhão de anos, em ambiente já francamente marinho, depositam-se espessas camadas de calcários, rochas à base de carbonato de cálcio formadas por esqueletos e carapaças de organismos marinhos e também pela precipitação química direta. Esses calcários de idade albiana, com cerca de 100 milhões de anos, são importantes rochas-reservatório de petróleo na Bacia de Campos. Com a deriva continental em franco prosseguimento, começam a se individualizar duas bacias conjugadas: uma do lado brasileiro e outra do lado africano. O clima muda dramaticamente, passando a muito mais úmido, ocorre o levantamento dos terrenos continentais no interior das placas adjacentes a cada bacia, e ambas passam agora a captar outro tipo de sedimento, não mais calcário, que é uma rocha que se forma *in situ*, dentro da bacia, mas os chamados sedimentos terrígenos do tipo cascalho, areia e argila, que, submetidos à compactação, transformam-se nos tipos rochosos: conglomerado, arenito e folhelho. É o período de formação da chamada seção pós-sal. A história geológica da bacia a partir deste ponto, apesar de interessante, não é mais pertinente para o propósito desse apêndice. Vamos apenas levar em conta que sobre o sal repousam alguns poucos quilômetros de rochas sedimentares, além do oceano, é claro.

Está na hora de abordar a origem do petróleo. É consagrada em toda a indústria do petróleo bem como nas universidades, centros de pesquisa e no imaginário coletivo da sociedade atual a ideia de que o petróleo é de origem orgânica e, sendo assim, um bem ou commodity dito *fóssil* e, portanto, finito. A grande verdade é que a teoria clássica da origem orgânica do petróleo não está comprovada. A teoria mais vigente preconiza que o petróleo é formado por meio da acumulação de matéria orgânica em ambiente subaquático sob condições bem restritas, quais sejam: 1) baixa energia das águas com aporte das áreas que são fonte de sedimento, escassos o suficiente para que predomine a precipitação (no sentido de queda) de grãos muito pequenos que formam lâminas de argila no fundo de um lago ou oceano; 2) precipitação para o assoalho do lago ou mar de grande quantidade de organismos recém-mortos, em sua maioria micro-organismos, concomitantemente com os sedimentos acima; 3) ocorrência frequente de eventos anóxicos (com pouco ou nenhum oxigênio) no fundo do corpo de água, promovendo intensa mortandade e preservação dessa matéria orgânica em virtude da ausência ou da escassez temporária de oxigenação; 4) soterramento dessa mistura rica em matéria orgânica preservada até atingir níveis de pressão e temperatura equivalentes a aproximadamente 3 mil metros de rocha, sabendo-se que pressão e temperatura aumentam com a profundidade na crosta terrestre à razão de 10 atmosferas e 3 graus centígrados a cada 100 metros, numa média bem grosseira; 5) uma vez existentes todos os requisitos acima, entra em ação o fator tempo – da ordem de dezenas de milhões de anos –, que consiste no último protagonista da chamada cozinha de formação de petróleo. O fator tempo é uma grande incógnita.

É possível em laboratório produzir hidrocarbonetos a partir de folhelhos ricos em matéria orgânica imatura (querogênio), mas submetidos a altas temperaturas, da ordem de 450 graus centígrados, e pressões equivalentes às encontradas na natureza. O composto líquido-gasoso produzido pode até ser refinado e produzir gasolina, mas carece de muitos outros componentes constituintes do petróleo natural.

Mas de que se constitui o petróleo natural? O termo hidrocarboneto é empregado genericamente para óleo ou gás, isto porque óleo e gás são constituídos por carbono e hidrogênio a uma proporção média de 87% e 13%, respectivamente. A fórmula química geral para os hidrocarbonetos é: C_nH_2n+2, onde C é o carbono e H o hidrogênio. CH_4 é a mais simples forma de composto hidrocarboneto: trata-se do gás metano. Sabemos que os organismos vivos, com exceção de sua estrutura esqueletal à base de cálcio e fósforo, têm predomínio de cadeias complexas de carbono e hidrogênio combinados (aminoácidos, lipídeos, proteínas etc). Não obstante a presença de enxofre, dióxido de carbono e traços de metais e hélio na composição de petróleo natural (estes dois últimos componentes inequivocamente de origem inorgânica), podemos acreditar que realmente uma cozinha em subsuperfície age como uma panela de pressão num fogo brando durante alguns milhões de anos e pode promover o rearranjo dessas moléculas complexas compostas de carbono e hidrogênio. Aliás, o termo *cozinha* é largamente empregado pelos geólogos e geofísicos ditos exploracionistas para caracterizar as áreas onde, presume-se, tenha ocorrido a geração do petróleo.

Contudo, há um pequeno contingente de exploracionistas que não aceita a teoria orgânica da origem do petróleo, ou que pelo menos não admite que o imenso volume de petróleo já produzido e a produzir venha de prosaicas camadas de folhelhos ricos em matéria orgânica. A "escola inorgânica" tem muitos adeptos na Rússia e na Ucrânia, tendo sido muito popular na antiga União Soviética. Na verdade existem várias teorias inorgânicas para a geração de petróleo. Vamos destacar apenas duas das mais adotadas.

Sabemos que os nazistas produziram razoáveis volumes de petróleo sintético durante a Segunda Guerra Mundial, principalmente após a malograda campanha Afrika Corps, liderada pelo general Rommel. Sem acesso às já conhecidas grandes reservas do Oriente Médio, várias usinas na Alemanha produziam hidrocarbonetos, principalmente gasolina e querosene, a partir da chamada síntese de Fischer-Tropsch, junção do sobrenome de dois cientistas germânicos que na década de 1920 combinaram em laboratório dois gases banais: CO (monóxido de carbônico) e H (hidrogênio), produzindo esses valiosos insumos. Pois existem muitos excelentes geólogos, não só da escola russo-ucraniana, mas também do Ocidente, que advogam que esse processo pode ocorrer naturalmente nas profundezas da crosta terrestre por meio da *serpentinização de peridotitos*, uma espécie de hidrogenação de rochas ígneas ultramáficas (escuras e densas), muito comuns na zona inferior da crosta terrestre. O subproduto desse fenômeno daria origem a muito petróleo.

Outra teoria propugna que o petróleo é tão antigo quanto o nosso planeta e que foi formado pela diferenciação dos elementos durante o resfriamento da Terra; isto é, o petróleo, por ser mais leve, tenderia a ascender no manto, penetrar na crosta através de fraturas e posteriormente se acumular nos meios porosos das bacias sedimentares. Essa teoria também postula que, nos estágios finais de formação de nosso planeta, colisões de astros e meteoros (mais especificamente condritos, meteoritos muito ricos em carbono) contribuíram para o enriquecimento deste elemento na formação de petróleo. Apesar de impopular e considerada obsoleta nos meios industriais e acadêmicos, essa teoria pode ser considerada bem moderna. Foi relançada no início dos anos 1950 pelo geólogo russo Nikolai Kudryavtsev (1893-1971), que pôs em xeque a corrente atribuição à origem orgânica de grandes jazidas de óleo no Oriente Médio, no Canadá e nos Estados Unidos. Kudryavtsev, como geocientista de boa formação em físico-química, desconfiou da capacidade dos tradicionais geradores e, juntamente com um grupo de compatriotas, provou, através de modelos que atualmente estão se verificando em laboratório, que o petróleo é um composto estável no estado gasoso e até mesmo líquido em grandes profundezas, muito abaixo das bacias sedimentares. As grandes reservas no pré-sal da Bacia de Santos certamente estariam arroladas no inventário de Kudryavtsev, se ele estivesse vivo.

De fato, como está demonstrado na história contada neste livro, o passo a passo das principais descobertas no pré-sal sempre esteve tecnicamente à frente das modelagens e estudos de geoquímica orgânica que normalmente ajudam a nortear a investigação exploratória.

Voltemos nosso foco para as bacias sedimentares. De origem orgânica ou não, é nelas que se concentram e se acumulam os grandes volumes de petróleo, porque é dentro delas que se localizam todos os elementos do *sistema petrolífero*, um conjunto de situações que determinam a localização das jazidas comerciais.

A separação América do Sul-África deu origem a uma imensa bacia sedimentar nas bordas conjugadas de cada continente. Felizmente, na borda sul-americana começa a chamada Plataforma Continental Brasileira, uma extensão de mar territorial brasileiro onde a exploração de recursos nos é garantida com exclusividade como se fizesse parte do território brasileiro, conforme legislação internacional arbitrada pela ONU. Tecnicamente também é conhecida como *Margem Continental Passiva*. Passiva porque está hoje praticamente livre de terremotos. Uma margem ativa, por exemplo, está do outro lado, na outra borda da América do Sul: a Cordilheira dos Andes, onde ocorrem terremotos em profusão, fruto da colisão entre placas tectônicas. Esta imensa bacia na margem brasileira é segmentada por altos do embasamento. Para entender um alto do embasamento, imagine o Pão de Açúcar, no Rio de Janeiro, mas enterrado.

O embasamento é o assoalho das bacias, constituído por rochas muito mais velhas e consolidadas de qualquer natureza (ígnea, metamórfica ou sedimentar), derivadas de bacias mais antigas. Esses altos de embasamento são estruturas transversais ao eixo maior (norte–sul) da grande bacia que se individualiza em bacias menores desde o Uruguai até Alagoas. De sul para norte, encontramos as seguintes bacias: de Pelotas, Santos, Campos, Espírito Santo, bacias do sul da Bahia (de Cumuruxatiba, Jequitinhonha, Almada, Camamu e Jacuípe) e Sergipe-Alagoas. Dez bacias contemporâneas com gêneses idênticas, mas com suas peculiaridades de acordo com padrões de preenchimento sedimentar regidos por clima, relevo da área fora da bacia, drenagem fluvial etc. Com exceção da Bacia de Pelotas, todas foram palco da deposição da chamada *sequência evaporítica*, o nome geologicamente adequado para caracterizar a nossa camada de sal.

2. Como achar petróleo (o processo exploratório)

Uma boa descoberta em petróleo necessita da coincidência dos seguintes elementos: 1) uma grande área sedimentar disponível ainda não explorada; 2) uma empresa com material humano capacitado e recurso financeiro abundante; 3) tecnologia de ponta para aquisição de dados; 4) audácia científica. O processo exploratório em uma área dita de fronteira (isto é, praticamente desconhecida, sem perfurações, como era essa faixa de águas ultraprofundas das bacias de Santos, Campos e Espírito Santo) envolve as seguintes fases:

1) fase de aquisição e processamento de novos dados sísmicos;
2) fase de estudos geológicos regionais;
3) fase de interpretação dos dados sísmicos adquiridos na fase 1;
4) fase de elaboração do projeto do poço pioneiro;
5) fase de perfuração e avaliação do poço pioneiro;
6) fase de elaboração dos poços de extensão, que testam a presença do reservatório, se descoberto, em áreas mais afastadas do poço pioneiro (isto é, fase de avaliação da jazida em delimitação).

Ao final dessa última fase, o campo de petróleo, se logrou sucesso, é entregue à equipe de engenheiros e geólogos encarregada de elaborar o projeto de *explotação*, para a perfuração dos poços produtores e injetores (de água ou gás, para melhorar a recuperação de hidrocarbonetos).

Todas as atividades que têm como germe uma ideia na cabeça do geólogo e terminam na preparação ou na finalização do último poço produtor estão no grande segmento da indústria do petróleo denominado *upstream*; ao passo que todas as atividades que acontecem após o escoamento do petróleo até uma refinaria e daí para a bomba de gasolina estão no grande segmento denominado *downstream*. Neste apêndice vamos tratar apenas da parte inicial do *upstream*, a fase eminentemente exploratória.

A Petrobras atualmente possui uma diretoria executiva composta por sete diretores: diretor de Governança, Risco e Conformidade; diretor da Área Financeira e de Relacionamento com Investidores; diretor de Assuntos Corporativos; diretor de Exploração e Produção; diretor de Refino e Gás Natural; diretor de Desenvolvimento da Produção e Tecnologia; diretor de Estratégia, Organização e Sistema de Gestão. Esta configuração foi idealizada após a tempestuosa crise a que foi submetida a empresa no biênio 2014-2015, com a descoberta dos escandalosos desfalques ocorridos nas antigas diretorias de Abastecimento, Serviços e Internacional. A diretoria ligada diretamente ao *upstream* é a de Exploração e Produção, responsável pela chamada atividade-fim da Petrobras. Outra diretoria que tem papel importante nas atividades de exploração e produção é a de Desenvolvimento da Produção e Tecnologia, onde está lotado o Cenpes, o internacionalmente prestigiado centro de pesquisas da Petrobras.

Durante décadas, desde a sua criação, a missão da Petrobras foi a de garantir o abastecimento do mercado nacional em derivados de petróleo. Atualmente, com vários ativos na marca do pênalti, à guisa de pagar a dívida, a Petrobras, tendo como lastro econômico as grandes reservas do pré-sal, propala que priorizou em seu plano estratégico a *exploração* e a *produção* de petróleo.

Geólogos e geofísicos da estatal totalizavam um contingente de quase 1,5 mil pessoas em 2014, a maioria lotada sob a Diretoria de Exploração e Produção. Trata-se de um exército de excelentes técnicos que ingressam na companhia por disputadíssimos concursos públicos. Existem duas portas de entrada desse pessoal: como geólogo(a) ou geofísico(a). Antes da crise de 2014-2015, os concursos eram realizados anualmente. Os candidatos contemplados em geral passam de um a dois anos em treinamento intensivo. Na realidade, o treinamento não para durante toda a carreira, mas nos primeiros anos é dada uma formação básica em centros de ensino nos diversos estados em que a Petrobras desenvolve atividades exploratórias e principalmente na Universidade Corporativa do Rio de Janeiro.

O geólogo novato, após o treinamento básico, ingressa normalmente na fase 5 citada acima – perfuração e avaliação do poço pioneiro –, enquanto que o geofísico passa pelas fases 1 e 3 – aquisição, processamento e interpretação de dados sísmicos. Posteriormente, com o avanço na carreira, os técnicos podem migrar ou permear pelas atividades: ingressar no Cenpes, continuar trabalhando como geólogo de poço, integrar equipes de apoio à exploração e desenvolvimento da produção etc.

O organograma de gerências e setores abaixo da diretoria de Exploração e Produção, para acomodar esse enorme contingente de pessoal, é numeroso e complexo, e periodicamente sofre reestruturações conforme as exigências do mercado e do foco da empresa. Passamos doravante a detalhar cada uma das atividades do processo exploratório sem levar em conta se a atribuição é deste ou daquele setor ou gerência formal.

As fases descritas aqui são informais e algumas se sobrepõem às outras, mas é uma maneira bem adequada e funcional de descrever o processo exploratório:

Começa, como vimos, com a 1) *aquisição e processamento dos dados sísmicos*. O propósito é o de investigar uma vasta área desconhecida, mas, pelo conhecimento e experiência de décadas atuando em bacias semelhantes (ao longo da margem costeira brasileira), sempre se tem uma ideia dos objetivos, do nosso alvo. Os objetivos sempre são o elemento principal do sistema petrolífero natural: os reservatórios. Precisamos primeiramente escolher as melhores áreas, onde é mais provável de se encontrar um bom e taludo reservatório, a "casa onde mora o petróleo", seja ele gás, óleo ou ambos. Para efeito de nova aquisição sísmica, no caso da Bacia de Santos em 2001, estávamos de olho em reservatórios de qualquer idade, em qualquer profundidade, desde o embasamento até a profundidade das mais rasas acumulações já descobertas em outras áreas. Acontece que a região em questão, a zona de águas ultraprofundas, já havia sido varrida por algumas companhias que prestam esse serviço de aquisição sísmica. *Varrer* aqui significa passar com um navio equipado de toda uma parafernália de sofisticados equipamentos obtendo sinais do subsolo. Os dados provenientes dessas varreduras ou aquisições haviam sido adquiridos pela Petrobras anteriormente e estavam sendo submetidos a uma análise preliminar. Através dessa análise – isto é, da interpretação dessas linhas sísmicas – foi norteado o programa da nova aquisição a ser encomendada. A nova aquisição seria de natureza muito mais detalhada, muito mais precisa e muito mais cara, obviamente. Primeiramente vamos tentar explicar do que se trata uma linha ou seção sísmica, as aplicações do método sísmico etc.

O método de reflexão sísmica está para a exploração de petróleo assim como os métodos radiológicos, tomográficos ou de ultrassom e ressonância magnética estão para a medicina interna. Na sísmica de reflexão, se lida com efeitos acústicos. Mas, como ocorre com a tomografia computadorizada em medicina, por exemplo, obtemos imagens que representam secções ou fatias verticais de uma bacia sedimentar, normalmente desde a superfície terrestre ou do mar até o embasamento ou assoalho da bacia. Vamos explicar o método pela sísmica marinha. A coisa começa com um passeio de navio em uma trajetória previamente determinada. Esse navio carrega em sua popa (traseira) uma fonte sonora, o *air gun* (um canhão de ar comprimido), e arrasta um ou vários cabos de poucos quilômetros portando vários detectores de ondas sonoras refletidas em subsuperfície (hidrofones ou geofones).

A cada "tiro" do *air gun*, a frente de ondas sonoras ou pulso sísmico viaja até o fundo do mar, onde ocorre uma tremenda reflexão de energia: parte da frente de ondas ecoa e é refletida para cima quando encontra um limite de camada, que é detectado sucessivamente por cada um dos hidrofones, enquanto outra parte segue sua viagem para o interior da Terra, sofrendo novamente os efeitos de reflexão e transmissão até se esgotar a energia do pulso em níveis mais profundos (Fig. 6). A energia inicial (a potência da explosão), a frequência, além de outros parâmetros de aquisição, são previamente dimensionados para melhor amostrar o objetivo principal, em uma profundidade esperada. Os sinais que chegam aos hidrofones são convertidos em pulsos elétricos e estes são digitalizados em tabelas georeferenciadas (posição geográfica em latitudes e longitudes, por exemplo). Mas tudo o que essa aquisição inicial fornece é um cipoal de dados brutos que serão posteriormente submetidos a um demorado e rigoroso processamento a fim de eliminar ruídos e sinais espúrios não desejáveis – trabalho realizado pela companhia prestadora de serviço. O importante é que se obtém nessa fase uma radiografia bem amostrada da disposição espacial de todas as camadas do interior da crosta até a profundidade desejada – normalmente o embasamento. Inicialmente o que se mede são simplesmente tempos. No caso, tempos duplos (ida e volta, depois de refletidos) de uma frente de ondas sonoras (as ondas compressionais, ou "ondas *p*"). A onda sonora se transmite na água e no interior da Terra através do efeito do par compressão/rarefação e necessita de um meio físico concreto para ser transmitida. Ela não se transmite no vácuo. Sua velocidade varia de acordo com o meio em que viaja: é de cerca de 300 m/s no ar, 1.500 m/s na água e na rocha, daí até alguns milhares de metros por segundo conforme a dureza, consistência, compactação ou solidez da rocha (um bom limite seria a velocidade do som no aço, 6.000 m/s). Grosso modo, as rochas sedimentares possuem velocidade de 2.000 a 4.500 m/s, uma grande variação, portanto.

É justamente essa variação que nos permite encontrar por meio desse método os limites das camadas e por consequência a geometria delas e de todos os corpos rochosos soterrados. Vamos imaginar que as bacias sedimentares sejam compostas por camadas dispostas umas sobre as outras como se fossem colchões empilhados. Suponhamos que essa bacia tenha sido preenchida por vários tipos de colchões, cada tipo com uma dureza e densidade diferentes, sendo os mais duros também mais densos. Claro que o recheio desses colchões não é de espuma ou molas, mas rochas. Admitamos que as espessuras de cada colchão possam variar. Pois bem, o que o método de reflexão sísmica fornece é o tempo que cada frente de ondas sonoras leva para viajar desde a fonte na popa do navio, refletir-se na superfície marcada pelo limite entre dois colchões e retornar, sendo captada por cada um dos hidrofones. Como se trabalha com muitos hidrofones ao mesmo tempo, esses deverão captar muitos sinais da mesma camada enquanto o navio percorre sua trajetória.

Mas por que o chamado *trem de ondas* é refletido? Porque o colchão de cima tem características acústicas diferentes do colchão de baixo. Essa característica específica é denominada *impedância*. A impedância é uma propriedade que depende de dois atributos da rocha: velocidade com que o som a percorre e densidade da mesma. Mais exatamente, a impedância acústica é o resultado do produto: velocidade do som x densidade. Assim, um folhelho com densidade de 2,3 e velocidade de transmissão de 2.500 m/s tem uma impedância acústica menor do que um arenito com densidade de 2,35 e velocidade de 3.000 m/s, por exemplo. Quanto maior esse contraste, maior é a energia refletida, e maior é o pulso elétrico registrado pelo hidrofone na superfície. Os geofísicos chamam de *amplitude* a intensidade desse pulso. Este é o caso de um pulso positivo, porque a impedância da camada de baixo é maior. No caso contrário, quando a impedância da camada inferior for menor, haverá o registro de intensidade mais fraca pelo hidrofone e um pulso negativo em relação às duas camadas.

Uma seção sísmica passível de ser manipulada ou interpretada exige uma série de filtragens e outros procedimentos denominados *processamento sísmico*. O processamento é responsável pelo acabamento da seção até o ponto em que ela é convertida em profundidade, isto é, as camadas vão ser representadas em suas profundidades reais com uma boa precisão. As profundidades das camadas podem ser obtidas por operações com os dados primariamente obtidos ou atribuindo-se velocidades estimadas às camadas atravessadas, uma vez que $d = v.t$ (a distância é igual ao produto de velocidade multiplicada pelo tempo). Uma sísmica de boa qualidade, bem processada e interpretada por bons técnicos, é bem mais do que meio caminho andado para a escolha de um lugar para ser perfurado.

A interpretação de uma linha ou seção sísmica é uma arte e depende muito da experiência que o geofísico ou geólogo tem da bacia em questão. Na região de águas ultraprofundas da Bacia de Santos, para cobrir as áreas que a Petrobras conseguiu no segundo leilão da ANP (Agência Nacional de Petróleo), depois da quebra do monopólio do petróleo, foi feita uma aquisição única de 20 mil quilômetros quadrados de sísmica 3D (tridimensional), entre 2000 e 2001, ao custo de mais ou menos 50 milhões de dólares (cerca de um terço do custo de um poço), compartilhados ponderadamente com todos os consórcios de empresas envolvidas na área.

A aquisição sísmica 3D tem uma densidade tal de dados que proporciona, após a aplicação de complexos processos de processamento em poderosos computadores, a visualização tridimensional da subsuperfície. A referida foi a maior campanha de aquisição sísmica já feita no mundo até aquela época. Enquanto esses dados eram adquiridos e logo após processados, a equipe de exploracionistas da operadora (Petrobras) realizou a segunda etapa do processo exploratório: 2) *os estudos geológicos regionais*.

A Bacia de Santos já vinha sendo investigada nas últimas décadas pela Petrobras por meio de uma centena de poços pioneiros. Um número pequeno, se compararmos com a bem menor em extensão e muito prolífica Bacia de Campos, com mais de mil poços entre pioneiros e de extensão (poços de delimitação). Mesmo assim já haviam sido descobertas algumas acumulações comerciais de gás como os campos de Merluza (única descoberta comercial no regime de Contratos de Risco, pela estrangeira Pecten, no início dos anos 1980), Tubarão, Coral e Estrela do Mar. A bacia parecia ter vocação para gás na seção pós-sal em arenitos do tipo turbidíticos (porque se depositam por uma corrente de turbidez, uma mistura de lama e areia), a exemplo daqueles existentes na Bacia de Campos e que são responsáveis pelo grosso da produção brasileira: os campos de Marlim, Roncador, Albacora, dentre outros. A Bacia de Santos evidenciava – tanto pelo resultado em termos de litologia atravessada pelos poços quanto pelo estilo geológico visualizado nas imagens sísmicas – muita semelhança com a Bacia de Campos, exceto pela grande espessura e pela continuidade da camada de sal.

Chegamos a um ponto em que temos que introduzir neste texto mais alguns termos da nomenclatura da geologia e da geologia do petróleo. A palavra *litologia* vem do grego (*lito*= pedra ou rocha) e se refere genericamente a um conjunto de rochas, por exemplo: "Qual é a litologia da seção pré-sal?". Resposta: "A litologia predominante da seção pré-sal é de arenitos e folhelhos com basaltos intercalados na metade inferior e carbonatos ou calcários microbiais na parte superior". Outro termo muito usado é *formação*, que significa um determinado conjunto de rochas ou um corpo litológico com um nome. Toda a seção pré-sal é denominada formalmente como *Formação Guaratiba*, e seu *conteúdo litológico* é aquele descrito acima. Toda a geologia de petróleo é gabaritada por um ramo da geologia chamado *estratigrafia*, que lida com a sucessão vertical e lateral das camadas ou estratos. A estratigrafia também engloba o estudo ou pesquisa de como essas camadas foram depositadas, qual era o ambiente sedimentar em que isso aconteceu e quando aconteceu. Do geral para o particular: uma bacia sedimentar tem uma *estratigrafia* caracterizada por uma pilha de camadas dividida em diversas *formações*, cada uma com sua *litologia* própria.

O empilhamento sedimentar de uma bacia é contínuo no tempo geológico. Passam-se milhões de anos, vários tipos de sedimentos são transportados e depositados normalmente de forma lenta e escassa, raramente de forma rápida e pujante. Ao final do soterramento, quando cessa a subsidência do assoalho da bacia ou quando termina o suprimento de material para a mesma, a bacia "está pronta". Cabe ao geólogo especializado em estratigrafia conhecer o mais detalhadamente possível a história geológica dela. Significa, num primeiro momento, identificar todas as litologias, seu conteúdo fossilífero, as falhas geológicas e as movimentações a que as rochas foram submetidas; num segundo momento, explicar de que maneira e em qual ambiente essas litologias foram formadas e, num terceiro momento, comparar os cenários geológicos apresentados nas partes proximais e distais da bacia; isto é, num intervalo de tempo x, o que acontecia nas proximidades da borda da bacia, bem como no interior desta.

Essa comparação do que se depositou ao mesmo tempo ao longo da bacia denomina-se *correlação* e é a atividade mais importante do estudo regional. Para lograr uma boa correlação, é fundamental o auxílio de outro ramo da geologia, pilar da estratigrafia, a *paleontologia*. Minúsculos organismos marinhos que viveram no passado, como os foraminíferos que tinham uma carapaça ou concha calcária, foram preservados nos sedimentos, e o aparecimento, a evolução e a extinção deles puderam ser datados. Analisando-se e comparando-se o conteúdo fossilífero das litologias fica mais seguro e fácil correlacionar estratos distantes entre si. Desta forma o geólogo consegue destrinchar a história toda e funciona como se assistisse ao filme ou examinasse fotografias do que estava acontecendo simultaneamente na borda e no interior da bacia a cada intervalo de tempo.

A paleontologia tem uma precisão ou resolução aproximada de 1 a 5 milhões de anos, de sorte que, se as bacias da grande margem costeira brasileira, inclusive a Bacia de Santos, têm a idade de aproximadamente 145 milhões de anos, então podemos fazer uma boa ideia e correlacionar, obter vários retratos do que estava acontecendo ao mesmo tempo em toda essa grande extensão. Por exemplo: "Há 113 milhões de anos, enquanto no meio da bacia se precipitava a primeira camada de gipsita (um tipo de sal), na borda era depositada areia". Outros micro-organismos, tais como pólens e nanofósseis (partículas carbonatadas biogênicas muito pequenas), são excelentes marcadores do tempo geológico. A história de como foram definidas com precisão as idades desses fósseis é fascinante e remonta aos tempos de Darwin e Lyell.

Os estudos geológicos regionais têm basicamente duas etapas: a) uma etapa de compilação bibliográfica, quando se lê criticamente tudo o que foi publicado interna e externamente, isto é, no âmbito ou fora da Petrobras, sejam artigos técnicos, relatórios, palestras, apresentações, entrevistas com colegas e consultores internos experientes, bem como a catalogação e o exame minucioso dos dados fornecidos pelos poços anteriormente perfurados e das seções sísmicas disponíveis; b) uma etapa de elaboração do arcabouço estrutural-estratigráfico da região em questão e quiçá de toda a bacia, tendo como produtos: mapas dos principais horizontes estratigráficos, seções geológicas cortando a área em várias direções e modelos geológicos para ilustrar a gênese da rocha-reservatório principal e para a migração e o trapeamento (ou armadilhamento) do petróleo. Para esta segunda etapa é mobilizada toda uma gama de especialistas que vai envolver também o Cenpes.

Os estudos regionais começam a lidar com uma ferramenta fundamental do geólogo e do engenheiro de petróleo – o mapa. Os mapas básicos são os ditos *estruturais*, que consistem em mapas topográficos de horizontes estratigráficos-chave. O geofísico especializado em interpretação de linhas sísmicas é o responsável pela elaboração desses mapas. Um *horizonte estratigráfico* é qualquer superfície ou descontinuidade mais ou menos horizontalizada com um significado geológico facilmente distinguível. Por exemplo, a superfície que marca o limite horizontal entre uma camada e outra, que é representada por um contraste de sinal sísmico bem visível, é um bom candidato para ser um horizonte estratigráfico. Assim, um horizonte estratigráfico é um horizonte sísmico cujo caráter litológico é conhecido. Todas as seções sísmicas atualmente são carregadas em modernos softwares operados em poderosos microcomputadores ou estações de trabalho. Interpretar uma seção sísmica significa seguir um determinado horizonte estratigráfico com muita maestria, manejando o mouse do computador, com uma ideia de modelo geológico na cabeça (Fig. 8). O geólogo ou geofísico que interpreta uma seção sísmica, em vez de enxergar um alinhamento de picos pretos que representam a sucessão de traços ou pulsos sísmicos, enxerga a geometria provável das camadas de tal forma que sabe quando uma camada termina lateralmente.

Ao final dessa verdadeira costura de horizontes, se convenientemente operado, o software produz um *mapa estrutural* do horizonte estratigráfico, que nada mais é do que um mapa topográfico daquele horizonte referenciado ao nível do mar. São produzidos mapas de vários horizontes, e esses são passíveis de serem operados entre si, fornecendo outros tipos de mapas, como os de espessuras de camadas (*mapas de isópacas*). A combinação de mapas com seções geológicas compõe o arcabouço estrutural-estratigráfico da área mapeada. A seção geológica é a transformação de uma seção sísmica representando as camadas em termos de tipos de rochas. Um elemento importante orienta o intérprete para a construção da seção geológica: o poço já perfurado.

Qualquer poço previamente perfurado em uma área onde se vá fazer um estudo regional é muito útil, porque só o poço contém informações reais do subsolo. É através delas que se descobre, ou se reconhece, nas seções sísmicas, os horizontes estratigráficos. Esta última operação é denominada *amarração*. Em outras palavras, a amarração permite ao intérprete, após o posicionamento do poço, enxergar na seção sísmica rochas propriamente ditas, e não apenas um conjunto de horizontes empilhados. Um horizonte estratigráfico somente será útil se for identificado com segurança tanto na sísmica quanto no poço. Mas só o poço pode comprovar diretamente a existência e a natureza do horizonte. Assim, por exemplo, a mudança vertical de uma camada de folhelho para uma camada de arenito detectada em poço é amarrada em um horizonte mapeável em uma seção sísmica que passa exatamente por este poço. A seção sísmica é originalmente produzida "em tempo", isto é, os horizontes ou reflexões estão posicionados de acordo com o tempo que os sinais de cada um deles levou para ser detectado. Trata-se portanto de um gráfico onde a ordenada (a vertical) é tempo (em milissegundos) e a abscissa (a horizontal) é a posição geográfica desse sinal. Qualquer seção sísmica pode ser convertida para profundidade. Neste caso, a ordenada passa a ser em profundidade (em metros), possibilitando aos intérpretes a correta localização dos horizontes, bem como a confecção de mapas.

Um mapa mostra em área as variações topográficas de horizontes (mapas estruturais) de tal forma que proporciona a visualização de estruturas geológicas. As estruturas geológicas são descontinuidades importantes normalmente provocadas pela fratura e pelo deslocamento relativo de grandes blocos ou massas rochosas. A evolução de uma bacia sedimentar de margem passiva não é, afinal de contas, algo tão passivo assim. Durante a história da deposição, condições de desequilíbrio acontecem promovidas pelo efeito combinado de forças tectônicas e da gravidade, literalmente quebrando grandes massas de rocha já consolidada. O interior das placas tectônicas é submetido por constante estresse e não raro este é aliviado por terremotos. As falhas geológicas mais importantes são resultado desses terremotos ou do colapso gravitacional de falhas preexistentes da época da formação do rifte. Independentemente de sua gênese, são responsáveis pela formação e delimitação desses grandes blocos. A existência desses grandes blocos é facilmente detectada pelos mapas, uma vez que se destacam no relevo topográfico apresentado pelo horizonte estratigráfico mapeado e, via de regra, constituem-se nos melhores locais para aprisionar o petróleo, se outras condições geológicas estiverem presentes. As falhas geológicas também são excelentes dutos de migração de hidrocarbonetos.

O estudo geológico regional é o primeiro método que vai apontar as áreas onde ocorre essa complexidade estrutural, que são do maior interesse para a presença de petróleo.

Outra valiosa serventia dos extensos mapas regionais é apontar as áreas onde se situam os chamados *depocentros* da bacia. Trata-se de depressões mais acentuadas do assoalho, onde uma espessura maior de sedimentos foi depositada, o que é bom para a existência de rochas-geradoras (folhelhos). Altos estruturais, compostos por blocos falhados circundando grandes depressões, são uma situação ideal para se achar petróleo. O petróleo gerado nos depocentros tende a migrar para os altos que, se suficientemente impermeabilizados acima (o termo adequado é *selados*), poderão armazenar grande quantidade de hidrocarboneto, desde que haja rocha porosa disponível (reservatórios).

Quanto mais informações se tiver de uma bacia – e isto significa basicamente quanto maior o número de poços perfurados –, maior a precisão das modelagens e das simulações para a localização e estimativa quanto ao volume de petróleo.

A modelagem de bacias é outra arte que é feita para finalizar produtos do estudo regional. A principal delas é a modelagem geoquímica-estrutural, que faz uma reconstituição temporal da geometria da bacia (ou segmento de bacia) no que tange ao volume de hidrocarbonetos gerado, da época do pico (máximo) de geração, determina a coincidência ou não desse pico com a existência dos altos estruturais ou outro tipo de armadilha, dentre outras conclusões. É uma tarefa realizada por especialistas consultores, mas muito dependente do *input* de insumos do geólogo responsável pelo projeto do poço pioneiro. A modelagem baliza as equipes de exploração e tem a principal finalidade de ajudar na avaliação dos riscos geológicos. Em geral a modelagem se aperfeiçoa com o avanço das descobertas e, se não for bem calibrada, pode induzir a erros crassos, condenando áreas promissoras. É um luxuoso item acessório que deve ser considerado no caso de reservas em regiões com dados escassos, como foi o caso do pré-sal na Bacia de Santos.

O principal produto do estudo geológico regional é a separação em mapas dos diversos domínios do sistema petrolífero: áreas onde preferencialmente ocorreu grande volume de geração, onde ocorrem estruturas de dimensões capazes de reter volumes comerciais de hidrocarboneto e onde ocorre um selo capeador capaz de reter esse petróleo nas estruturas. Para isso é feita toda uma análise combinada de conjuntos de mapas-chave, como mapas estruturais de todos os principais níveis estratigráficos (como se fossem mapas topográficos do topo de camadas que nos interessam, como já foi visto), mapas de isópacas (de espessuras) obtidos a partir da subtração ou adição dos mapas estruturais para analisarmos a localização dos depocentros, selos e reservatórios, e mapas de atributos sísmicos que mostram a distribuição pela área das variações do traço sísmico.

Na verdade o estudo geológico regional no pré-sal foi feito duas vezes. A primeira vez teve como esqueleto os dados sísmicos 2D (de uma aquisição mais antiga que estava disponível, onde as linhas sísmicas tinham um espaçamento grande, cerca de 5 quilômetros) e a segunda vez sobre os dados sísmicos 3D encomendados pelos consórcios do leilão de número 2. Toda vez que é realizada uma aquisição sísmica mais moderna, com mais tecnologia embarcada, todos os estudos regionais e todas as modelagens são refeitos em cima dessa nova interpretação; novos mapas e seções geológicas são gerados etc.

Separadas as áreas de maior interesse, a equipe de interpretação volta-se para a catalogação e o detalhamento das estruturas que são potenciais acumuladores de volumes comerciais de petróleo. Adentra-se assim na fase 3) *interpretação dos dados sísmicos adquiridos*. Em termos de mapeamento e tratamento de dados, consiste basicamente na realização de todas as atividades do estudo regional focadas no detalhe de cada estrutura descoberta por esses estudos. O trabalho então será focado sobre a área de provável ocorrência de um campo de petróleo. Na verdade envolve bem mais do que uma interpretação sísmica detalhada dos horizontes estratigráficos, mas nada pode progredir sem este detalhamento. É hora de descrever os tipos de armadilhas (também chamadas de *trapas ou traps*), que são verdadeiros acidentes geológicos que permitem o aprisionamento dos hidrocarbonetos. Só a sísmica nos descortina esse cenário.

Existem algumas dezenas de tipos de trapas, mas tradicionalmente são reconhecidas três classes: 1) trapas estruturais, em que a rocha-reservatório está situada sobre uma estrutura geológica normalmente definida por falhas ou dobras geológicas; 2) trapas estratigráficas, em que a rocha-reservatório tem seus limites definidos por uma variação lateral e/ou vertical do tipo de rocha; 3) trapas mistas, em que a rocha-reservatório é delimitada por uma disposição espacial de caráter misto, estrutural e estratigráfico.

Nesta fase do processo exploratório, os geólogos e geofísicos examinam e mapeiam em detalhe cada uma das estruturas que se destacam ou que mostram uma *área de fechamento*, isto é, uma área em quilômetros quadrados vista de cima (em mapa) que, por sua dimensão, é capaz de conter reservas comerciais. Uma área de fechamento expressivo, acima de 50 quilômetros quadrados, por exemplo, é uma forte candidata a ser chamada de "oportunidade exploratória". Em geral uma área fechada é representada em mapa por uma cúpula com as típicas curvas de nível concêntricas. Diz-se que é fechada porque não deixa passar petróleo para cima, porque está selada na parte fechada. Na verdade o fechamento, que é uma condição geométrica, deve estar obrigatoriamente combinado com a presença de um selo ou camada impermeável. A área de fechamento tem seu volume calculado pelo geólogo e é esquadrinhada pelo geofísico no que tange os atributos sísmicos, que também são produto da aquisição sísmica, muito úteis para o conhecimento dos tipos de rochas e até dos fluidos envolvidos.

O cálculo de volume denomina-se *cubagem* e é realizado num software concebido na Petrobras. O software é alimentado com os principais *inputs* da rocha e dos mapas, como área, altura de rocha com hidrocarboneto, porosidade da rocha, características do óleo esperado etc, e o cálculo é processado com o resultado probabilístico de mínimo, médio e máximo de volume estimado. É feito um ranqueamento ou hierarquização das estruturas ou oportunidades exploratórias de acordo com o potencial volumétrico e o fator de chance. O *fator de chance* é ponderado de acordo com a análise do sistema petrolífero de cada estrutura. Por exemplo: se nas proximidades já foi constatado petróleo, assume-se que vai ocorrer com absoluta certeza a rocha-geradora, então considera-se 100% a chance de ocorrência de *geração* para a estrutura que está sendo avaliada; o item *migração* é avaliado com a presença ou ausência de falhas que conduzam o petróleo até a trapa ou rocha-reservatório; estima-se também o fator de chance em percentagem para a presença e qualidade da rocha-reservatório, para a coincidência dos fenômenos (o chamado *timing*, quando idealmente a estrutura já foi formada por ocasião do início da migração) e para a confiança na *geometria* obtida pela interpretação sísmica. O fator de chance final será a ponderação aritmética de cada percentagem acima.

Para se ter uma ideia, em uma região desconhecida (o pré-sal da Bacia de Santos antes de ser perfurado, por exemplo), uma boa oportunidade exploratória tinha um fator de chance em torno de 20%; isso significa que a cada cinco poços perfurados, apenas um vai ter sucesso comercial. Com o avanço da exploração, vai-se calibrando melhor o fator de chance de cada situação. No caso do pré-sal, depois de vários poços perfurados os fatores de chance se tornaram praticamente invariáveis. A atribuição de fatores de chance, contudo, é subjetiva, e deve ser feita lançando mão de critérios padronizados com o intuito de comparar oportunidades e orientar a estratégia exploratória.

Uma vez estudadas todas as oportunidades, é eleita, conforme a estratégia da companhia, uma estrutura ou oportunidade exploratória para ser a locação do poço pioneiro, numa situação que combine alto fator de chance e significativo volume de petróleo esperado. Ingressa-se na fase 4) *elaboração do projeto do poço pioneiro*. Os geofísicos dão um ajuste preciso nos mapas, produzindo mais mapas especiais, se for o caso. O mapa de falhas é importante para se conhecer a trama de dutos de migração, por exemplo. Os geofísicos também realizam análises especiais de atributos sísmicos, muitas vezes com o auxílio de especialistas e, muito importante, informam a profundidade esperada para os objetivos do poço (os reservatórios). Cabe aos geólogos uma reanálise do sistema petrolífero na área e a construção de um modelo geológico baseado no conhecimento trazido do estudo regional, das analogias e comparações com situações no Brasil e mundo afora e, principalmente, com o auxílio da visualização tridimensional da trapa.

O modelo geológico é uma ideia que se traduz na gênese e no desenvolvimento da rocha-reservatório através do tempo geológico, com a estimativa de todos os fenômenos aos quais ela foi submetida, especialmente a *diagênese*. A diagênese é qualquer fenômeno que acarreta uma mudança na estrutura interna da rocha. Tem influência na diagênese o tipo de fluido que percolou pelos poros, as reações químicas acontecidas, os níveis de pressão e temperatura a que a rocha foi submetida etc. A diagênese em geral tem um caráter negativo porque oblitera e fecha o espaço poroso com a compactação causada pelo peso das camadas sobrejacentes ou pela precipitação de minerais no dito espaço poroso inicial. Rochas carbonáticas (calcários) são muito passíveis de diagênese porque o carbonato de cálcio é quimicamente muito reativo, ainda mais em altas temperaturas e pressões. A diagênese mais raramente pode melhorar as condições de reservatório quando a percolação de fluidos cria porosidade secundária dissolvendo matéria sólida e redepositando-a em outros locais. Arenitos resistem mais ao fator obliterador da diagênese porque o quartzo dos grãos é mais resistente, embora sejam relativamente mais vulneráveis à compactação do que os carbonatos. Os folhelhos expulsam grande quantidade de água de suas microestruturas ao se compactarem, mas, por serem rochas de baixa permeabilidade (embora porosas), não sofrem tantas modificações diagenéticas.

O modelo geológico então deve abarcar tanto as condições primárias de deposição do sedimento quanto as possíveis transformações internas que modificaram as condições de porosidade e permeabilidade da rocha-reservatório. O geólogo faz a análise de volume estimado e uma análise econômica expedita, além de anexar um esboço do projeto de desenvolvimento desenhado pela Engenharia de Produção. O projeto de poço pioneiro é materializado através de um relatório padronizado no qual são descritos e analisados os riscos de todos os elementos do sistema petrolífero.

O projeto é apresentado para ser submetido à livre crítica da comunidade de técnicos envolvidos, incluindo técnicos novatos e veteranos que trabalham em outras bacias. É a chamada reunião prévia. Geralmente nas prévias (pode haver mais de uma, conforme a complexidade) intenso debate aflora, resultando em consideráveis recomendações e sugestões. Após esse primeiro ajuste, o projeto, denominado "Locação Exploratória Fulano de Tal", com um nome de livre escolha da equipe, é submetido a um primeiro fórum composto por um conselho de técnicos do mais alto gabarito, os prestigiados consultores sêniores e alguns especialistas especificamente convidados para tal. Essa reunião é documentada em ata com a opinião de cada um dos votantes. Novas recomendações e sugestões são produzidas. Finalmente, o trabalho é submetido à última e superior instância, composta basicamente por gerentes gerais e o gerente executivo, ocasião em que é refutado ou aprovado. Um memorando oficial da Gerência Executiva é emitido para todas as gerências e departamentos envolvidos com a perfuração do poço. Dificilmente um projeto é recusado, porque, depois de passar por tanta discussão, já chega redondinho lá no topo. Mas ainda falta uma autorização: a do consórcio do bloco em questão. É necessário que o projeto passe pelo crivo dos parceiros ou sócios da Petrobras. É uma outra exaustiva batalha que pode ocorrer antes ou depois do aval interno da Petrobras. O ideal é sempre atualizar os parceiros através de reuniões ou e-mails sobre o andamento dos estudos e do ritmo de aprovação interna. Não raro, projetos aprovados internamente sofrem modificações no consórcio e vice-versa. Normalmente, as controvérsias são centradas em detalhes como a posição do poço, a localização espacial a ser investigada e a profundidade final a ser atingida. Tudo isso envolve não só pontos de vista diferentes quanto ao modelo geológico, como também os custos do poço. Esta é a parte delicada do processo exploratório: acomodar gregos e troianos. A definição de cada locação é um verdadeiro parto!

Assim, passando por tantos notáveis, responsabilidades são divididas e o projeto ganha robustez com as modificações introduzidas. É desencadeado o processo de execução, e toda uma complexa cadeia de engenharia é acionada; entra em campo, junto com os engenheiros de perfuração, uma outra equipe de exploração, agora integrada por geólogos no poço e seus pares no escritório. Entramos na fase 5) *perfuração e avaliação do poço pioneiro*.

Primeiramente vamos conhecer um pouco dos equipamentos de uma sonda rotativa de perfuração de petróleo. Uma sonda de perfuração trata-se do conjunto de equipamentos necessários para alcançar uma determinada profundidade no interior da terra com segurança e recuperando amostras do material atravessado. A clássica torre de sondagem serve para sustentar a coluna de perfuração, que contém em sua extremidade inferior uma broca cuja finalidade é fragmentar a rocha a ser perfurada. A mais comum das brocas é a do tipo tricônica. Para desagregar totalmente a rocha a ser perfurada, é necessário peso sobre a mesma (exercido pela própria coluna de perfuração, composta por tubos de aço), rotação e principalmente injeção de um fluido especial (lama de perfuração) para resfriar a broca e carregar os detritos fragmentados até a superfície. Esse fluido é bastante viscoso, cinza escuro e composto à base de baritina, um mineral muito pesado. A operação de perfuração é realizada em pequenas etapas de 9 metros, que é o comprimento standard de um tubo de perfuração.

A cada 9 metros a atividade é interrompida para que seja atarraxado um novo tubo. Esse tubo é obviamente oco e permite a passagem da lama. Como a lama é injetada sob pressão na superfície, ela atravessa os orifícios da broca com muita força, refrigerando-a, ajudando na desagregação e, principalmente, carregando para a superfície os fragmentos. Essa volta da lama carregada de fragmentos se dá através do espaço restrito entre as paredes do poço recém-aberto e a face externa dos tubos de perfuração, o dito *espaço anular*. A lama tem que ser densa o suficiente para fazer boiar os detritos e também para conter as paredes do poço. Quando a circulação da lama completa um ciclo (injeção desde a superfície até o fundo e retorno com os detritos), esta é peneirada, como se fosse coada, e depois reinjetada. A mesa rotativa, responsável por tracionar a coluna de perfuração, bem como as bombas de lama são acionadas por poderosos motores a diesel, com milhares de HP.

Quando a perfuração atinge uma profundidade de 1 a 2 quilômetros, é necessário se fazer uma paralisação mais demorada para revestir o poço. São descidos agora tubos de 9 a 10 metros, também atarraxados, ocos e resistentes o suficiente para conter as paredes do poço anteriormente sustentadas pela lama. A nova etapa de perfuração, depois de revestido o poço, será necessariamente realizada com uma broca de diâmetro menor do que aquela usada na fase anterior. São necessárias tantas descidas de revestimento quanto é exigida a profundidade final do poço. Revestimentos especiais, bem mais curtos, são usados no início da perfuração. Normalmente um poço no mar começa com diâmetro de 20 polegadas (50,8 centímetros) e termina com 8 ½ polegadas (21,59 centímetros) ou menor ainda.

Toda a parafernália de equipamentos de uma sonda pode ser descrita nos seguintes sistemas: a) *sistema de sustentação de cargas*: constituído do mastro ou torre, subestruturas e estaleiros para comportar os pesados equipamentos de coluna e revestimentos a serem descidos; b) *sistema de geração e transmissão de energia*: potentes motores a diesel com transmissão mecânica ou elétrica que alimentam inclusive o complexo hoteleiro das sondas submarinas; c) *sistema de movimentação de cargas*: guincho, bloco de coroamento (a infraestrutura superior da torre), roldanas e polias, gancho e elevador; d) *sistema de rotação*: composto por um equipamento que transmite rotação à coluna (mesa rotativa) e um tubo guia que transmite esta rotação à coluna (kelly), também uma cabeça de injeção de fluido; e) *sistema de circulação*: bombas de injeção, tanques e peneiras de lama; f) *sistema de segurança*: o BOP (*blowout preventer*), que é um conjunto de válvulas que permite fechar o poço no caso de produção descontrolada de óleo ou gás; g) *sistema de monitoração*: equipamentos necessários ao controle da perfuração, como manômetros, indicador de peso sobre a broca, tacômetro etc.

Uma outra modalidade de perfuração é a *testemunhagem*, uma operação não corriqueira, realizada por broca especial, com a finalidade de cortar a formação ou rocha sem destruí-la, preservando-a quase intacta. Recupera-se o *testemunho*, em geral com comprimento de poucas dezenas de metros, a fim de se conhecer na íntegra o reservatório ou qualquer outra litologia que interesse. É uma amostra preciosa para uma infinidade de estudos geológicos e para a Engenharia de Reservatório. Quanto mais testemunhos disponíveis, melhor a condução dos projetos vindouros e melhor para as medidas de aumento do fator de recuperação do campo de petróleo. A testemunhagem é uma operação delicada, demorada e cara, porque envolve equipamentos mais sofisticados, acompanhamento de pessoal especializado e muito tempo de operação.

Toda a parafernália da sonda é basicamente a mesma para perfurações em terra e mar. Nas plataformas marítimas ou navios-sonda, o espaço é reduzido, e a movimentação de material pesado, bem como a presença de instrumentos de metal pontudos, são um perigo à segurança do trabalho. Aliado ao ruído quase ensurdecedor, o ambiente de trabalho em uma sonda de petróleo é um dos mais periculosos que existe, principalmente no mar. Se for uma plataforma autoelevatória para lâminas d'água mais rasas (até uns 200 metros de profundidade), a trepidação é constante e ainda se dorme com o barulho irritante dos geradores. Mais confortáveis e espaçosas são as plataformas semissubmersíveis, com posicionamento hidrodinâmico. Um meio-termo são os navios-sonda, mas em todas as situações o barulho é presente, e a iminente possibilidade de acidente de qualquer natureza é uma constante.

Perto da torre de perfuração fica posicionado um trailer (ou contêiner) que faz as vezes de um pequeno laboratório de geologia, ocupado por um geólogo e um ou dois técnicos de nível médio. Essa equipe, que em décadas passadas era composta por pessoal da Petrobras, nos dias de hoje é terceirizada. São as chamadas equipes de *mud-logging* (ou equipes que fazem o perfil da lama). Eles têm que examinar todas as informações trazidas pela lama de perfuração. Os principais dados que vêm da lama são seu conteúdo em gás e a composição dos detritos carregados. As unidades de *mud-logging* também monitoram todos os chamados *parâmetros de perfuração*, que são a taxa de penetração da broca, o peso ou densidade da lama, a taxa de rotação da mesa rotativa, dentre outros. Um pequeno arsenal de produtos químicos e artefatos é usado para desvendar a natureza das rochas e a presença de indícios de petróleo, como calcímetro e fluoroscópio, por exemplo. Um sensível e bem calibrado detector de gás é acoplado nas peneiras de lama, e delgadas mangueiras enviam constantemente amostra da composição gasosa da lama para analisadores dentro do trailer. É possível definir a composição de gás em tempo real. Quando o detector acusa níveis de gás acima do padrão, um alarme é acionado e a equipe se põe em alerta. Tais anomalias são altamente interessantes, tanto para a avaliação econômica da seção que se perfura como para a segurança do poço. O geólogo tem a obrigação de avisar o engenheiro fiscal da sonda. A produção descontrolada de zonas de gás altamente pressurizado em subsuperfície é o pior dos mundos e pode levar aos ares esse monte de ferro. Quando o analisador mostra anomalias compostas apenas de gás seco (metano ou CH_4), é provável que se tenha atravessado um reservatório de gás. Se tem gás mais pesado (mais carbonos na estrutura molecular), podemos estar em presença de reservatório com óleo, isso porque qualquer petróleo líquido contém gás dissolvido.

Amostras de fragmentos são sacadas, acondicionadas para armazenamento e guardadas em galpões para futuras consultas, redescrições e análises em laboratório. São colhidas amostras para análise petrográfica e sedimentológica a cada 3 ou 9 metros, conforme a demanda do grupo de exploração que fez o projeto de acompanhamento do poço. Também são extraídas, com maior espaçamento, amostras para análise paleontológica e geoquímica. A Petrobras, como qualquer outra companhia de petróleo, envia um geólogo especializado em acompanhamento de poço, o *geólogo de poço*, a fim de fiscalizar, coordenar, interpretar e enviar em tempo real todos os dados e informações fornecidas pela equipe de *mud-logging* contratada. Um bom geólogo de poço é um cão farejador atento a qualquer anomalia, boa ou má. Sim, existem anomalias boas. São todas as anomalias geológicas. A ocorrência de uma acumulação comercial de hidrocarbonetos é tão rara, dependente de uma série de coincidências de cada um dos elementos do sistema petrolífero, que é considerada uma anomalia. Então a ocorrência de elevados níveis de gás, indícios e manchas de óleo ou fluorescência nos fragmentos são anomalias bem-vindas. O desleixo do pessoal contratado, o não funcionamento de equipamentos, deficiência no fluxo de informações entre equipes na sonda etc. são anomalias negativas que devem ser sanadas pelo geólogo de poço.

Antigamente o geólogo de poço acumulava as funções de *mud-logging* de forma mais precária, com carência de equipamento sofisticado.

Hoje em dia tudo que é monitorado na sonda é simultaneamente monitorado no escritório pelas equipes de acompanhamento em terra. A Petrobras mantém uma importante base na cidade de Macaé, outra em Santos e outra no Rio de Janeiro, onde as equipes são responsáveis pelas áreas mais estratégicas, incluindo os blocos de concessão das áreas hoje produtoras do pré-sal. Os distritos, bases ou unidades de acompanhamento ao longo do Brasil situam-se nas seguintes capitais, além das cidades já citadas: Manaus, Belém, Natal, Aracaju, Salvador e Vitória. Em cada uma dessas cidades residem e trabalham numerosas equipes de engenheiros, geólogos e geofísicos que se reportam aos seus núcleos correspondentes centralizadores na sede do Rio de Janeiro. Antigamente, com a precariedade dos meios de comunicação entre as plataformas e o escritório em terra, o geólogo de poço tinha muito mais responsabilidade e era responsável por grandes mancadas ou gloriosos acertos. Carreiras profissionais eram catapultadas ou abortadas, conforme o evento.

Durante a perfuração do poço pioneiro, um documento é confeccionado *in progress*, o chamado *perfil de acompanhamento de poço* (ou *strip log*), onde o geólogo ou profissional de *mud-logging* posiciona, em profundidade, todos os tipos de fragmentos perfurados, percentagem de tipos de rocha por amostragem, descrição de anomalias e de quaisquer alterações nos parâmetros de perfuração.

É importante assinalar que existe um *delay* (atraso) entre a profundidade em que a broca se encontra e a amostra que se coleta na superfície. A esse *delay* se denomina *tempo de retorno*, que nada mais é do que o tempo que a amostra leva para percorrer a distância compreendida entre a broca e as peneiras de lama. É nas peneiras elétricas de lama na superfície que as amostras são colhidas. Quanto mais fundo estiver o poço, obviamente maior será o tempo de retorno, que varia também conforme a pressão de injeção de fluido. Para se ter uma ideia, um poço de 3 mil metros tem um tempo de retorno de cerca de uma hora e meia. Quanto maior a taxa de penetração, maior será a discrepância entre o que se amostra na peneira e o que se está perfurando. A boa prática manda que todas as referências registradas no *strip log* sejam feitas em profundidade real, isto é, corrigidas com o tempo de retorno.

À meia-noite o geólogo de poço preenche o BDG, Boletim Diário de Geologia, reportando em formulários padronizados as descrições das rochas perfuradas, dos indícios de óleo e gás, as operações especiais realizadas e qualquer coisa a mais que julgar importante. O BDG é enviado ao escritório do distrito correspondente.

Como acabamos de ver, o acompanhamento geológico do poço é atividade basilar na exploração, porque simplesmente nos possibilita ter o primeiro contato físico com o misterioso subsolo, hospedeiro de tantas riquezas. Uma outra atividade de poço vital, tão importante quanto o acampanhamento geológico, é a *perfilagem do poço*. Ela é realizada normalmente antes da descida de um revestimento, tubos ocos especiais de aço (*casing*) e, obrigatoriamente, após atravessar os objetivos do poço. Para um poço perfurado com diâmetro de 12 ¼ polegadas (31,11 centímetros), é descido um revestimento de 9 ⅝ polegadas (24,44 centímetros); para um poço aberto de 8 ½ polegadas (21,59 centímetros), desce-se um revestimento de 7 polegadas (17,78 centímetros), e assim sucessivamente. A extremidade inferior do revestimento é denominada de *sapata* (ou *shoe*, em inglês), e todos os revestimentos são cimentados junto à parede do poço.

Uma operação de perfilagem consiste na interrupção da perfuração temporariamente, antes da descida de um revestimento, para que sejam levadas ao fundo do poço ferramentas especiais capazes de medir as propriedade físicas e a composição estrutural e química das rochas. Isso porque a análise dos fragmentos de rocha trazidos pela lama de perfuração não é suficiente para se conhecer com exatidão a composição e o posicionamento em profundidade das diversas camadas de rochas atravessadas. Por terem densidades e geometria diferentes, os detritos vão se misturando desorganizadamente até chegar à superfície, causando muita dificuldade para o geólogo destrinchar o emaranhado de diferentes tipos de rochas, sendo obrigado a realizar uma descrição ponderada de acordo com as porcentagens relativas verificadas na amostra de calha. As ferramentas de perfilagem fazem uma espécie de eletrocardiograma do poço (agora pontual, e não em área, como na sísmica) utilizando-se de vários princípios físico-químicos, muito mais diversificados daqueles exclusivamente sônicos, da sismica de reflexão. A perfilagem então pode ser entendida como um refinamento do acompanhamento geológico que houve durante a perfuração. Mas é um refinamento indispensável.

Os principais objetivos da perfilagem são: a) caracterizar o tipo de rocha; b) posicionar o topo e a base das camadas nas suas reais profundidades; c) medir por vários métodos a porosidade, a permeabilidade, a densidade de fraturas, a imagem das paredes do poço, o conteúdo de argila e, por último, mas não menos importante, o *tipo de fluido predominante nos poros*. Todas essas medições serão aproveitadas para os projetos em curso e outros posteriores, até a exaustão da jazida, vinte ou trinta anos depois. O alvo principal é uma boa caracterização da rocha-reservatório, aquela que contém em seu interior poroso petróleo, seja ele gás, óleo ou ambos.

Os atributos principais são a *porosidade*, para se avaliar o volume ou tamanho do campo, a *permeabilidade*, para se conhecer a facilidade com que os fluidos se deslocam dentro da rocha e, por consequência, para dar uma indicação da produtividade do poço e logicamente o tipo de fluido presente. Para cada atributo, existe uma ferramenta especial. Eventualmente uma ferramenta investiga mais de um, e uma combinação de ferramentas ajuda a investigar outro atributo. Para avaliar a porosidade são utilizados basicamente quatro tipos de ferramentas: o perfil sônico, o perfil de densidade, o perfil de índice de hidrogênio (ou "neutrão") e o perfil de ressonância magnética. Um exemplo de apresentação de um jogo de perfis pode ser visto na figura 2. A permeabilidade também é dada indiretamente pelo perfil de ressonância magnética e diretamente pelo teste a cabo, uma ferramenta que extrai uma pequena quantidade de fluido da rocha à profundidade escolhida. A combinação do perfil de densidade com o neutrão também dá uma boa ideia qualitativa da permeabilidade das rochas. Por fim, para investigar o tipo de fluido, é fundamental um perfil de resistividade. Sabe-se que o óleo tem resistividade muito alta, quase infinita, isto é, não é um bom condutor, ao passo que a água salgada presente em todos os poros de uma bacia sedimentar marítima é muito condutora, isto é, tem resistividade muito baixa. Quanto maior a salinidade da água, mais condutiva ela vai ser. A rocha em si, seca, também é resistiva. Um campo de petróleo em subsuperfície é uma anomalia. A maioria dos reservatórios estão cheios de água salgada e a resposta deles frente aos perfis é de baixa resistividade. Se a resistividade for alta em uma rocha porosa (com muitos poros) e coincidir com indícios de hidrocarbonetos (óleo ou gás) verificados durante a perfuração, então ela tem grandes chances de conter hidrocarbonetos. Se a resistividade for baixa e se não houver nenhum outro fator que mascare esse efeito, estamos em presença de um aquífero: um reservatório com água salgada. Em bacias terrestres, onde a água presente é doce, a coisa complica, porque a água doce é tão resistiva – isto é, não condutora – quanto o óleo.

Uma característica interessante dos reservatórios – sejam eles portadores de óleo, de gás ou somente de água – é que existe uma água que adere à superfície dos grãos do arcabouço da rocha, denominada *água conata*, que, uma vez presente, não sai mais, mesmo depois que o óleo ou gás tenha migrado até ali. Assim, se pudéssemos examinar com uma lupa o poro de um reservatório produtor de óleo, observaríamos simplificadamente: o arcabouço, formado pelo fragmento ou grão de quartzo ou calcário; e o poro preenchido, pela fase água conata aderida à parede do grão e pela fase óleo, tendo algum gás dissolvido dentro dele, apesar de não perceptível a olho nu (Fig. 1).

O gás, como o óleo, tem também alta resistividade, e a separação acentuada entre as curvas de densidade e neutrão denunciam a presença dele. O perfil de raios gama mede a radioatividade natural das rochas como um cintilômetro. Essa medição é obrigatória porque traz a assinatura ou o DNA do poço. É considerado como o perfil de litologia por excelência porque não é afetado pelas condições de compactação e pelos fluidos presentes, apenas pela composição química global da rocha. Alguns perfis não podem ser usados em poços revestidos porque são afetados pela espessura do aço. O perfil de raios gama é apenas atenuado pelo revestimento. Então uma de suas aplicações é como referência de profundidade ou posição das camadas para qualquer intervenção que se faça a poço revestido, e são muitas.

A perfilagem faz uma medição contínua em profundidade desde o fundo até onde se pretende para cima do poço. As ferramentas, o processamento de alguns perfis e a unidade de obtenção desses dados são de uma sofisticação tremenda e são fornecidos por companhias de serviços contratadas. Aqui estamos expondo a coisa de maneira muito resumida e à moda antiga. O desenvolvimento nessa área é contínuo e acelerado. Interpretar essas curvas é uma arte e exige muita experiência e intuição do técnico. Este que vos escreve trabalhou orgulhosa e prazerosamente metade de sua permanência na Petrobras exercendo a atividade de intérprete de perfis, avaliólogo ou petrofísico (como se chama hoje em dia o profissional que lida com perfis ou perfilagem).

Existe uma aplicação dos perfis que faz uma ligação bem interessante com a sísmica. Trata-se do perfil sísmico. São descidos no poço de forma compacta, encapsulados num cilindro de metal, um conjunto de geofones que registram os pulsos de primeira chegada de uma fonte sonora na superfície terrestre ou marinha. Com isso o geofísico consegue o tempo das principais camadas para amarrá-las na seção sísmica (nada mais do que posicioná-las). É nesse momento que se avalia a discrepância entre as profundidades esperadas e as encontradas. Consequentemente, conhece-se a velocidade das camadas, ou melhor, a velocidade do som de cada camada. Um belo *input* de retorno para melhorar as conversões de sísmica em tempo para profundidade e aprimorar o mapa real do campo de petróleo.

Somente com a realização da perfilagem final, isto é da última parte do poço, a mais funda, ainda não revestida, é que se decide se o poço pioneiro é abandonado definitivamente sem maiores interesses comerciais ou se será revestido até o fundo e elegido para se continuar sua avaliação.

A operação de perfilagem também pode ser feita enquanto se fura pelo acoplamento das ferramentas especiais logo acima da broca. É um procedimento conhecido como MWD (*Measurements While Drilling*, para parâmetros de perfuração), ou LWD (*Logging While Drilling*, para a geologia). Mas nem todos os perfis têm tecnologia suficientemente desenvolvida para produzir sinal com tão boa qualidade quanto aqueles produzidos pelos descidos a cabo antes de o poço ser revestido. Contudo, hoje em dia se mede resistividade e raios gama por LWD de maneira obrigatória, devidamente monitorados pela equipe de *mud-logging* na sonda. Os sinais LWD e MWD são acompanhados online no escritório dos distritos ou na sede, no Rio de Janeiro.

Passamos para a etapa do *teste de formação* a poço revestido, operação que é realizada se for revelada por perfis uma bem-definida zona potencialmente produtora comercial de óleo ou gás, a chamada zona de interesse ou as várias zonas de interesse descobertas. A essa altura ela já deve ter sido coberta por uma suíte de perfis básicos e especiais, conforme a complexidade e demandas peculiares. Normalmente já se sabe o fluido presente, porque a poço aberto é possível extrair pequenas amostras. Mas é necessário se fazer um ensaio de produção para avaliar a performance em escala industrial. Além do revestimento, entra em ação uma nova parafernália de equipamentos com a finalidade de colocar o reservatório naturalmente pressurizado em contato com a pressão atmosférica de forma controlada e segura.

Em uma bacia sedimentar, o regime de pressões é ditado pela salinidade da água contida em todos os poros de todas as rochas. Na verdade, em última análise, todos os aquíferos são comunicantes ou foram em algum momento durante a fase de soterramento. Quanto maior a salinidade das águas da bacia, maior será o peso de uma coluna de água. A grandes profundidades, como é o caso dos reservatórios do pré-sal (5 mil a 6 mil metros), e com alta salinidade (média em torno de 100 mil mg/l de cloreto de sódio, isto é, uma concentração duas a três vezes maior que a da água do mar), as pressões são muito altas. Os hidrocarbonetos, por serem muito mais leves que a água doce e mais ainda que a água salgada e, ainda, por estarem aprisionados numa estrutura capeada por uma camada selante, sempre estão à beira de um desequilíbrio com o meio circundante, loucos para subir, aflorar e se disseminar na superfície dos oceanos ou na atmosfera. O que os mantêm estáticos são o selo e a trapa combinados. O que o teste de formação faz é induzir esse enorme desequilíbrio, facilitando o caminho do petróleo até a superfície ao aproveitar essa energia natural, ou seja, ele vai se deslocar espontaneamente de um lugar de alta pressão para um local de mais baixa pressão – a atmosférica –, e vai fazê-lo tão mais rapidamente quanto maior for o diferencial de pressão, quanto menor for a densidade dele e quanto melhor for a qualidade do reservatório. Por *qualidade do reservatório*, leia-se "permeabilidade" (a facilidade com que os fluidos se deslocam dentro da rocha). A permeabilidade (K) é medida em uma unidade denominada Darcy (D). Bons reservatórios possuem K maior que 1 Darcy ou 1000 mD (mil miliDarcys). O teste de formação, além de fornecer diretamente a permeabilidade, mostra principalmente a vazão do poço e seu índice de produtividade. O índice de produtividade (IP) vai determinar a capacidade máxima de vazão do poço. Bons poços do pré-sal registraram vazões e IP's sem paralelo no mundo!

Uma vez testado o poço e obtidos bons resultados, os volumes de petróleo calculados anteriormente para a jazida agora descoberta são revisados e, se for o caso – isto é, se as novas análises econômicas mais completas e precisas forem favoráveis –, parte-se para os projetos dos poços de extensão, ou poços delimitatórios – a fase 6. Esses poços são perfurados para confirmar a área de ocorrência e distribuição da espessura do reservatório que contém petróleo, ou para conhecer o campo em todas as suas dimensões. Somente após a perfuração dos poços de extensão é concluído o processo exploratório. O acompanhamento e avaliação de cada poço de extensão ou delimitatório passa por todo o ritual descrito acima para o poço pioneiro. A cada poço de extensão perfurado, o projeto seguinte é refeito, recalibrado, consertado. Existe um fluxo contínuo de análise de amostras de rocha e fluidos para o centro de pesquisa e laboratórios nas unidades de exploração que, via de regra, podem proporcionar guinadas nessa trajetória exploratória.

Este é um resumo com o objetivo de mostrar a metodologia da atividade que desenvolvemos na exploração de petróleo a fim de se chegar à fruição comercial no pré-sal ou em qualquer outra região. Todos esses procedimentos são padrões consagrados na indústria do petróleo.

Cronologia

1859
28 de agosto: Perfurado o primeiro poço com o fim exclusivo de produzir petróleo, perto de Titusville, Pensilvânia, sob a responsabilidade de George Bissel e Edwin L. Drake.

1911
A Suprema Corte dos Estados Unidos, baseando-se na Lei Sherman Antitruste, resolve pela dissolução da Standard Oil Co. of New Jersey, de propriedade de John D. Rockefeller, que se pulveriza em 34 novas companhias.

1936
Monteiro Lobato lança o livro *O escândalo do petróleo*, no qual acusa o governo de "não perfurar e não deixar que se perfure". O livro é censurado pela ditadura de Getúlio Vargas em 1937, no mesmo ano em que Monteiro Lobato lança *O poço do Visconde* para o público infantojuvenil.

1939
21 de janeiro: O ministro da Agricultura, Fernando Costa, anuncia a descoberta de uma jazida de petróleo em Lobato, no Recôncavo Baiano, nas redondezas de Salvador. (O nome é simples coincidência, nada tem a ver com o militante escritor Monteiro Lobato.)

1941
14 de dezembro: Descoberto o Campo de Candeias, o primeiro campo com viabilidade comercial do Brasil, no Recôncavo Baiano. Esse campo ainda produzia com volume pequeno (cerca de 200 barris por dia) em 2016.

1946
Emergem logo após a Segunda Guerra Mundial as Sete Irmãs, assim denominadas por Enrico Mattei, então presidente da italiana Ente Nazionale Idrocarburi. As Sete Irmãs detinham 85% das reservas mundiais de petróleo da época. Cinco delas são crias diretas da velha Standard Oil de New Jersey.

1947
Realizado no Clube Militar do Rio de Janeiro um debate sobre a abertura do mercado petrolífero brasileiro ao capital estrangeiro. A favor estava o general Juarez Távora, e contra, o general Horta Barbosa.

1948
21 de abril: Lançada no Automóvel Clube do Rio de Janeiro a campanha O Petróleo é Nosso, que defendia o monopólio estatal do petróleo, para reagir contra o projeto do Estatuto do Petróleo fomentado pelo presidente Eurico Gaspar Dutra.

1951
6 de dezembro: O presidente Getúlio Vargas manda para o Congresso Nacional o projeto de criação da Petrobras.

1953
3 de outubro: Aprovada a Lei 2.004, que cria a Petróleo Brasileiro S.A. (Petrobras) e institui o monopólio estatal de exploração, refino e transporte de petróleo.

1954
24 de agosto: O presidente Getúlio Vargas comete suicídio. Em sua carta-testamento faz alusão à estatal e à espoliação das multinacionais: "[...] Quis criar a liberdade nacional na potencialização das nossas riquezas através da Petrobras, mal começa esta a funcionar, a onda de agitação se avoluma. [...] Os lucros das empresas estrangeiras alcançavam até 500% ao ano. Nas declarações de valores do que importávamos existiam fraudes constatadas de mais de 100 milhões de dólares por ano".

1960
8 de dezembro: O presidente Juscelino Kubitschek saúda em audiência pública as primeiras turmas de geólogos brasileiros formadas em Porto Alegre, São Paulo, Recife e Ouro Preto pelo Cage.

1961
Tem ampla repercussão e impacto na sociedade brasileira o Relatório Link, uma série de três memorandos emitidos pelo geólogo norte-americano Walter Link no final de 1960 para a alta direção da Petrobras. Ex-funcio-

nário da Standard Oil, Link foi contratado em 1954 pela Petrobras para assumir a área de exploração da estatal. Os memorandos têm viés pessimista e serão refutados poucos anos depois pelo "Relatório dos Russos".

1963
15 de agosto: A Petrobras descobre em Sergipe o Campo de Carmópolis, o primeiro campo gigante do Brasil e o maior já descoberto em terra, com reserva estimada de 1,2 bilhão de barris, ainda em produção. O campo possui rochas idênticas às da camada pré-sal que será descoberta nas bacias de Santos, Campos e Espírito Santo.

1968
Setembro: A Petrobras descobre o primeiro campo de petróleo no mar, Guaricema, em águas rasas, na Plataforma Continental Brasileira, na costa do estado de Sergipe, em arenitos turbidíticos.

1973
6 de outubro: Início da Guerra do Yom Kippur no Oriente Médio. Dura vinte dias e causa a maior crise de petróleo na história. O preço da commodity quadruplica em poucos meses.

1974
Primeira descoberta comercial na Bacia de Campos: o Campo de Garoupa. Localiza-se em lâmina d'água de 124 metros e produz em carbonatos (calcários).

1975
9 de outubro: O presidente da República, o general Ernesto Geisel, institui a modalidade de "contratos de risco", ferindo a Lei 2.004 que garantia o monopólio da Petrobras. Durante catorze anos, 80% da área das bacias brasileiras foi disponibilizada para a exploração de companhias privadas, estrangeiras ou nacionais. (Durante esse período ocorreu apenas uma descoberta comercial, o campo de gás de Merluza, de pequeno porte, no litoral de Santa Catarina, pertencente à Bacia de Santos. O campo atualmente é operado pela Petrobras.)

Novembro: Descoberta do Campo de Namorado, em águas rasas, o primeiro gigante na Bacia de Campos (mais de 500 milhões de barris de reserva), em arenitos turbidíticos.

1976
Descoberta do Campo de Enchova, ainda em águas rasas, na Bacia de Campos, em arenitos turbidíticos e calcários.

1979
O consumo de petróleo do Brasil atinge a marca de 1 milhão de barris por dia. A produção da Petrobras gira em torno de 200 mil/dia.

1984
Descoberta do Campo de Albacora em lâmina d'água de 700 metros, com reservas de 1,8 bilhão de barris em arenitos turbidíticos. Quase trinta anos depois o campo revelará novas descobertas na camada pré-sal, mais profunda.

28 de junho: A Petrobras atinge a marca de produção diária de 500 mil barris.

16 de agosto: Um incêndio causado por um *blowout* (produção descontrolada de hidrocarbonetos) provoca a evacuação da plataforma de Enchova. Um cabo se rompe e uma baleeira (barco ou escaler de emergência para abandono de grandes embarcações) cai em queda livre no mar, matando 37 trabalhadores. Foi o acidente mais sério em número de vítimas na história da Petrobras.

1985
Descoberta do supercampo de Marlim, em lâmina d'água de 800 metros, com reservas de 2,7 bilhões de barris em arenitos turbidíticos.

1995
8 de novembro: O Congresso promulga a Emenda Constitucional número 9, que põe fim ao monopólio do petróleo, que dava exclusividade à Petrobras na exploração e na produção de petróleo no Brasil desde a sua criação.

1996
A Petrobras descobre o supercampo de Roncador, em águas ultraprofundas da Bacia de Campos, em lâmina d'água de 1,8 mil metros, com reservas estimadas de 3,7 bilhões de barris em arenitos turbidíticos. Trata-se da última grande descoberta em turbiditos na Bacia de Campos, que começa a findar o seu ciclo no pós-sal.

1997
6 de agosto: É sancionada por FHC a Lei 9.478, a nova Lei do Petróleo, que regulamenta a exploração e produção do petróleo. Criação da ANP, com a

finalidade de organizar os leilões de concessões de áreas para exploração e produção por empresas estatais e privadas, e fiscalizar a atuação dessas, além de outras questões pertinentes ao petróleo.

1998

17 de janeiro: Nomeação de David Zylbersztajn, genro do então presidente FHC, como diretor-geral da ANP. No discurso de posse, ele declara: "Quero dizer para a sociedade que o petróleo é vosso. A sociedade quer mais óleo e menos monopólio".*

1999

Realização do primeiro leilão para concessão de áreas para exploração e produção de petróleo sob o regime da nova Lei do Petróleo.

2000

7 de junho: Realização do segundo leilão para concessão de áreas. A Petrobras, junto com vários parceiros internacionais, arremata, entre outros, os blocos do Cluster: BM-S-8, BM-S-9, BM-S-10 e BM-S-11, onde realizará as grandes descobertas do pré-sal.

2001

15 de março: Explode e afunda a Plataforma P-36 sobre o Campo de Roncador, causando onze mortes, no que é considerado o mais grave acidente da empresa porque resultou na perda total da plataforma. Havia 175 pessoas a bordo, e os mortos eram todos integrantes da equipe de emergência.

Também nesse ano ocorre a primeira descoberta no pré-sal da Plataforma Continental Brasileira, pelo poço 1-ESS-103 (Espírito Santo Submarino número 103).

20 de junho: A Petrobras adquire os blocos BM-S-21, BM-S-22 e BM-S-24, nas cercanias do Cluster, na Bacia de Santos, no leilão de número 3.

2005

30 de agosto: A Petrobras anuncia timidamente a primeira descoberta no Cluster em Parati, no bloco BM-S-10. Um ano depois o poço é testado, revelando alta produtividade de óleo fino, mas é abandonado por entupimento.

---

* www1.folha.uol.com.br/fsp/dinheiro/fi170113.htm em 17/01/1998.

2006

21 de abril: Celebrando a entrada em atividade da plataforma P-50 (Albacora Leste), o presidente Lula anuncia a autossuficiência do Brasil em petróleo (sem a contribuição de uma única gota do pré-sal).

11 de julho: Petrobras faz o anúncio da grande descoberta de Tupi no bloco BM-S-11. No mesmo ano o poço é testado, revelando alta produtividade.

28 de novembro: A FUP consegue suspender por meio de liminar a oitava rodada de leilão da ANP, que colocaria vastas áreas do entorno do pré-sal para licitação. Até a primeira metade de 2018, a rodada não fora retomada.

2007
4 de setembro: A Petrobras anuncia a descoberta do Campo de Carioca no bloco BM-S-9.

8 de novembro: A Petrobras anuncia em nota o resultado do teste do segundo poço perfurado no Campo de Tupi, com extraordinária produtividade e reveladora da verdadeira dimensão da descoberta no bloco BM-S-11, o que abre uma nova fronteira extremamente promissora. Pela primeira vez a Petrobras usa o termo *pré-sal* em um comunicado à imprensa. A então ministra da Casa Civil Dilma Rousseff, em entrevista coletiva, anuncia ao mundo que o Brasil entra em um novo patamar de desenvolvimento em face da descoberta. Dias depois, por recomendação do diretor-geral da ANP, Haroldo Lima, o presidente Lula manda retirar do próximo leilão os blocos do pré-sal.

2008
21 de janeiro: A Petrobras anuncia a descoberta do Campo de Júpiter no bloco BM-S-24.

12 de junho: A Petrobras anuncia a descoberta do Campo de Guará no bloco BM-S-9.

12 de julho: Os Estados Unidos reativam a Quarta Frota do Atlântico Sul e inauguram incursões no litoral brasileiro sem pedir claramente autorização às autoridades brasileiras.*

7 de agosto: A Petrobras anuncia a descoberta do Campo de Iara, no bloco BM-S-11.

---

* www1.folha.uol.com.br/fsp/mundo/ft1307200801.htm

Setembro: Começa a produção comercial do primeiro óleo da camada pré-sal no Campo de Jubarte (Parque das Baleias) pelo poço 1-ESS-103.

2009

4 de junho: A Petrobras anuncia a descoberta do Campo de Iracema, no bloco BM-S-11.

1º de setembro: É apresentado na Câmara dos Deputados o Novo Marco Regulatório para exploração e produção de petróleo, que institui o Regime de Partilha (estipula a exclusividade da Petrobras como operadora na exploração do pré-sal e obrigatoriedade da estatal participar com pelo menos 30% nos consórcios), cria a estatal Petro-Sal, cria um Fundo Social com a arrecadação de royalties do pré-sal e outorga à Petrobras a exploração onerosa de 5 bilhões de barris no entorno do Cluster.

2 de dezembro: "Deixa esses caras fazerem o que quiserem, e aí nós vamos mostrar a todos que o modelo antigo funcionava [...] e nós mudaremos de volta", diz o então senador José Serra a Patrícia Pradal, diretora de Desenvolvimento de Negócios e Ações com o Governo da petroleira norte-americana Chevron, em telegrama diplomático revelado pelo Wiki Leaks.

2010

11 de maio: A ANP anuncia a descoberta do Campo de Franco pelo poço 2-ANP-1, perfurado pela Petrobras para balizar o potencial da área da Cessão Onerosa que futuramente seria explorada com exclusividade pela estatal.

27 de setembro: A Petrobras realiza na Bovespa a maior captação do mundo em bolsas em todos os tempos: 120 bilhões de reais (70 bilhões de dólares pela taxa de câmbio da época). O dinheiro destina-se a investimentos no pré-sal.

27 de outubro: A Petrobras anuncia a descoberta do Campo de Barra no pós-sal da Bacia de Sergipe-Alagoas, cujas reservas serão avaliadas em 1,2 bilhão de barris.

28 de outubro: O presidente Lula celebra a primeira extração de óleo comercial do Campo de Tupi (depois renomeado Lula, o molusco, mas com óbvia homenagem ao ex-presidente), na Bacia de Santos, assim iniciando a produção de petróleo do pré-sal brasileiro.

ANP anuncia a descoberta do Campo de Libra pelo poço 2-ANP-2, perfurado pela Petrobras, para balizar a área a ser ofertada no primeiro leilão do Regime de Partilha em 2013. O diretor geral da ANP, Haroldo Lima, dias depois declara que Libra tem de 8 a 12 bilhões de barris de reserva.

22 de dezembro: O presidente Lula sanciona o novo Marco Regulatório do Petróleo.

2011

27 de novembro: Os pilotos Sebastian Vettel, Mark Weber e Jenson Button, composição do pódio do GP Brasil de F1, recebem os troféus com pedaços de rocha do pré-sal incrustados.

2012

20 de março: Petrobras anuncia a descoberta do Campo de Carcará no bloco BM-S-8.

2014

24 de junho: O ministro de Minas e Energia, Edison Lobão, anuncia a contratação direta e exclusiva da Petrobras sob Regime de Partilha para a exploração e produção do volume excedente da área de Cessão Onerosa (onde a Petrobras havia comprado da União 5 bilhões de barris, ainda no subsolo) em quatro campos: Búzios (antigo Franco), Entorno de Iara, Florim e Nordeste de Tupi. Juntos podem abarcar uma reserva de 10 a 14 bilhões de barris.

2015

9 de fevereiro: Aldemir Bendine assume a presidência da Petrobras no lugar de Maria das Graças Foster, desgastada com os prejuízos astronômicos da Petrobras e com as revelações de corrupção nas altas esferas da estatal.

6 de março: O ministro do Supremo Tribunal Federal Teori Zavascki ordena tornar públicos os depoimentos de cinquenta pessoas investigadas na Operação Lava Jato (deflagrada em 17 de março de 2014). É divulgada a narrativa do ex-diretor de Abastecimento da Petrobras Paulo Roberto Costa revelando fraudes homéricas que implicavam caciques do PT e partidos da base aliada dos governos Lula e Dilma Rousseff.

2016

12 de maio: Dilma Rousseff é afastada do cargo de presidente da República em função do processo de impeachment, e Michel Temer assume interinamente.

31 de maio: Pedro Parente assume a presidência da Petrobras no lugar de Bendine (que, implicado na Operação Lava Jato, será preso pela Polícia Federal em 27 de julho de 2017, após comprar uma passagem sem volta para Portugal).

3 de junho: A Petrobras anuncia que a produção de petróleo do pré-sal ultrapassa pela primeira vez a marca de 1 milhão de barris por dia.

29 de julho: A Petrobras anuncia a venda de toda a sua participação no bloco BM-S-8, que contém o Campo de Carcará, para a estatal norueguesa Statoil.

31 de agosto: Após a aprovação do impeachment de Dilma Rousseff pelo Congresso Nacional, Michel Temer assume como presidente efetivo.

30 de novembro: É sancionada a lei que põe fim à exclusividade da Petrobras como operadora na exploração do pré-sal sob Regime de Partilha. Cai a obrigatoriedade de a Petrobras participar com o mínimo de 30% nos consórcios.

21 de dezembro: Petrobras anuncia venda para a francesa Total de 22,5% de sua participação no Campo de Iara e de 35% de sua participação no Campo de Lapa (antigo Carioca), passando a operação neste último.

Créditos das imagens

Figura 1: Esquema do autor.
Figura 2: *Petróleo e gás natural: como produzir e a que custo*. 2ª ed. Nadine Bret-Rouzaut & Jean-Pierre Favennec. Synergia Editora, 2011.
Figura 3: Modificado do site da ANP.
Figuras 4, 9, 10 e 11: Cortesia da WesternGeco (HD4D Guará Carioca 3D – Pre-Stack Kirchhoff Depth Migration).
Figura 5: Cortesia da Dynamic Graphic, Inc usando o software EarthVision®.
Figura 6: Cortesia Sercel Inc. USA.
Figura 7: Modificado da Encyclopaedia Iranica.
Figura 8: *Petróleo e gás natural: como produzir e a que custo*. 2ª ed. Nadine Bret-Rouzaut & Jean-Pierre Favennec. Synergia Editora, 2011.
Figura 10a: por Fernando Gonda.
Figura 12: Modificado do site da ANP.
Figura 13: Copyright Christian Hallmann.
Figuras 14 a 23: Fotos do autor.
Figuras 24 e 25: Cerimonial do Palácio do Planalto.
Figura 26: Foto do autor.
Figura 27: www.mdig.com.br
Figura 28: www.notapositiva.com/old/pt/trbestbs/geologia
Tabela da página 221: www.fool.com/investing/2016/11/14/7-top-oil-stocks-with-largest-proven-oil-reserves.aspx

Sobre o autor

Marco Antônio Pinheiro Machado é natural de Porto Alegre, RS, com formação em geologia pela Universidade Federal do Rio Grande do Sul em 1978 e pós-graduação em estratigrafia por essa instituição em 1994.

Ingressou na Petrobras em 1979 pelo distrito sediado em Natal, RN, como geólogo de poço, tendo passado por Macaé e Rio de Janeiro, onde trabalhou na avaliação de milhares de poços de petróleo em todas as bacias brasileiras, principalmente acompanhando o boom de exploração da Bacia de Campos nas décadas de 1980 e 1990, e integrou o corpo docente responsável pela formação de várias turmas de novos geólogos e geofísicos.

Trabalhou na área internacional da estatal acompanhando poços no subandino boliviano que até hoje alimentam o gasoduto Brasil-Bolívia. Foi gerente de operações geológicas em Houston, Texas, na filial da Petrobras que atua no Golfo do México norte-americano, antes de se aposentar, em junho de 2016.

De 2001 a 2013 trabalhou, desde o início, na equipe de geocientistas à frente das grandes descobertas do pré-sal da Bacia de Santos.

Índice Remissivo

2D 98, 100, 106, 111, 292
3D 95, 97, 100, 106, 108-109, 125, 126, 149, 166, 285, 292

AAPG 11, 234
Abaré 170, 225
Abaré-Oeste 170, 225
acompanhamento geológico 49, 62, 303, 304
África 27, 57-58, 71, 93, 95, 107, 118, 121, 137, 173-174, 186, 262-263, 266-268, 272-273, 278
águas profundas 16, 80, 84, 92, 105-106, 154, 161, 202, 209, 214, 254
águas rasas 27, 51, 180, 242, 313-314
águas ultraprofundas 75, 77, 79-81, 91, 94, 112, 127, 130-131, 134, 138, 146, 150, 159, 168, 170, 178, 184, 202, 230, 251, 279, 282, 285
air gun 98, 282-283
Alasca 251
Albuquerque, Francisco Roberto de 173
Aliança Para o Progresso 24
Al Said, Qboos bin Said 189
alto estrutural 128, 138
alto focalizador 138
Amazônia 32
Amerada-Hess 75
América do Sul 93, 137, 186, 262-263, 266-268, 272, 278
análogos 120, 128, 139, 160, 177-178, 185-186, 197, 226

Andes 198, 266, 278
Anjos, Sylvia dos 164
anomalia de amplitude 109, 111, 113
ANP 11, 14, 18, 66, 73, 75-76, 85-86, 89-91, 99, 100, 127, 131, 133, 135, 146, 148, 153-154, 161, 168-171, 180, 204-205, 207-208, 210, 223, 226, 230-231, 237, 243, 285, 314-318
aquisição sísmica 73, 83, 85, 125-126, 282, 285, 292, 294
Aracaju 36, 302
Araujo, Laury Medeiros de 108
arenitos 77, 92, 94, 109, 121, 237, 286, 313-314
Argentina 129, 156, 197-198, 216
Armação dos Búzios 51
armadilha 42, 99, 110, 111, 123, 137, 150, 152, 164, 291, 293
Arouca, Álvaro 209
Associação dos Geólogos do Rio de Janeiro 62
Athabasca 240
Austrália 49, 188, 191, 234, 266
autossuficiência em petróleo 27-28, 63-64
Avaliação de Formações 56, 58, 64, 84, 125-126

Bacia
 de Almada 278
 de Angola 57
 de Camamu 278
 de Campos 17, 20, 28-29, 34, 40, 47, 49, 51, 58, 64, 75,

77, 80, 83, 86-87, 90, 92, 97, 105, 106, 108, 110-111, 113, 121-122, 128, 132, 139, 142, 148, 151, 177, 180, 186, 191, 202, 210, 237, 244-245, 274, 286, 313-314
- de Cumuruxatiba 278
- de Jacuípe 278
- de La Popa 114, 186
- de Pelotas 68-70, 75, 81, 8687, 118, 122, 249, 278
- de Santos 15-18, 26, 44, 51, 68, 75, 78, 80-81, 90-91, 94-95, 97, 101, 103, 105-106, 110, 118, 121, 130, 134, 146-147, 149-150, 154-155, 159, 161, 168, 171, 175, 177, 179, 186-187, 197, 202, 214, 223-224, 230, 236-239, 243-244, 251, 271, 277, 282, 285-286, 288, 292, 294, 313, 315
- do Jequitinhonha 278
- do Paraná 65-66, 121, 133, 186
- do Recôncavo 26, 56, 118, 121, 202
- Sergipe-Alagoas 26, 64, 90, 178, 186, 253, 278, 317

bacia sedimentar 29, 40-43, 94, 137, 214, 242, 268-270, 273, 278, 282, 287, 290, 305, 308
Bagé 66, 81
Bakirov, E. A. 25
Barbassa, Almir Guilherme 156, 173-174
Barbosa, Fábio Coletti 173
Barbosa, José Coutinho 83-84
Barra Energia 173, 182, 230
Barrett, Syd 171

basaltos 121-122, 133-134, 139-140, 145, 263-264, 271, 286
basin floor fan 112
Batista, Eike 179
Belém 36, 302
Bell 34
Bendine, Aldemir 219
Bentevi 140, 171-172, 225-227
Bertani, Renato 173
BG 78, 127-130, 134-135, 143-144, 146-147, 153-155, 160, 162-163, 166, 173, 216
Bicudo 51
bid 16, 74
Biguá 140, 172-173, 225-227
Bissel 311
blocos 52, 74-75, 77-80, 82-86, 89, 92, 114, 116, 125, 127-128, 137-138, 140, 159-160, 163, 171, 180, 189, 208, 225-226, 228, 230-231, 269, 290-291, 302, 315-316
blowout 38, 132-133, 299, 314
BM-S-8 77-78, 80-81, 86, 89, 116, 140, 159, 170-172, 225-231, 315, 318-319
BM-S-9 77-78, 80, 82, 86, 89, 116, 130, 140, 161-163, 170, 225, 315-316
BM-S-10 77-78, 80, 82, 86, 89, 115-116, 127-128, 130-131, 134-135, 140, 170, 190, 226, 228, 315
BM-S-11 77-78, 80, 82, 86, 89, 116, 125, 130, 134-135, 138-140, 144, 146-147, 154-155, 162, 169, 204, 315-317
BM-S-22 125, 130, 159, 315
BM-S-24 125, 167-168, 315-316

Bonito 51
Bovespa 134, 157, 174, 317
BP Statistical Review of World Energy 217, 246, 250, 253-254
Braspetro 83, 123
Brito, Fernanda Mourão de 164
BR Petrobras Distribuidora 219
BS-3 75
BS-500 117
buildup 166, 172
Bulhões, Élvio 172
Button, Jenson 318

Cabral, Sergio 216
Cage 24, 312
calcários 41, 92-94, 133, 144, 164, 189, 235-237, 242, 270, 274, 286, 295, 313-314
Caldas, Manuela 160
campanha O Petróleo É Nosso 312
Campo
  de Albacora 314
  de Badejo 121
  de Barra 253, 317
  de Barra Bonita 65
  de Candeias 311
  de Carmópolis 90, 121, 151, 313
  de Coral 286
  de Enchova 314
  de Estrela do Mar 286
  de Garoupa 313
  de Iara 125, 316, 319
  de Jubarte 317
  de Júpiter 316
  de Linguado 51, 90, 92, 110, 191
  de Lula 221
  de Marlim 28, 92, 111, 114, 244, 286, 314
  de Namorado 313
  de Rio Itaúnas 54-55
  de Roncador 286, 314-315
  de Tubarão 286
Campos, Carlos Walter Marinho 60
Campos dos Goitacazes 192
Candiota 66
carbonatos 41, 67, 82, 121, 133, 144, 163-164, 189, 234-236, 286, 296, 313
Cardoso, Fernando Henrique 12, 69, 73, 202
Carlotto, Marco Antonio 125, 172, 226
Carminatti, Mario 80, 87, 114, 119, 124, 145, 157, 179-180, 185, 203, 215-216
Carvalho, Maria Dolores 142, 164
carvão 66
Catarina 65, 155, 209, 214, 242, 273, 313
Cavaleiros 50
cavalo de pau 47
Cenpes 32, 45, 60, 70, 120, 123-124, 133, 142, 148, 156, 163-164, 168, 183-184, 202-203, 280-281, 288
CEO 11, 130
Cernambi 78, 169, 175
Cerveró, Nestor 173-174, 219
Cessão Onerosa 207, 209-211, 217, 221, 225, 244, 317-318
Chapada Diamantina 196-197
Chaves, Hernani 246
Chevron 78, 115-116, 121, 128, 130, 173, 248-249, 317
cianobactérias 148, 151, 235, 271, 273
Cidade de Angra dos Reis, FPSO 213, 221

cloreto de sódio 43, 93, 107, 236, 271, 308
CLT 11, 39, 62
Clube Militar 312
Cluster 52, 73, 77, 80-82, 84, 87, 89-95, 97-98, 101, 103-104, 106, 109-112, 114-115, 117-118, 120-121, 124-125, 127-128, 130-131, 133-134, 136, 138-140, 142, 145, 148-150, 157, 159-160, 163-165, 167, 170, 177-178, 184, 187, 198, 201, 204, 207, 210, 225-228, 237, 239, 244-245, 315, 317
CNPE 11, 73, 180, 204-205, 208, 211
Collins, Lindsay 191
Collor, Fernando 129
Colorado School of Mines 60, 65
Comissão Nacional de Energia Nuclear 53
Comperj 219
Complexo de Iguaçu 170
condensado 135, 167
condritos 239, 277
COPPE 12
coquinas 110, 112, 122, 145, 186, 191, 210
Costa Azul Fluminense 51
Costa, Fernando 311
Costa, Paulo Roberto 173, 216-219, 318
CPRM 12, 66
Crea 39
Cretáceo Superior 235
Cunha, Eduardo 220
Cunha Filho, Carlos Alves da 202
Cupertino, José Antonio 80

Dallas 209-210
Darwin, Charles 261-262, 288
DeGolyer & MacNaughton 209-210
Denicol, Paulo Sérgio 144
Destro, Nivaldo 162
Dias, Jeferson Luiz 80, 87, 124
dióxido de carbono 167, 188, 276
distrito 36, 39-40, 125, 303
ditadura 20, 63, 240-241, 254, 311
domos de sal 111, 186
Dorsal Meso-Oceânica 263, 265
downstream 59, 280
Drake, Edwin L. 45, 311
DSDP 12, 81
Duarte, Claudio 125
Duque, Renato 219
Dutra, Eurico Gaspar 312
Dutra, José Eduardo 173-174

Economist, The 217
Eco, Umberto 19
EDISE 12
embasamento 41, 82, 91, 106, 110-111, 151, 186, 270, 278, 282-283
engenheiro 46, 55, 60, 80, 128, 174, 213, 288
engenheiro fiscal 37-38, 301
Enigmático 109, 113-120, 124, 128, 163, 171
E&P 229
Erthal, Marcelle 164
escola de geologia 24
Escudo Sul-Rio-Grandense 70
Estados Unidos 24, 26-27, 37, 76, 81, 183, 240, 248, 251-252, 273, 277, 311, 316
estratigrafia 67, 286-287
Estrella, Guilherme de Oliveira 123, 125, 134, 139, 156, 168, 173, 178, 180, 185, 190, 215-216

estromatolitos 187-188, 192
estrutura geológica 74, 149, 174-175, 237, 293
estudo regional 98, 103, 287, 289, 291, 293, 295
Estwing 31
ETH Zürich 192
evaporito 97
ExxonMobil 69-70, 75, 104, 122, 129-130, 134, 139, 159, 167, 183, 214, 220, 225, 231, 236, 251

fast track 126
fator de chance 224-225, 236, 294, 295
Fávera, José Carlos Della 67
Fazenda Arrecife 196
Ferreira, Justo Camejo 32
Ferreira, Sylvio de Magalhães 56
field trip 189
Figueiredo, João Baptista 32
Fischer-Tropsch 276
fluido de perfuração 45
fluorita 117, 124
folhelho 92, 94-96, 238-239, 274, 284, 290
Fontana, Rogerio Luiz 86-87, 161
Ford, Henry 23
Formação Guaratiba 286
Formação Itajaí 90
Formigli, José 174
Fortaleza 33
Foster, Maria das Graças 173-174, 218-219, 318
FPSO 12, 184, 213-215, 221-222
Françolin, João Batista 120
Freitas, João Trindade Rodrigues de 116-118, 120
fronteira exploratória 68, 78, 91, 135, 146-147, 152, 238
Fundo Social 206, 209, 212, 217, 317
FUP 12, 316

Gabaglia, Guilherme Raja 197
Gabrielli, José Sérgio 156-157, 159, 173-174, 181, 215, 223
Gaffney, Cline & Associates 210
GALP 130, 154, 231
Gamboa, Luiz Antonio Pierantoni 81, 125, 171-172, 179, 182, 226
gás 15, 41-42, 46-48, 54-57, 65, 68-69, 75, 105, 125, 132-133, 135, 139, 141-142, 147, 154-155, 161, 167-168, 184, 203-204, 206, 208, 224, 236, 240, 244, 246, 248-249, 275, 279, 282, 286, 299-301, 303-307, 313
gasoduto Brasil-Bolívia 75
Gaspar, Malu 179, 180, 312
Geisel, Ernesto 33, 313
geólogo 15, 17, 25, 31-32, 35-39, 45-48, 54, 58, 60-61, 80-82, 85, 96, 103, 105, 115, 119-120, 122-126, 128, 161, 164, 171, 173, 183, 187, 191, 204, 209, 215, 226, 241-242, 251, 277, 280-281, 285, 287-289, 292, 294, 296, 300-302, 304, 312
geólogo de poço 36, 39, 45, 48-49, 53, 56, 60, 281, 301-303
geoquímica 32, 164-165, 177, 187, 241, 277, 291, 301
Gil, João Alexandre 125
Globo, O 130, 232
Gois, Ancelmo 130, 232
Golfo do México 128, 214, 227, 251

Golfo Pérsico 19, 189
Gomes, Paulo 114
Gomes, Ricardo Manhães Ribeiro 63-65
Gondwana 93, 137, 266-268, 270, 273
GP Brasil de Fórmula 1 318
Grotzinger, John P. 195
Guanxuma 227, 231
Guará 78, 82, 140, 162, 165-167, 169, 170, 175, 201, 210-211, 225, 232, 237, 316
Guará-Sul 225
Guardado, Lincoln Rumenos 173
Guerra do Yom Kippur 27, 32, 313
Guerra, Erenice 217
Guerra Fria 24, 25
Guerra, Marta 107
Guimarães, Paulo de Tarso de Martins 157, 173

H2S 228
Hamelin Pool 191-192
hidrato de gás 68, 69, 249
hidrocarbonetos 38, 41, 43-45, 48, 54, 69, 70, 73, 76, 110, 121, 132, 135, 138, 141, 168, 185, 204, 206, 227, 240, 252, 275-276, 279, 291, 293, 301, 305, 308, 314
hidrofones 98, 283-284
Homo habilis 44
Homo sapiens 44
horizonte estratigráfico 96, 214, 289-291

Ibama 74, 127, 131, 159, 163
IBP 13, 126
Iguaçu-Mirim 170, 225
Imbetiba 49, 50, 62

Instituto de Geociências da Universidade Federal do Rio Grande do Sul 70
IP 13, 143, 308
IPT 13, 183
Iracema 78, 140, 169, 175, 201, 225, 237, 317
Iraque 123, 189
Israel 27
Itália 233

Jahnert, Ricardo 191
Johannpeter, Jorge Gerdau 173
Joint Operation Agreement 86
joint venture 202

Karoon 226
kelly 299
Kennedy, John 24
kick 38, 133
Kirchner, Nestor 216
Kubitschek, Juscelino 20, 24, 312
Kudryavtsev, Nikolai 277

Lagoa Salgada 192-194, 234-235
Lagoa Vermelha 192, 234
Lago Malawi 272
Lago Tanganica 272
Lago Vitória 272
lâmina d'água 28, 33, 51, 78, 89, 98, 127, 146, 154, 156, 168, 313-314
Lapa 78, 170, 175, 251, 319
Lima, Gilberto Carvalho 125
Lima, Haroldo 180, 316, 318
linha sísmica 80, 282, 288, 292
Link, Walter 25, 61, 312-313
Lobão, Edison 318
Lobato, Monteiro 311
Lugon, Horácio Antônio Folly 62

Lula 78, 123, 131, 156-157, 175, 180, 203, 213, 216-217, 221, 316-318
LWD 13, 307
Lyell, Charles 261, 288

Macaé 34, 36, 49-52, 55-56, 60, 62-63, 65, 115, 120, 126, 302
Maceió 36
Maciel, Rosângela Ramos 86
Macunaíma 134-135, 171, 225-226
Magalhães, Juracy 25
Magnavita, Luciano 162
Majnoon 123
majors 18, 23, 121, 183, 202, 251
Maluf, Paulo 65
Manaus 36, 302
Mangaratiba 177-179, 182
Mantega, Guido 173-174
Marco Lula 215
Marco Regulatório 69, 201, 203-204, 211-212, 214, 250, 254, 317-318
Margem Continental 27, 243, 254
Margem Continental Passiva 27, 278
Margem Costeira Brasileira 186, 210, 235, 281, 288
Mariana (MG) 54
Marques, Edmundo Jung 82, 182
Martins, Mariela 86, 163
Mattei, Enrico 311
Medeiros, Felipe 226
Medeiros, Rodi Ávila de 67
Mendes, Mario 108
Mendonça, Paulo Manuel Mendes de 84, 123-125, 139-140, 164, 178-181

metano 68, 236, 239, 240, 275, 301
método sísmico 98, 282
México 114, 128, 186, 214, 227, 251, 253, 266
Michelucci, Sergio 124
microbiolito 148, 150, 160, 163, 166, 169, 173, 177-178, 189, 194, 197, 201, 214, 227-228, 234
Miglionico, Marcelo 162
migração 99, 101, 110, 123, 138, 238, 241, 273, 288, 291, 294-295
Ministério de Minas e Energia 13
modelo geológico 16, 115-116, 118, 121, 124, 142, 152, 162-164, 171, 177, 187, 289, 295-297
monopólio do petróleo 69, 285, 314
Monterey 114, 186
Moraes, Marcos Francisco Bueno de 82
Mosmann, Raul 60, 62, 129
mutirão 73, 79-80, 138
MWD 13, 140-141, 307

Nairóbi 161
Namíbia 195-196
Nascimento, João de Deus dos Santos 58, 63, 144
Natal 33, 36, 38, 79, 302
Netto, Delfim 83
Neves, Tancredo 63
Nunes, Maria Cristina de Vito, 172, 226

Oceano Atlântico 93, 106-107, 262-264, 266
Odebrecht 219

OGX 179-182
oil fracking 240
óleo 15, 23, 26, 28, 33-34, 41-42, 47-48, 54-57, 78, 83, 90-91, 99, 103, 113, 119-122, 124-125, 130, 132-136, 138-139, 141-142, 145-148, 152, 154-155, 160-161, 164-167, 169, 170-172, 184, 189, 194, 199, 201-202, 205, 208-209, 213, 217, 220, 224-225, 227-228, 236-241, 244-247, 250-251, 255, 275, 277, 282, 294, 299, 301, 303-307, 315, 317
Oliveira, João Alberto Bach de 108
Omã 189-190
OPEP 13
Operação Lava Jato 174, 219, 318-319
Organização das Nações Unidas 278
Oriente Médio 29, 33, 142, 144, 166, 217, 240, 253, 276-277, 313
OTC 13, 213
Ouro Preto 24, 60, 312
overhead 104

P-36, plataforma 315
PAC 13, 217
Palagi, Cesar 80
paleontologia 177, 187, 287-288
Pampo 51, 90, 92, 110, 191
Parati 18, 123, 128, 131-135, 138-140, 142, 148-149, 170, 179, 225-227, 315
Parente, Pedro 220, 319
Parque das Baleias 148, 159, 164, 177, 201, 209, 214, 244-245, 317
Partex 116, 121, 128, 130, 134-135
Participação Especial 169
pasta de poço 35
Paulipetro 65
Pecten 286
Pellon, Fernando 120
Pena, Arcione Geraldo 173
Península Arábica 189
Pequeno, Mônica 107
Pereira, Cícero da Paixão 197
perfilagem elétrica 48, 49, 74
permeabilidade 112, 141, 152, 225, 296, 304-305, 308
Perugia 233
Petersohn, Eliane 231
Petrobras 11-20, 24-26, 28, 31-33, 36-39, 45, 49-53, 55-56, 60-67, 69-70, 73-79, 81, 83-85, 87-88, 90, 92, 99, 101, 103-105, 110, 112, 120-121, 123-124, 126-131, 134, 138-140, 142-144, 146-147, 150, 152-157, 159-160, 163-165, 167-170, 172-174, 178-185, 189-190, 192, 195, 197-199, 201-216, 218-220, 223-225, 229-233, 241-242, 244, 247, 249-255, 257, 272, 280-282, 285-286, 288, 294, 297, 300-302, 306, 312-319
PetroBrax 79
PetroChina 220
petrofísica 125-126, 187
Petrogal 78, 130, 146-147, 153-155, 167, 230
Petro-Sal 206
Petroven 220, 250
Picanha Azul 203, 205, 209, 214, 244-245

Pinheiro Machado, Ricardo 126
Pitanga 65
PL 5.938 204
PL 5.939 206
PL 5.940 206
PL 5.941 206-207
Plataforma Continental Brasileira 26-27, 31, 40, 52, 77, 89, 131, 137, 151, 235, 238, 243, 278, 313, 315
Platô de São Paulo 244
poço
  Caramba 167, 225, 236
  Carcará 125, 226-227
  Carioca 162-163, 165
  Iara 78, 169
poros 41-44, 46, 48, 54, 68, 92, 106, 133, 141-143, 149-150, 169, 171, 193, 228, 237, 295, 304-305, 308
porosidade 106, 112, 121, 141, 143-144, 152, 245, 294, 296, 304
post mortem 177
Pradal, Patricia 317
pré-sal, camada 52, 74, 90, 119, 133, 150-152, 160, 163-164, 166, 169, 171-173, 178-180, 184-186, 188, 191, 194, 203, 205, 214-215, 227, 233, 235-237, 242, 244-245, 266, 273, 313-314, 317

qualidade total 67
Quarta Frota 316
Queiroz Galvão 173, 182, 226, 230

Ramos, Graciliano 21
Ramos, Pedro Paulo Leoni 129
Refinaria Abreu e Lima 219
Refinaria Alberto Pasqualini 31

refletor 96, 100, 113, 115, 117
reflexão sísmica 96, 111, 282, 284
Regência 54
Região dos Lagos 51
Regime de Partilha 69, 204, 209, 211-212, 243
Reichstul, Henri Philippe 79, 84
Relatório dos Russos 313
Relatório Link 26, 312
reservatório 41-42, 46-48, 54, 58, 91, 92, 99, 106, 111-112, 119, 123, 138, 141-144, 147, 149-152, 154, 162-163, 165, 171-172, 177, 183, 187, 192, 198, 209, 224, 226, 228, 240, 274, 279, 282, 296, 299, 301, 305, 307-309
revestimento 48, 298, 303, 306-307
rifte 80, 106-108, 110-111, 118, 121, 150, 162, 186, 188, 269, 270-273, 290
Rio das Ostras 51
Rio Doce 54
rocha-geradora 68, 99, 111, 238, 240, 294
rocha granítica 40
rocha ígnea 31, 269-270, 276
rocha-reservatório 42, 45, 54, 68, 70, 90, 112, 142, 150, 164, 169, 177, 201, 217, 245, 270, 288, 293-296, 304
rocha sedimentar 31, 92, 270
Rockefeller, John Davison 23-24
Roma 233
Romanelli, André 165, 202
Rondeau, Silas 173
Rousseff, Dilma 156, 173, 181, 211, 217, 252, 254, 316, 318-319
Rowan, Mark 115, 120

sag 107, 118-119, 121, 133, 150, 166, 186, 191, 273
Salta 197-198
Salvador 26, 36, 61-62, 302, 311
sal 186
  ver cloreto de sódio
Samarco 54
Santana, Carlos 32
São Mateus 36, 52, 54
Sapinhoá 78, 167, 170, 175, 232
Saquarema 192
Saturno 239
Saudi Aramco 221, 250
seção pós-sal 77, 90, 96, 106-108, 111, 116, 119-120, 237, 253, 274, 286
seção pré-sal 90, 107, 120, 128, 134, 140-141, 150, 235, 286
seção sísmica 74, 94-97, 107, 109, 114, 117, 149, 201, 227, 272, 282, 285, 289-290, 306
Selic 218
Sendas, Arthur 173-174
sequência evaporítica 94, 107-108, 186, 189, 278
Serra do Mar 51, 138, 145
Serra Gaúcha 121, 263
Serra, José 317
Sete Irmãs 23, 69, 241, 250, 311
shale gas 240, 252
Shark Bay 191, 234
Shell 78, 172-173, 183, 214, 226-227
Sibéria 240
Sikorsky 34
Silva, Albino 25
Silva, Larissa Costa da 164
Silva, Luiz Inácio Lula da 156
  ver Lula
Silva, Sérgio Rogerio Pereira da 116

Silveira, Desiderio Pires 81
Simonsen, Mario Henrique 83
Sintex 139, 140, 178
sísmica 15, 73, 83, 85, 94, 96-98, 100, 104-106, 108-109, 111-112, 125-126, 149, 201, 238, 282, 284-285, 290, 292-294, 304, 306-307
sistema petrolífero 70, 91-92, 98-99, 103, 110, 120, 123, 136, 138, 165, 177, 201, 232, 278, 282, 292, 294-296, 301
Sombra, Cristiano 183
Spadini, Adali Ricardo 165
Standard Oil 23, 129, 311, 313
Svartman, Anna Eliza 108
Szatmari, Peter 67

TAC 14, 159
Tagiev, E.I. 25
talude continental 27, 106
Távora, Juarez 312
TCM 14, 85-86, 107, 128, 182, 227
TCR 14, 86, 163
Tectônica de Placas 266
Temer, Michel 69, 220, 319
Terra, Gerson 197
teste de formação 53-56, 58-59, 143, 161, 167, 307-308
testemunhagem 53, 163, 299
testemunho 163, 193-194, 299
  ver testemunhagem
Thunder Horse 251
Tibana, Paulo 67
Tico-Tico 173
Titã 239
Tonietto, Sandra Nélis 163
Total 67, 319
Transbrasil 33
trap 42, 123, 150

travertino 233-234
Tupã 170, 225
Tupi 16, 18, 74, 78, 82, 93, 110, 125, 128, 131, 134-135, 137-140, 142-143, 145, 148-149, 152-157, 160, 162-163, 165-169, 175, 177, 179-180, 185, 196, 201-202, 204, 209-211, 213, 215-217, 221, 225, 237, 251, 316-318
turbiditos 82, 105-106, 108-110, 117, 128, 132, 314

UERJ 246
União 73, 89, 100, 169, 205-211, 247, 276, 318
Universidade de Roma III 233
Universidade Estadual do Rio de Janeiro (UERJ) 246
Universidade Federal da Bahia 197
Universidade Federal do Rio Grande do Sul 31, 65, 70, 81, 87, 226
UN-Rio 14, 79-81, 111

upstream 59, 79, 280
Ushuaia 156

Vargas, Getúlio 20, 24, 61, 311-312
Venezuela 156, 217, 240, 253
Vettel, Sebastian 318
Viana, Adriano Roessler 115, 128, 142
Vietnã 35, 240
Vitória 36, 39, 49, 63, 272, 302

Weber, Mark 318
Wegener, Alfred 267
White Tiger 240
WikiLeaks 317
Wolff, Breno 124, 129, 163, 166

YPF-Repsol 78

Zambonato, Eveline Ellen 164
Zavascki, Teori 318
Zona Econômica Exclusiva 14, 27
Zylbersztajn, David 315

lepmeditores
www.lpm.com.br
o site que conta tudo

IMPRESSÃO:

PALLOTTI
GRÁFICA

Santa Maria - RS | Fone: (55) 3220.4500
www.graficapallotti.com.br